개의 뇌과학

개의 뇌과학

그레고리 번스 지음 | 이주현 옮김

반려견은 어떻게 사랑을 느끼는가

HOW DOGS LOVE US

동글디자인

─── 이 책에 쏟아진 찬사 ───

번스의 책은 개, 사랑, 신경학에 관한 아름다운 이야기이다. 비인간 관계를 통해 연구자들에게 동물을 새로운 방식으로 바라볼 수 있는 영감을 준다.

레베카 스클루트, 『뉴욕타임스』 베스트셀러
『The Immortal Life of Henrietta Lacks』 저자

그레고리 번스의 책은 탄탄한 과학적 연구와 따뜻한 개인적 이야기를 담았다. 동물의 정신과 정서적 삶에 대한 미래 연구의 의제를 설정할 것이다.

마크 베코프, 『The Emotional Lives of Animals』 저자

개의 인지과학을 조명한 통찰력이 넘치는 책이다. 개, 과학, 삶, 사랑에 대한 전염성 있는 열정으로 우리를 개의 정신과 감정 세계로 안내한다. 때론 현장에서 거친 과학이 어떻게 위대한 성과를 이끌어내는지 보여준다.

패트리샤 처칠랜드, 분석철학자·캘리포니아대학교 철학 교수

이 책의 가장 큰 가치는 번스가 실험을 설계하는 데 있다. 포수와 투수처럼 자신과 개가 '한 팀이 되었다'고 표현하는데, 인간과 개가 함께 살아온 이유를 보여준다.

보스턴 글로브, 미국 대표 일간지

한 과학자가 미지의 세계를 향해 끊임없이 도전하는 혁신적인 기록이다. 도그 프로젝트를 통해 과학적 연구는 열정과 사랑, 실패를 두려워하지 않는 대담함으로 접근해야 한다는 사실을 일깨워 준다.

댄 에리얼리, 듀크대학교 심리학 및 행동경제학 교수

이 책은 반려견이 MRI 뇌 스캔 기계 안에 가만히 있도록 훈련시키는 과정을 유쾌하게 묘사한다. 탄탄한 연구 결과를 바탕으로 개의 마음을 이해하게 해준다.

템플 그랜딘, 콜로라도 주립대 동물학 교수

<개의 뇌과학>은 개를 단순히 본능적으로 행동하는 동물로 간주하거나, 감정을 깊이 느끼지 못한다는 전통적인 고정관념에 도전한다. 우리와 삶을 공유하는 반려견을 진정으로 이해하고자 노력하는 신경과학자의 혁신이고 아름다운 이야기다.

제니퍼 아놀드, 『Through a Dog's Eyes』 저자

목 차

이 책에 쏟아진 찬사   004

들어가며   최종 리허설   011

1장
도그 프로젝트의 탄생

1	망자의 날	019
2	개로 산다는 것	032
3	낚시 실험	040
4	행동주의 이론	051
5	원숭이 실험	062
6	동물 매개 치료	069
7	개의 동의서	077

2장

MRI 촬영 시뮬레이션

- **8** 시뮬레이터 설계 — 090
- **9** 긍정적 강화 훈련 — 098
- **10** 죽은 양의 뇌 — 111
- **11** 당근 대신 채찍 — 121
- **12** 감정 차원 모델 — 130
- **13** 고스트 현상 해결 — 141
- **14** 수신호 기법 — 153

3장
뇌과학으로 본 사실

- **15** 뇌 절편 영상　　　164
- **16** 꼬리핵 활동　　　181
- **17** 보상 시스템　　　190
- **18** 마음 이론　　　202
- **19** 보정 작업　　　215
- **20** 너도 날 사랑하니?　　　223
- **21** 사회적 인지　　　233
- **22** 관계의 본질　　　245

4장

새로운 미래

| 23 | 안녕, 라이라 | 256 |
| 24 | 2012년 망자의 날 | 267 |

에필로그	277
참고 자료	285
감사의 말	292

남자가 잠에서 깨어나 말했다. "들개가 여기서 뭐 하고 있지?"

여자가 말했다. "이제 그의 이름은 들개가 아니야.

최초의 친구지. 그는 언제까지나 친구로 남을 거야.

그러니 사냥 갈 때 데려가."

러디어드 키플링 《그저 그런 이야기 Just So Stories**》**

들어가며

최종 리허설

2012년 1월, 조지아주 애틀랜타 에모리 대학교

넘치는 에너지를 주체하지 못한 채 이 사람, 저 사람, 여기저기를 쏘다니며 한껏 신난 모습은 마치 춤을 추는 것 같았다. 오늘을 위해 지난 몇 달간 열심히 훈련해 왔다는 사실을 아는 것이 분명했다. 캘리의 두 눈은 생기로 반짝였고, 쥐처럼 길쭉한 꼬리를 너무 세차게 흔드는 바람에 꼬리가 움직일 때마다 머리는 그 반대 방향으로 움직였다. 캘리는 준비됐다. 그럼 시작해 보자!

캘리는 흥분한 기색이 역력했다. 그리고 그 기운은 이내 팀 전체로 퍼졌다. 이제 곧 시작될 실험을 모두가 숨죽여 기다렸다. 사실 그 실험이 성공하리라 생각한 사람은 없었다. 정말 개의 뇌를 촬영해서 어떤 생각을 하는지 알 수 있을까? 개가 사람을 사랑한다는 증거를 찾을 수 있을까?

모든 팀원이 모였고 촬영까지는 10분이 남아 있었다. 병원으로 향했다. 원래 캠퍼스 내 개의 출입은 금지되었다. 하지만 그날만큼은 캘리가 위풍

당당하게 12명의 사람을 거느린 채 캠퍼스 한복판을 가로질러 갔다. 나는 간식과 용품이 든 가방을 멨고, 앤드류^{Andrew}는 실험에서 일어나는 일들의 시간을 기록할 노트북을 손에 들었다. 마크^{Mark}는 캘리가 MRI 기기 위로 스스로 올라갈 수 있도록 플라스틱 계단을 들었다. 따라오던 나머지 사람들은 사진을 찍고, 친구에게 문자를 보내며 걸어갔다. 그렇게 도그 프로젝트(Dog Project)의 서막이 올랐다.

강의 때문에 교실 밖으로 나오지 못한 학생들은 창문 밖으로 캘리가 비장하게 거대한 자석 덩어리로 향하는 모습을 구경했다. 우리는 병원의 비밀 출입구를 통해 MRI실로 들어갔다. 서커스를 기다리는 아이처럼 들떠 있었지만 캘리를 병원 복도로 데려가며 굳이 소란을 피우고 싶지는 않았다. 전기 신호 차단을 위해 구리로 덮인 거대한 문을 꽉 닫았다. 문을 닫자 마치 진공 상태가 된 것 같았다. 문이 제대로 닫힌 것을 확인한 뒤에 나는 캘리의 목줄을 풀었다.
코는 땅에 박고 꼬리는 위로 높이 쳐든 채 캘리는 MRI 기기 주위를 몇 바퀴 돌았다. 호기심이 충족되었는지 MRI실을 나가 제어실로 향했다. 병원치고는 바닥이 굉장히 지저분했다. 몇 년 전, 한 청소부가 이곳을 청소하려다가 MRI 기계의 자기력 때문에 마루 광택기가 공중으로 뜬 후 기계에 쾅 하고 부딪힌 적이 있었다. 청소부는 얼마나 놀랐을까? 그날 이후, MRI실에는 청소부의 출입이 금지되었다. 그러니 당연히 바닥은 더러울 수밖에 없었다. 그 와중에 캘리는 바닥에 있는 음식 부스러기 같은 이물질을 모두 찾아냈다.

캘리의 뇌를 촬영하려면 우선 캘리가 MRI 안으로 들어가야 했다. 일반적으로 자기장을 인지하지 못한다. 하지만 MRI 기기는 지구 자기장의

6,000배 이상에 달하는 자기장을 만들어낸다. 당연히 쉽게 느낄 수 있는 정도이다. 기기의 중심에 가까워질수록 자기장의 강도는 급격히 증가한다. 이 자기장 속에서 금속 조각을 움직이면 전류가 생겨날 정도다. 이 자기장 가운데 사람이 누워 있으면 몸속에서 작은 전류가 발생한다. 그리고 전류는 내이에서 가장 많이 발생한다. 그래서 MRI 기기 중간으로 들어가면 약간 어지러운 느낌이 들고, 어떤 사람은 구역질이 날 정도로 현기증을 느끼기도 한다.

그때까지만 해도 개가 사람보다 자기장에 더 민감할 수 있다는 생각은 차마 하지 못했다. 하지만 이내 알게 되었다. MRI 테이블 아래로 휴대용 계단을 뒀다. 캘리는 아직 방 구석구석 궁금한 게 많은지 이리저리 돌아다녔다. 계단 냄새를 킁킁대긴 했지만 올라갈 생각은 전혀 없어 보였다. 핫도그를 꺼낼 타이밍이었다.

핫도그를 꺼내자 캘리는 관심을 보였다. 냄새에 못 이겨 계단을 끝까지 오르긴 했지만, 테이블까지 올라가는 것은 주저했다. 내가 직접 캘리를 들어 올려 테이블 위에 눕힐 수도 있었지만 자기 결정권이라는 실험의 윤리적 원칙에 충실해야 했다. 캘리가 스스로 자기 의지로 테이블 위에 올라가는 것이 중요했다.

MRI실 직원들의 웃음소리가 들려오기 시작했다. '테이블 위로 올라가지도 못하는데 MRI를 어떻게 찍겠다는 말인가'라는 의미였다. 하지만 나는 캘리가 언젠가는 해낼 것이라고 믿었다. 지금 환경이 새롭고 재미있을 뿐, 어느 정도 적응하면 훈련한 것을 실행으로 잘 옮길 것이라고 믿었다.

5분간 계단을 오르다 마지막 계단에서 뛰어내리더니 마침내 주저하던 캘리는 테이블 위에 발을 올렸다. 이 모습에 들뜬 나는 잘하고 있다고 캘리를 응원했다. "그래, 그렇게 하는 거야! 핫도그 좀 더 줄까?" 캘리는 드디어 해냈다. 테이블 위에 올라가 보더니 무섭지 않다는 것을 깨달았고 테이블 위에 풍성하게 놓인 핫도그를 봤다. 이제 MRI 기기 보어bore(MRI 기기 중앙에 위치한 튜브 모양의 통로) 안으로 들어갈 차례였다.

나는 기기 한중간에 있는 헤드용 코일과 연결된 턱 받침대를 손으로 잡고는 헨젤과 그레텔에 나오는 것처럼 테이블 위에 헤드 코일까지 핫도그를 하나씩 놓았다. 당연히 캘리는 핫도그를 하나씩 먹으며 중앙 쪽으로 걸어 들어갔다. 이 모든 과정을 촬영하고 있던 동료 리사는 개가 스스로 MRI 기기 안으로 들어가는 놀라운 광경에 숨을 죽였다. 나는 재빨리 스캐너를 돌아 반대편에서 캘리와 마주 봤다. 캘리는 헤드 코일 바로 앞에서 스핑크스 자세로 웅크리며 꼬리를 앞뒤로 흔들고 있었다. 나는 핫도그를 든 손을 보어 안으로 넣는 순간, 방안이 빙빙 도는 느낌을 받았다.

핫도그를 본 캘리는 바로 헤드 코일 쪽으로 달려들었다. "잘했어!" 나는 흥분한 목소리를 높여 말했다. 캘리는 핫도그를 먹고 나더니 뒤로 약간 주춤했지만 밖으로 나가지는 않았다. 계속해서 간식을 주니 캘리는 금세 새로운 환경에 적응했고 기기 안에서 편하게 앉아 행복하게 간식을 즐겼다. 자기장은 개에게 아무런 영향을 끼치지 않는 것 같았다. 실험의 첫 번째 목표를 달성했다. 캘리를 기기 안에 편하게 앉게 하는 것은 비교적 쉬웠다. 이제 실제로 MRI 기기가 작동하면 어떻게 반응할지가 관건이었다.

MRI 기기의 소프트웨어는 사람을 대상으로 설계되었기 때문에 기기는 캘리가 개라는 사실을 인식하지 못했다. 기기가 방출할 라디오 주파수 에너지radiofrequency power의 양을 결정짓는 데 있어서, 대상의 정확한 몸무게는 가장 중요한 정보였다. 라디오 주파수 에너지가 과도하게 전사되면 캘리는 전자레인지 안 고기처럼 익어버리는 끔찍한 상황이 펼쳐진다. 다시 한번 핫도그로 캘리를 유인했다. 캘리가 헤드 코일 안에 편하게 자리를 잡자, 나는 엄지를 치켜세웠다. 기기가 작동을 시작하면서 일련의 딸깍하는 소리와 윙윙거리는 소리를 냈다. 캘리가 이상한 낌새를 눈치챈 듯 눈을 찡그렸다.

그리고 마치 수천 마리의 벌떼가 몰려드는 것처럼 기기가 윙윙거리기 시작했다. 쉬밍^{shimming}이라고 하는 첫 번째 준비 단계가 시작되었다. 쉬밍은 자기장 균일성을 개선하기 위한 과정이다. 내부에 놓인 물체로 인해 발생하는 자기장의 왜곡을 자동으로 조정해 이미지를 더 선명하고 정확하게 보정한다. 일반적으로 사람이 들어갔을 때 쉬밍은 몇 초간 지속되지만 캘리가 들어가자 윙윙거리는 소리가 멈추지 않았다. 귀마개를 착용하고 있었지만, 캘리는 그 소리를 견딜 수 없어 보였고 곧장 몸을 일으켜 밖으로 나가려고 했다.

나는 두 팔을 흔들어 MRI를 작동하던 직원에게 멈추라는 신호를 보냈다. 그리고 계속해서 들리던 소리에 대해 물었다. 직원은 다음과 같이 설명했다. "쉬밍이에요. 아마 기계가 사람을 대상으로 설정돼 있어서, 보정 과정에서 문제가 생긴 것 같아요."

예측하지 못한 부분이었다. 훈련 기간 동안 쉬밍 소리를 녹음해 들려준 적도 없다. 몇 초만 삐삐 소리가 나고 말 줄 알았는데, 이렇게 오래 윙윙 소리가 날 줄은 몰랐다. 이런 상황에서 개라면 당연히 겁먹을 수밖에 없다. 캘리도 마찬가지였다. 그 이후 수십 번 다시 시도해 봤지만 캘리는 기기 밖으로 얼른 나왔다. 캘리가 기기 안으로 들어가기 전에 기기를 작동시키는 방법도 시도해 봤다. 윙윙 소리에 익숙해지면 다시 헤드 코일로 유인할 수 있으리라 기대했다. 몇 번의 시도 끝이었는지는 정확하지 않았지만 기계는 결국 개에 맞게 보정하는 법을 터득한 듯 했다.

다음으로는 기능적 영상 촬영^{fMRI}을 할 차례였다. 기능적 영상 촬영은 한 번 촬영할 때마다 약 2초씩 소요되었다. 캘리가 MRI 기기 안에 있는 동안 연속적으로 촬영을 진행함으로써 캘리의 뇌 활동 변화를 관찰하고, 캘리가 어떤 생각을 하는지 알아낼 수 있다. 적어도 그게 우리의 계획이었다. 마지막으로 고해상도의 뇌 영상을 얻기 위한 구조적 촬영을 진행했다. 이 촬영은 '뇌의 해부학적 구조'를 식별하는 데 사용된다. 쉽지 않은 과정이었다. 귀마개는 자꾸 뒤로 떨어지는 바람에 캘리는 기기가 돌아가는 소음에 온전히 노출되었다. 그래도 캘리는 촬영 한 번에 몇 초씩 머리를 제자리에 고정해줘서 3분간의 촬영 이후 기기를 멈췄다. 이 정도면 데이터의 질을 평가하기에 충분하다고 생각했다.

캘리가 너무 피곤해하기 전에 마지막으로 다시 구조적 촬영을 하기로 했다. 구조적 영상 촬영은 30초가 소요되는데 시간 동안 캘리가 머리를 잘 들고 있어야 촬영이 가능했다. 촬영이 끝나자 캘리는 기기 밖으로 나와 발로 귀마개를 떨어뜨렸다. 그리고 뛰어올라 내 얼굴을 핥고 나서는 리사에게로 달려갔다. 리사^{Lisa}는 캘리를 꼭 안아주며 말했다. "정말 잘했어!" 모두 촬영 결과를 확인하러 제어실로 향했다. 구조적 이미지는 놀라울 정도로 잘 나왔다. 피사체가 움직일 때 나타나는 고스트 이미지들이 여기저기 있었지만, 누가 봐도 개의 뇌라고 인지할 수 있었다.

하지만 기능적 이미지는 엉망진창이었다. 총 120장의 이미지 중 뇌라고 보일 만한 사진은 단 한 장뿐이었다. 대부분은 디지털 눈송이 같은 흑백 이미지에, 간혹 캘리의 안구가 시야 한가운데 불쑥 나타나 있을 뿐이었다. '이걸로 될까?' 하는 의문이 가득했다. 그래도 나는 캘리를 꼭 안아주며 말했다. "정말 자랑스러워." 다음 촬영은 3주 뒤였다. 캘리와 또 다른 개 매켄지, 그리고 모든 팀원이 다시 모일 예정이었다. 그전까지 이 문제를 해결할 수 있길 바랐다. 해결하지 못하면 도그 프로젝트를 중단하고 백기를 들며 이 프로젝트를 애초에 반대했던 사람들의 말이 옳다는 걸 인정해야 할 판이었다. 깨어 있는 개의 뇌를 촬영하는 건 불가능하다는 것을.

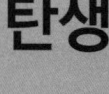

도그 프로젝트의
탄생

1.

망자의 날

2년 전…

매년 11월 1일이 되면 집안 곳곳 남아 있는 핼러윈의 여운을 정리하고 다이닝룸 식탁 위에 작은 추모 공간을 만든다. 그곳에 가장 먼저 두는 것은 신혼여행지였던 멕시코에서 사 온 화병이다. 한쪽 면에 과하게 장식된 부엉이가 그려진 화병이다. 값비싼 물건은 아니지만 가격으로 따질 수 없는 의미가 있다. 몇 번의 이사에도 굳건히 살아남는 내구성 때문에 그 화병을 아끼게 되었다. 게다가 성스러운 의식에 잘 어울리기도 하고 사진을 세워두기에 적절한 소품 역할도 한다.

그리고 일 년 내내 서랍장 안에 보관되어 있던 사진을 꺼내와 화병 주변으로 배치한다. 지난 몇 년간 세상을 떠난 가족의 사진이다. 그리고 이들의 영혼을 추모하는 의미에서 화룡점정으로 가장 달콤하고 맛있는 빵과 과자를 한 아름 가져와 식탁을 풍성하게 채운다.

두 딸 헬렌Helen과 매디Maddy는 왜 이런 의식을 하는지 한 번도 물어보지 않았다. 아이들이 어렸을 때부터 해온 것이니 당연하게 여겼을 것이다. 하지만 십 대를 코앞에 두고 어느 정도 세상에 눈을 뜨자 망자의 날Día de Muertos(죽은 친지나 친구를 추억하고 추모하며 명복을 비는 멕시코의 기념일)을 치르는 것이 일반적이지는 않다는 사실을 깨닫게 되었다. 적어도 세상을 떠난 반려견까지 추모하는 집은 없으니 말이다.

나는 어린 시절부터 반려견과 함께 자라왔다. 하지만 정말 나만의 반려견이라고 할 수 있는 개를 데려온 것은 의과대학을 마치고 나서였다. 캣^{Kat}과 결혼한 지 5년이 넘었지만 의대의 모든 과정을 마치기 전까지는 아이를 갖지 말자고 이야기가 된 상태였다. 주 100시간 근무라는 혹독한 인턴십의 첫해를 무사히 마친 기념으로 강아지를 데려오기로 했다. 그렇게 퍼그를 가족으로 맞이했다. 자, 여기서 한 가지 짚고 넘어가자면, 많은 사람이 웃기게 생겼다고 할 정도로 퍼그의 생김새는 매우 독특하다. 흔히 아는 개와 매우 다르게 생겼다. 하지만 나와 캣은 그렇게 생각하지 않았다. 퍼그 특유의 큰 머리, 납작한 코, 커다랗게 도드라진 눈을 보고 있으면 어딘가 사람 같았다. 아기라고 생각될 정도였다.

그렇게 뉴턴을 가족으로 맞이하게 되었다. 여느 퍼그처럼 코가 짧고 얼굴이 납작했지만, 뉴턴은 특히 더 짧고 납작한 얼굴을 가지고 있었다. 게다가 콧구멍도 너무 작아 구멍이라기보다 실금에 가까웠다. 두개골의 윤곽은 사과와 비슷해 애플 헤드라고도 불렸다. 이런 그의 특이한 생김새 하나하나 모두 사랑스러웠다. 짧은 코 때문에 끊임없이 킁킁거리고 코를 골았다. 어느새 그 소리가 들리지 않으면 허전할 정도로 우리 삶에 깊게 자리 잡았다. 밤이 되면 뉴턴은 사과 모양의 머리를 나의 겨드랑이 사이에 파묻고 잠이 들었다.

뉴턴은 똑똑하고 에너지가 넘치는 녀석이었다. 심한 장난꾸러기이기도 했다. 옷에 달린 상표라는 상표는 모두 잘근잘근 씹어 놓고 한 시간 뒤에 모조리 게워 내곤 했다. 초콜릿이 잔뜩 묻은 에스프레소 빈 봉지를 뒤집은 뉴턴을 보고 기겁하며 독극물 통제 센터에 전화한 적도 있다. 수화기 너머의 직원은 한바탕 웃고 난 뒤 뉴턴은 괜찮을 거라며 초보 견주였던 우리를 안심시켰다.

퍼그를 키우는 재미에 푹 빠졌다. 다른 퍼그 견주들과도 어울렸는데 이들은 퍼그와 감자칩은 비슷한 면이 있다고 입을 모았다. 하나로는 부족하다는 의미였다. 그 말에 동의했다. 그래서 뉴턴을 데리고 온 지 일 년 만에 퍼그 두 마리를 더 입양했다. 여섯 살짜리 사이먼은 뉴턴과는 정반대였다. 단순하고 사랑스러웠지만, 어딘가 살짝 모자란 면이 있었다. 또 다른 퍼그인 덱스터의 원래 주인은 트럭 운전사로 어디든지 덱스터를 데리고 다녔다고 한다. 하지만 운전사가 키우는 동안 햄버거만 먹인 바람에 덱스터는 15kg에 달했고 《스타워즈$^{Star\ Wars}$》에 나오는 자바 더 헛$^{Jabba\ the\ Hutt}$을 연상시켰다. 거대한 덩치로 뒤뚱거리며 집안을 돌아다니는 덱스터는 턱을 만

사진 1. 뉴턴 (출처: 그레고리 번스)

져주면 가장 좋아했다.

무지개다리를 가장 먼저 건넌 것은 덱스터였다. 헬렌이 세 살 그리고 매디가 막 두 살이 되던 해였다. 캣과 나는 덱스터를 추모하기 위해 강아지 간식을 두기 시작했다. 그때부터 망자의 날을 시작했다. 다음 해에는 사이먼이 덱스터를 따라 무지개다리를 건넜다.

뉴턴을 사랑하는 마음은 그대로였지만 한 마리로는 어딘가 집이 텅 빈 것 같았다. 그리고 얼마 지나지 않아 아이들, 그중에서도 특히 헬렌이 개를 키우고 싶다고 말했다. 요구도 상당히 명확했다. 같이 놀 수 있는 크고 털이 복슬복슬한 개를 원했다(퍼그는 나이가 어느 정도 들면 사람과 놀아주지 않는다).

그렇게 사이먼이 가고 얼마 지나지 않아 동네에서 유명한 반려견 분양업자에게 골든리트리버 새끼 몇 마리가 있다는 소식을 들었다. 그의 집에 방문했을 때는 세 마리가 있었다. 세 마리 중 유일한 암컷이자 연한 황금빛 털을 가진 강아지 한 마리를 집에 데려왔다. 그리고 필립 풀먼의 《황금나침반 The Golden Compass》 주인공의 이름을 따 라이라라고 불렀다. 집에 빠르게 적응한 라이라는 골든리트리버 특유의 사랑스러움 그 자체였다. 라이라를 보면 골든리트리버가 왜 그렇게 인기가 많은 종인지 쉽게 알 수 있었다. 헬렌과 매디의 친구들이 놀러 와 라이라의 등에 올라타도 싫은 티 한번 내지 않았다. 그리고 동네의 모든 개와 잘 어울렸다. 심지어 근처에 사는 다혈질의 잭 러셀 테리어 두 마리와도 잘 지냈으니 말이다. 순종적이고 느긋한 성격과 아름답게 휘날리는 황금빛 털 덕분에 라이라는 동네에서 인기 많은 개로 등극했다. 풍성한 털 때문에 네 다리로 걸어 다니는 곰돌이처럼 보이는데 라이라가 동네를 산책하면 아이들이 라이라를

사진 2. 헬렌, 매디 그리고 라이라 (출처: 그레고리 번스)

안아주러 달려들곤 했다. 그래도 그저 미소를 짓기만 했다.

 시간이 흘러 어느덧 뉴턴의 칠흑 같던 주둥이는 완전히 회색이 되어 버렸다. 귀에만 검은색 털의 흔적이 희미하게 남아 있었다. 평생 입으로 숨을 쉰 탓에 이빨 대부분이 썩어 버렸고 주체를 못 할 정도로 넘치던 에너지 역시 푹 사그라들었다. 게다가 15살이 되자 척수 쪽에 문제가 생기기 시작했고 뒷다리를 사용할 수 없게 되어 휠체어 신세를 지게 되었다. 그러다 방광에도 문제가 생겨 배변 기능도 엉망이 되었다. 뉴턴은 평생 집 안에서 배변 실수를 한 적이 없었다. 그런데 그 날, 자신의 실수를 피해 기어가려 애쓰던 그의 수치스럽고 희미한 눈빛은 이제 때가 되었음을 말해주고 있었다.
 뉴턴을 땅에 묻으려고 내려놓자 쿵 소리를 냈다. 뉴턴이 마지막으로 낸 소리였다. 머리로는 폐에 남은 공기가 나오는 소리라는 걸 알았지만 왠지 뉴턴의 영혼이 무지개다리를 건너 반려견과 인간이 재회하는 그 미지의 땅으로 떠났다는 신호 같았다. 지금까지도 그리 굳게 믿고 있다.

그 당시에는 몰랐지만 도그 프로젝트의 씨앗을 심은 것은 다름 아닌 뉴턴이다. 뉴턴이 떠나고 나서도 내 마음 한구석에는 그의 영혼이 늘 자리했다. 뉴턴과 나는 15년이라는 세월을 함께 보냈지만 그가 무슨 생각을 하는지는 알지 못했다. 내가 뉴턴에게 마음을 준 만큼 뉴턴도 나를 사랑하고 아꼈을까? 정말 알고 싶었다. 하지만 개의 뇌를 해독하는 기계가 있지 않은 한, 정말 나를 사랑했는지 알 방법이 없었다.

뉴턴이 떠나고 몇 달 후, 봄방학을 맞이해 캣과 아이들은 동물 보호소에 갔다. 캣이 보낸 문자 메시지에서 아이들과 함께 무언가 일을 꾸미고 있다는 사실은 어느 정도 알 수 있었다. 캣은 어깨에 개 한 마리를 안고 있는 흐릿한 사진을 보냈다. 개는 너무 말라서 다리가 거의 막대기 같았다. 그리고 색깔은 너무 까매서 하얀 발을 제외하고는 거의 형체를 알아볼 수 없었다. 귀 하나는 위로 향했고 다른 귀는 얼굴 위로 축 처져 있었다.

이미 동물 보호소에 발을 들여놓은 순간 캣과 아이들은 새로운 개를 집으로 데리고 올 작정이었다. 아이들은 어떤 이름이 좋을지 재빨리 몇 가지 후보를 생각했다. 캣과 아이들이 다녀온 동물 보호소는 매주 새로운 테마를 정해 동물의 이름을 지었다. 새로운 개를 데리고 온 첫날에는 보호소에서 불리던 이름인 '리틀 미스 피기'로 불렸다. 리틀 미스 피기가 들어온 주가 하필 머펫Muppets(짐 헨슨이 만든 인형 캐릭터들로, '세서미 스트리트'와 같은 TV 프로그램에서 인기를 얻은 캐릭터) 주간이었다. 이름이 큰 의미가 없다고 생각할지도 모르지만 리틀 미스 피기의 경우에 그렇지 않았다.

아이들은 머펫 캐릭터를 좋아하지도 않았기에 리틀 미스 피기라고 부를 이유가 없었다. 게다가 이름치고는 너무 길었다. "리틀 미스 피기, 이리와! 리틀 미스 피기, 얼른 들어와!"라고 마당에서 뛰어다니는 개를 부르는 모습도 상상이 가지 않았다.

새로 데리고 온 개에 대해 아는 것은 전혀 없었다. 어디서 왔는지 그리고 보호소에는 어떻게 들어오게 되었는지 아무것도 알지 못했다. 사람을 무서워하지는 않았지만 라이라와 노는 것을 더 좋아했다. 사람과 어울린 적이 많이 없었을지도 모른다. 보호소 직원은 생후 약 9개월쯤 되었을 것이라고 말했다.

대부분의 전문가는 생후 6주 무렵부터 개가 사람과 지낼 수 있도록 사회화 훈련을 시킬 것을 권장한다. 9개월 된 개가 사회화를 시작하기에는 다소 늦은 감이 있었지만, 사람을 두려워하지 않는 것을 보니 이전에 어느 정도 사람과 지낸 경험이 있어 보였다. 적어도 사람에게 학대당한 것 같지는 않았다.

고심 끝에 매디는 이름 하나를 제안했다. "칼립소는 어때요?" 매디가 물었다. 그 당시 매디는 그리스 신화에 푹 빠져 있었다. 칼립소는 《오디세이아Odyssey》에 등장하는 비교적 인지도가 낮은 여신으로, 오디세우스를 남편으로 만들기 위해 섬을 떠나지 못하도록 막았다. 그녀는 아테나가 개입해 오디세우스를 진정한 사랑인 페넬로페에게 돌려보내기 전까지 무려 7년 동안 그를 숨겼다. 이 때문에 그리스어로 '칼립소'는 '덮는다', '숨기다'라는 뜻이 있다. 까만 털로 뒤덮인 개를 보고 있자니 잘 어울리는 것도 같았다. 그렇게 새로운 개를 칼립소라고 부르기 시작했다. 애칭으로 캘리라고 불렀다.

캘리의 키는 30cm였고, 코부터 엉덩이까지 길이는 45cm에 달했다. 여느 잡종견처럼 꼬리는 C자 모양으로 등 쪽을 향해 말려 있었다. 몸무게는

사진 3. 경계 태세인 캘리 (출처: 그레고리 번스)

9kg이 채 되지 않아 갈비뼈가 선명하게 드러났다. 헬렌은 캘리가 정확히 무슨 종인지 알아내려고 인터넷을 뒤졌다. "잭 러셀 테리어예요." 헬렌은 컴퓨터 화면 속 사진을 가리키며 말했다. "색깔이 다른데? 그리고 캘리는 저 개보다 키가 커." 매디가 말했다. 이에 캣은 테리어 종류인 것만은 확실하다고 덧붙였다.

내가 보기에 캘리는 오래된 RCA(라디오와 텔레비전 개발 및 제조로 유명한 미국의 대형 전자 기업) 로고 속 축음기를 들여다보는 개의 품종 같았다. 잘 물어서 니퍼Nipper라고 불리기도 하는 이 개의 혈통에 대해서는 의견이 분분하다. 어떤 이는 잭 러셀이라고 하고 다른 이들은 폭스 테리어나 랫 테리어라고도 한다.

캘리는 맨체스터 테리어와 거의 비슷했다. 하지만 모든 맨체스터 테리어는 예외 없이 털이 검은색과 황갈색이었다. 반면, 캘리는 털이 검은색과 흰색이어서 순수한 맨체스터 혈통과는 거리가 있었다. 털 색깔 때문에 블랙 앤 탠 테리어라고도 불린 맨체스터 테리어는 19세기에 휘핏과 교배되었다고 하는 사람도 있다. 몸집은 작고 그레이하운드를 닮은 휘펫과 교배되어 테리어의 달리기 속도가 빨라진 면도 있다. 그리고 얼마 후 캘리의 특기 중 하나가 달리기라는 것을 알게 되었다. 아니, 캘리는 내가 본 개 중 가장 빨랐다.

뒷마당에 처음 풀어놓은 날, 캘리는 마당 가장자리를 달리며 영역을 표시했다. 집 마당에는 담쟁이덩굴이 무릎 높이까지 무성하게 피어 있었다. 캘리는 전속력으로 달리다 담쟁이덩굴을 뛰어넘고 또 두터운 나뭇잎 아래로 몸을 던졌다. 밑으로 땅굴을 파고 울타리 가장자리를 기어다녔는데 어뢰처럼 재빠르게 지나가는 커다란 형체만 보였다. 그렇게 기어 다니다가 신이 나서 나뭇잎 밖으로 확 뛰어나왔다. 캘리가 달릴 때면 등 근육이 접혔다가 펼쳐지기를 반복했다. 한 마리의 치타 같았다.

빠른 속도는 둘째치고 캘리는 레이저처럼 정확하게 다람쥐만 겨냥하는 능력도 있었다. 캘리의 시야에 들어오면 다람쥐는 공포에 질려 나무 위로 얼른 도망가야 했다. 캘리는 그 나무를 박박 발톱으로 박박 긁어댔다. 테리어의 경우, 캘리처럼 다람쥐를 나무 위로 쫓는 일을 잘 하지 않는다. 이 모든 것을 보면 캘리는 확실히 잡종견이었다. 하지만 나는 보호소에서 완전히 새로운 순수 혈통의 개를 발견했다는 환상을 버리지 않았다. 다람쥐를 나무 위로 쫓는 행위는 캘리의 혈통을 밝히는 데 아주 중요한 역할을 했다. 나는 미국 남부 지방인 조지아 출신이 아니었기 때문에 그 지역 특유의 종에 대해 잘 알지 못했다.

캘리는 트리잉 파이스트Treeing Feist라는 품종이다. 미국 트리잉 파이스트 협회American Treeing Feist Association에 따르면 마운틴 파이스트라고도 불리는 트리잉 파이스트는 랫 테리어가 미국으로 오기 오래전부터 남부 애팔래치아 지역에 존재했다. 테리어를 키우는 주된 목적은 해충을 잡는 것이었지만, 파이스트는 사냥을 위해 길러졌다. 파이스트의 주 먹이는 다람쥐였지만 너구리, 토끼, 새도 사냥했다. 테리어보다 다리가 더 길어서 파이스트는 소리 없이 빠르게 달리는 데 최적화되어 있다. 성격은 끈질기기도 해서 주인이 부를 때까지 사냥을 멈추지 않는다. 파이스트의 역사는 미국의 역사만큼이나 길다. 조지 워싱턴은 일기에서, 에이브러햄 링컨은 시에서 파이스트를 언급하기도 했다.

데리고 온 지 이틀이 지나자 캘리도 서서히 본래 성격을 드러내기 시작했다. 리틀 미스 피기에서 캘리로 이름을 바꿨지만 어쩐지 리틀 미스 피기가 더 잘 어울릴지도 모른다. 왜냐고? 캘리는 아주 잘 먹었다. 매일 퇴근하고 오면 내 방으로 뛰어 들어와 용수철이 달린 콩콩이처럼 위아래로 점프했다. 쉴 새 없이 꼬리를 흔드는 캘리의 눈은 반가움으로 반짝였다. 하지만 캘리가 집에 온 지 나흘째 되던 날, 퇴근하고 왔는데도 거의 움직이지 않고 그저 러그 위에 누워 있었다. "캘리 왜 이래?" 헬렌의 숙제를 봐주고 있던 캣에게 소리쳤다. "왜? 어떤데?" 캣이 물었다. 바닥에 가만히 누워만 있다는 내 대답에 모두가 방으로 뛰어 들어왔다. 놀라서 손으로 입을 가린 매디의 눈에는 눈물이 차올랐다. "왜 이러는 거예요?" 헬렌이 물었다. 캘리는 옆으로 뒹굴며 낑낑대기 시작했다.

나는 캘리 옆에 무릎을 꿇고 앉아 살펴보기 시작했다. 지나치게 마른 체형에 비해 배가 풍선처럼 부풀어 있었다. 배를 만지자 캘리는 꿈틀거리며 작게 신음했다. 뭘 잘못 먹었는지 찾아 나섰다. 물어뜯어 너덜너덜해진 신발이나 아이들의 장난감 조각이 어딘가 있겠다고 생각했다. 10분간 집 전체를 샅샅이 뒤져도 아무것도 찾지 못했다. 그 사이 캘리의 상태는 점점 나빠졌다. 앉고 서고 눕기를 반복하며 고통을 조금이라도 덜 느낄 자세를 찾는 것 같았다. 그때, 부엌 팬트리에서 캣이 소리쳤다. "찾았어!"

부엌 팬트리에는 개 사료가 있었다. 수년간 개를 키우면서 20kg짜리 사료를 사는 것이 가장 경제적이라는 사실을 깨달았고, 쉽게 꺼낼 수 있도록 플라스틱 통 안에 사료를 옮겨 담아 팬트리 바닥에 두었다. 뚜껑을 닫아놨기 때문에 개들이 스스로 사료를 꺼내 먹는 일은 없었다. 적어도 지금까지는 말이다. 사료통의 뚜껑은 열려 있었고 몇 알이 바닥에 흩어져 있었다. 사료통을 여는 방법을 터득한 캘리가 배가 부른지도 모르고 정신이 나간 채로 먹어 치워버린 것이다. 통 안을 보니 사료가 아직 많이 남아 있었지만 애초에 얼마나 있었는지는 아무도 알지 못했다. 바닥에 부스러기가 떨어진 것을 보니 통 안에 있는 사료로 충분히 배를 채워 바닥에 떨어진 것을 주워 먹지도 않은 것 같았다.

헬렌은 기겁하며 말했다. "동물병원에 가야 해요!" 하지만 시계를 보니 여섯 시가 넘었고 캣은 나와 똑같은 생각을 하는 것 같았다. 응급 진료 비용이 걱정스러웠다. 캘리의 배는 풍선처럼 부풀어 있었다. 저렇게 몸집도 작고 마른 개의 몸에 그 많은 사료가 어떻게 들어갔는지 의문이다. 너무 많이 먹어서 위가 찢어졌을지도 모른다는 생각도 들었다. 위가 정말 찢어지는 게 가능하다면 말이다. 사람의 경우 가능하다고 들어봤지만 개에게도 그런 일이 일어날 수 있는지는 몰랐다. "혹시 가죽 개껌 어디 있는지 알아?" 캣이 물었다. 무슨 가죽 개껌이냐고 되묻자, 어제 사둔 거라고 대답했다. 바닥에서 몸부림치는 캘리를 보고서는 그 가죽 개껌의 행방을 알아버렸다.

동물병원 응급실로 향했다. 24시간 직원이 상주하고 최신 의료 기기를 갖춘 종합 병원이었다. 하지만 동물병원은 철저히 선불제여서 의사를 만나려면 우선 200달러를 내야 했다. 캘리가 정확하게 무엇을 더 먹었는지 몰랐기 때문에 가장 먼저 엑스레이를 찍었다. "이거 보이시나요?" 수의사가 엑스레이 사진을 가리키며 말했다. 몸통 속 팝콘 같은 것이 가득 차 있는 것 같았다. "이게 다 음식이에요. 다행인 건 음식이 아닌 걸 먹진 않았네요." "그렇다면 나쁜 소식도 있나요?" "나쁜 소식이라면 지금 상태로는 마시는 것도 안 돼요. 하지만 탈수 상태가 되면 몸속 음식이 단단해져서 밖으로 나오는 게 무척 어려워집니다. 탈수가 되지 않도록 오늘 하루 입원해서 수액을 맞는 게 좋겠어요."

집에 이제 막 온 개를 하룻밤 동안 병원에 홀로 두고 싶지는 않았다. 나뿐만 아니라 모두 그랬다. 헬렌이 나서서 말했다. "아빠, 이제 막 보호소에서 왔잖아요. 엄청 무서울 거예요." 나는 수의사에게 물었다. "그냥 토하게 만들 수는 없나요?" 이런 질문이 나오리라고는 상상하지 못한 듯 의사가 대답했다. "시도해 볼 수는 있죠. 그런데 이런 상태에서는 보통 효과가 없습니다." 그래도 해봐서 나쁠 건 없다는 생각에 캘리는 강력한 구토 유도제인 아포모르핀을 맞았다. 5분 만에 캘리는 끄윽거리며 구역질하기 시작했다. 하지만 수의사의 말대로 입밖으로 나오는 건 없었다. 캘리는 혼란스럽고 겁에 질려 보였다.

이제 별다른 수가 없었다. 모두 눈물을 흘리며 작별 인사를 하고 터덜터덜 병원 밖으로 나왔다. 우리 때문에 이런 일이 일어났다는 생각을 떨칠 수 없었다. 데려온 지 일주일도 안 돼서 입원을 시켰다니, 얼마나 형편없는 견주인가.

다음 날 아침, 병원에서 전화가 걸려 왔다. 캘리의 상태는 안정적이지만 아직 먹은 것이 하나도 나오지 않았다는 소식이었다. 하루 더 입원할 것을 권유했다. "아직 집에 데리고 오면 안 되나요?" 내가 물었다. "안 그러는 게 좋을 것 같습니다." 의사가 대답했다. 옆에서 통화 내용을 듣던 헬렌은 내 소매를 잡아당기며 안아달라고 했다. 캘리에게 안 좋은 일이 생길 거였다면 이미 일어났을 거고 하루 동안 수액을 맞았기 때문에 음식이 밖으로 나올 때까지 버텨줄 거라고 생각했다. 그렇게 병원에 도착해서는 의사의 말을 듣지 않고 퇴원시킨다는 내용의 서류에 서명했다. 그렇다, 우리는 무책임하고 나쁜 견주였다. 다행히도 집에 도착하자 캘리는 마치 아무 일 없었다는 듯 원래대로 집안을 뛰어다니기 시작했다. 물을 잔뜩 마시더니 마당으로 나가 담쟁이덩굴 사이를 헤집고 다녔다.

입양 후 첫 30일 동안 적용되는 의료 보험을 동물 보호소에서 가입했지만 보험 회사는 보험금 청구를 거부했다. 이물질 섭취로 인한 치료만 보장될 뿐 병적 과식은 보장되지 않는다는 것이 이유였다. 그래도 상관없었다. 캘리가 괜찮다는 사실에 그저 감사했다. 그리고 이내 캘리는 내 인생에 중대한 영향을 미쳤다. 뉴턴이 어떤 감정을 느꼈는지에 대한 질문의 답을 찾는 데 도움을 줬고, 더 심오한 질문에 대한 단서도 줬으니까 말이다. 정말 개는 무슨 생각을 하는 걸까?

2.

개로 산다는 것

개의 뇌를 촬영해 보고 싶다는 생각은 어느 날 번쩍하고 떠오른 것이 아니다. 대부분의 과학적 발전이 그렇듯 생뚱맞은 생각과 공상에서 출발해 자연스럽게 아이디어로 흘러온 것이다. 뉴턴의 죽음이 이 생각의 씨앗을 싹 틔우긴 했지만, 한낱 내 머릿속 생각이었던 이것을 현실화하게 된 이유는 내 주변 사람들 사이에서 느낀 일종의 불편함 때문이라고 할 수 있다.

지난 15년간 나는 연구실에서 동료들과 뇌 촬영 기술을 통해 인간의 보상 시스템이 작동되는 방식을 연구해 왔다. 주로 사용하는 장비는 자기공명영상 Magnetic Resonance Imaging, MRI이다. MRI 기기는 자동차 한 대 크기와 맞먹는 대형 원통 구조이며, 수 마일에 달하는 전선이 내부를 감싸고 있는 형태를 띤다. 이 전선에 전류를 흘려보내면 인간의 뇌 내부를 볼 수 있는 강력한 자기장이 생성된다.

병원에 가면 흔히 볼 수 있는 일반적인 MRI는 뇌의 정적인 단면 사진을 제공한다. 그러다가 과학자들은 연속적으로 빠르게 촬영하면 뇌의 작동 과정을 실시간으로 볼 수 있다는 사실을 발견했다. 이러한 기술은 기능적 자기공명영상 functional Magnetic Resonance Imaging, fMRI이라 불리며, 인간의 마음이라는 블랙박스를 여는 계기가 되었다. fMRI로는 대상자가 어떤 활동을 하는 동안, 뇌의 어떤 부위가 활성화되는지 볼 수 있다. 예를 들어, 독서를 하거나 수학 문제를 푸는 중이거나, 다양한 감정을 느낄 때 뇌 내부에서 발생하는 활동을 살펴볼 수 있는 것이다. 이를 통해 과학자들이 '뇌의 작동 방식'을 연구할 수 있게 해준다. 이것이 바로 fMRI에 '기능적'이라는 수식어가 붙는 이유이다.

연구실의 총책임자로서 매년 연구실 파티를 개최하는 것 역시 내 업무 중 하나다. 파티라니 무척 즐거울 것 같지만 그렇지 않다. 가정의 스트레스 중 하나다. 거기에다 개를 여러 마리 키우는 것은 파티에 도움이 되지 않는다. 개들도 나를 닮아 많은 사람들과 사회적으로 어울리지 못했다. 물론 그 책임은 전적으로 나에게 있음을 인정한다. 파티나 모임을 자주 가지지 않는 편이기에 개들을 굳이 그런 상황에서 어떻게 행동해야 하는지 가르칠 필요를 느끼지 못했다. 하지만 일 년에 한 번씩 가지는 연구실 파티와 같은 사회적 모임은 도무지 피할 길이 없었다.

이런 내 마음도 모르고 캣과 아이들은 파티 준비에 열을 올렸다. 다이닝 룸에서 의자를 모두 꺼내와 거실에 의자를 둥근 형태로 다시 배치했다. 어려운 것은 없었다. 파티에 참석하는 손님들은 음식을 둘 테이블 없이도 먹고 마시면서 대화를 충분히 나눌 수 있는 성인이었으니까. 하지만 이때 고려하지 못한 점이 있다. 사람들의 발 옆에 맴도는 캘리나 털이 북슬북슬한 큰 꼬리로 방안을 휘젓고 다니는 라이라 말이다.

손님 모두가 개를 좋아했다면 전혀 문제 될 것은 없다. 최근 몇 년간 나는 연구실 팀원을 선택하는 데 훨씬 신중해졌다. 그리고 반드시 물어보는 것이 있었는데, 개를 좋아하는지 아니면 차선책으로 고양이를 좋아하는지 물어봤다. 반려동물을 키우지 않는 사람은 신뢰할 수 없다는 게 내 생각이었다. 그래서 동물을 좋아하는 사람들로 팀을 꾸리려고 최선을 다했지만 그들의 배우자까지 동물을 좋아한다는 보장은 할 수 없었다. 캣은 손님들이 오면 라이라와 캘리를 침실 안에 가둬두자고 했다. 하지만 개들은 방에 갇혀 있던 적이 없기 때문에 나는 그냥 모르는 척 개들을 마음껏 풀어줬다. 손님들이 집에 도착하자 캘리는 한 번씩 우렁차게 짖어댔고, 라이라는 그저 미소를 지으며 꼬리를 아주 세차게 흔들었다.

개를 좋아하는 팀원들이 캘리와 라이라가 손님들의 음식을 뺏어가지 않게 봐줄 거라고 믿고 캣을 돕기 위해 슬그머니 부엌으로 향했다. 캘리는 전채 요리를 그릇에 옮겨 담고 음료를 준비 중이었다. 팀원들의 배경은 다양한 편이었지만 대부분 미국인이었고 인도에서 온 팀원이 한 명 있었다. 내가 부엌으로 향할 때 마침 인도인 팀원과 그의 아내가 집에 도착했다.

그 부부가 들어서자마자 귀가 찢어질 듯이 "꺄아악!"하는 고음의 괴성이 들려왔다. 나는 서둘러 뛰쳐나왔다. 아름다운 인도 전통 옷인 사리를 입은 팀원의 아내가 개들을 보고 멀찍이 떨어져서 소리를 지르며 뒷걸음치고 있었다. 이 광경에 캘리는 어리둥절한 표정을 지었다. 이내 신경 쓰지 않는다는 듯 그녀를 지나쳐 떨어진 음식이 있는지 찾으러 나섰다.

반면에 라이라는 고성의 비명에 흥분하기 시작했다. 소리의 근원지를 향해 위아래로 점프하기 시작하며 짖어댔다. 내가 보기에는 놀아달라는 신호였다. 하지만 팀원의 아내는 새하얗게 질려 있었고 당연히 놀 생각은 전혀 없어 보였다. 나는 얼른 라이라의 목줄을 잡고 침실로 데려갔다. "미안한데 오늘은 못 놀 것 같아."라고 라이라에게 말했다. 그 여자가 왜 소리를 질렀다고 생각했을까? 사람이면 물어보고 간단히 해결되었을 궁금증일 텐데 라이라의 마음속에 어떤 생각이 있는지 어떻게 알 수 있을까?

진정으로 알기 위해서는 개가 되는 수밖에 없다. 개가 무슨 생각을 하는지에 대한 질문은 데카르트의 유명한 명언인 '나는 생각한다. 고로 존재한다$^{cogito\ ergo\ sum}$'와 관련이 깊은 오래된 철학적 논쟁과 연결된다. 인간의 모든 경험은 순전히 머릿속, 즉 뇌 안에서만 존재한다. 빛 알갱이인 광자(光子)가 망막에 닿을 수 있지만, 뇌가 활동하지 않으면 무지개를 보거나 숨 막히도록 아름다운 일몰을 보는 주관적인 경험을 할 수 없다. 개도 그런 광경을 볼 수 있을까? 물론이다. 다만 경험하는 방식이 전혀 다르다.

라이라가 보랏빛 사리 차림에 이마에 빨간 점을 찍은 여자를 향해 날뛰고 짖고 있을 때, 가장 원초적인 수준에서는 나와 동일한 것을 보고 경험했을 것이다. 보라색 옷, 빨간색 점, 비명 소리. 이것들은 원초적인 감각 반응이다. 빛을 반사하거나 흡수하면서 발생하는 광자, 여자의 성대 주변 공기 중의 압력파에서 비롯된다. 하지만 내 뇌가 이 사건을 해석하는 방식은 라이라가 해석하는 방식과 다르다.

라이라의 행동을 관찰한다고 해서 무슨 생각을 하는지는 알 수 없다. 과거 경험을 통해 나는 라이라가 다른 자극에도 짖고 점프한다는 사실을 알고 있다. 식사할 때도 짖은 적이 있다. 이 맥락에서 보면 자연스럽게 음식을 먹고 싶어서라고 생각할 수도 있지만 라이라는 내 발 근처에 테니스공을 물어다 놓을 때도 짖는다. 하지만 그날 밤 라이라가 비명을 지르는 여자에게 반응했던 이유에 대해, 나는 그것을 이해할 만한 기준점이 없었다.

'개가 된다는 것은 어떤 경험일까?'에 대한 질문은 아주 다른 두 가지 방식으로 접근해 볼 수 있다. 조금 어렵게 접근해 보자면 이렇게 질문할 수 있다. '개의 입장에서 산다는 것은 어떤 의미일까?' 이 질문에 대한 답을 알 수 있다면 개가 왜 특정한 방식으로 행동하는지 명확하게 이해할 수 있을 것이다. 하지만 개가 된다는 것의 문제점은 감정과 경험을 설명할 언어적 수단이 없다는 것이다. 이때 그보다 훨씬 더 쉬운 질문을 하는 것이다. '사람인 우리가 개가 된다면 어떤 느낌일까?' 다른 동물의 탈을 쓰고 있다고 상상하고 다시 질문해 볼 수 있다. '라이라가 파티에 온 손님을 괴롭힌 이유가 무엇일까?'라는 이 질문을 '내가 라이라였다면 왜 그 여자를 보고 짖었을까?'라고 바꿔보는 것이다. 이 틀에서 생각하면 개의 행동에 대해 다양한 추측을 해볼 수 있다.

이미 많은 사람이 개의 마음에 대한 글을 썼고, 어떤 사람은 내 질문에 대한 답을 내놓으려는 시도까지 했다. 그 글은 지금 다루지 않을 것이지만 이것은 짚고 넘어가고 싶다. 많은 부분이 두 가지 잘못된 가정하에 작성되었다는 것이다. 이 잘못된 가정은 실제로 개가 되어보지 않고 개의 마음을 읽으려고 했다는 점에서 비롯된다.

첫 번째 오류는 의인화 또는 내가 아닌 존재에 내 생각과 감정을 투사하려는 경향에서 비롯된다. 어쩔 수 없는 것이다. 뇌는 생각을 다른 사람에게 투사하도록 설계되어 있다. 그리고 이를 정신화^{mentalizing}라고 하는데 인간의 사회적 상호작용에 매우 중요한 역할을 한다. 다른 사람과 소통할 수 있는 유일한 이유는 서로의 생각을 끊임없이 추측하기 때문이다.

문자 메시지를 예로 들어보자. 한 번에 140자 이하로 글을 작성해서 보내도 소통이 가능한 이유는 이 정신적 모델을 유지하고 있기 때문이다. 공통된 문화적 요소를 공유하고 있기 때문에 다른 상황에서도 대체로 유사한 방식으로 반응한다. 슬픈 영화를 볼 때 반응을 통해 내 주변에 앉은 다른 사람도 동일한 감정을 느끼고 있다는 것을 직감할 수 있다. 심지어 경험을 공유하면 낯선 이와 대화를 시작할 수도 있다. 이처럼 타인과의 감정적 연대는 나 자신의 경험을 출발점으로 한다

하지만 개는 사람이 아니다. 당연히 사람과 같이 개들이 공통으로 공유하는 문화도 없다. 개의 행동을 관찰할 때, '사람의 인지 틀'이라는 필터를 통해 행동을 해석하고 이해하려는 것은 어쩔 수 없는 사실이다. 이런 이유로 안타깝게도 개에 관한 많은 글에는 개보다 글을 쓴 사람 본인에 대한

정보가 더 많다.

두 번째 오류는 늑대의 행동에 근거해 개의 행동을 해석한다는 것이다. 이를 루포모피즘lupomorphism이라고 한다. 개와 늑대는 조상이 같지만 그렇다고 해서 개가 늑대의 후손은 아니다. 이 점은 반드시 구분해야 한다. 늑대와 개의 진화적 경로는 원시 인류와 어울리기 시작하면서 갈라졌다. 계속 인간과 어울린 늑대는 개가 되었고, 인간한테서 멀어진 늑대는 지금의 늑대가 되었다.

오늘날의 늑대는 개와는 완전히 달리 행동할 뿐만 아니라 사회적 구조도 매우 다르다. 늑대와 개는 뇌도 다르기 때문에 늑대의 행동을 통해 개의 행동을 해석하려는 시도는 의인화보다 더 적합하지 않다. 인간이 늑대의 행동을 인간 중심적으로 의인화한 다음, 그 왜곡된 인식을 다시 개의 행동에 적용하는 이중적 오류에 해당하는 셈이다. 하지만 개의 행동을 늑대의 행동에 비유하면서 인간이 '무리의 대장'이 되어야 한다는 전제를 바탕으로, 잘못된 훈련 전략이 생겨나기 시작했다. 이것은 반려견 훈련 및 행동 전문가인 세자르 밀란Cesar Milan이 채택하고 퍼뜨린 훈련 전략인데 늑대의 사회적 구조를 인간과 개 관계의 모델로 규정할 수 있다는 과학적 근거는 없다.

개는 말을 할 수 없다. 그리고 주관적으로 어떤 경험을 하는지 알기 위해 마음속으로 들어가 볼 수도 없다. 내 눈에는 천진난만한 골든리트리버가 위아래로 폴짝폴짝 뛰고 있는 것처럼 보이는데 다른 사람의 눈에는 배고픈 골든리트리버가 무시무시한 이빨을 내밀고 잡아먹으려고 뛰어오르는 것처럼 보일 수 있다. 그렇다면 개의 마음을 알기 위해서는 어떻게 해야 할까? 그 파티에서 연결고리를 찾은 것은 아니지만 얼마 후 해결책이 바로 코앞에 있었다는 사실을 깨닫게 되었다. 뇌 촬영 말이다!

모든 포유류의 뇌는 상당히 유사한 부분이 많다. 개의 뇌에서 활성화된 부분을 보고 사람의 뇌 활동과 비교해 유추해 볼 수 있다. 예를 들어, 개의 뇌에서 보상 중추(보상을 느낄 때 작동하는 뇌의 기능)가 활성화된 것을 보고 사람은 어떤 활동을 했을 때 비슷한 반응이 일어나는지 알아볼 수 있다.

사람을 대상으로 한 실험에서는 특정한 뇌 활성화 패턴을 생성하는 원인을 꽤 잘 파악할 수 있다. 예를 들어, 뇌에서 시각을 담당하는 부분이 활성화되었다면 광자가 망막에 부딪혔거나 눈을 감고 어떤 장면을 머릿속으로 상상해서 그럴 수 있다.

이와 비슷하게 개가 보고 있는 것이 없는데 개의 뇌에서 시각을 담당하는 부분이 활성화되었다면 머릿속에서 무언가를 그리고 있다고 합리적으로 추정해 볼 수 있다. 어쩌면 개도 상상을 할 수 있을지도 모른다. 서로 다른 종의 뇌를 매핑하는 것을 기능적 상동성functional homology이라고 한다. 상상력과 같은 주관적 경험이 사람뿐만 아니라 개의 뇌에서도 비슷한 방식으로 연결될 수 있음을 의미한다. 사람과 개의 뇌의 활동 패턴을 비교해 봄으로써 각 종의 뇌 부분이 어떤 기능을 담당하는지 파악할 수 있다.

반면에 철학자들은 '개로 산다는 것은 어떤가?'에 대한 질문은 답할 수 없는 것이라고 일축한다. 하지만 개와 사람의 '뇌 사이 기능적 상동성'을 통해 지금까지 잇지 못했던 연결고리를 이어볼 수 있다. 뇌 촬영을 통해 정말 개로 산다는 것이 어떤가에 대해 그대로 파악할 수는 없겠지만 적어도 개의 경험 세계로 접근할 수 있는 설계도, 아니 정확하게는 뇌 속 지도를 제공해 줄 수 있을 것이다. 사람의 편견 가득한 해석을 배제하고 사람이 개가 된다는 것은 어떤가에 대한 실마리를 찾을 수 있다.

정말 이에 대한 답을 찾을 수 있다면 뇌 영상은 개의 신경학적 반응을 해석하는 역할을 할 수도 있다. 단순히 라이라가 왜 파티에서 무례하게 굴었는지에 대한 행동학적 반응을 넘어서 더 심오한 질문에 대한 답도 얻을 수 있을지 모른다. 개의 뇌에 사람의 생각과 감정을 연결할 수 있다면 사람과 개의 관계를 관통하는 그 질문, 바로 '개는 우리를 사랑하는가'에 대한 답을 얻을 수 있을지 모른다.

관계의 핵심은 상호성이다. 사람과 개의 관계가 일방적이고 그저 주인의 손에 있는 간식을 멍하니 바라보는 개에게 사람만 감정을 쏟는다면 개는 보슬보슬한 커다란 곰돌이 인형과 크게 다를 바가 없다. 하지만 개도 사람에게 그만큼 마음을 보답한다고 생각해 보자. 개에게 사람이 단순히 사료를 배식하는 제공자 이상의 존재로 인식될 수 있을까? 우리가 개에게 쏟는 마음이 어떤 수준, 어떤 식으로나마 돌아온다는 사실을 아는 것만으로도 많은 것이 달라진다. 개와 사람의 관계는 '사람과 사람의 관계'와 동급이 된다.

이 질문에 대한 답은 단순히 개의 행동을 관찰해서 얻을 수 없다. 개가 세상을 어떻게 바라보고 경험하는지 그리고 무엇보다 주관적인 경험을 이해해야 얻을 수 있다.

인도인 팀원과 그의 아내는 집에 오래 머무르지 않았다. 개 두 마리를 모두 방에 가둬놨는데도 라이라의 짖는 소리가 파티의 흥겨운 소리를 넘어섰다. 당연히 인도인 팀원과 그의 아내가 가장 먼저 집을 나섰다. 그들이 가고 나서 나는 개들을 풀어줬다. 라이라는 나머지 손님에게 달려갔다. 그러다 너무 흥분한 나머지 토를 해버리고 말았다. 캘리가 얼른 달려와 거품이 자글자글하게 일은 초록색 토사물을 핥아먹기도 했다. "악 나도 토할 것 같아." 동물을 좋아하는 사람들이었는데도 그 모습에 질겁했다. 그리고 우르르 문을 나섰고 그렇게 파티가 끝났다. 그날의 파티가 집에서 연마지막 연구실 파티였다.

3.

낚시 실험

도그 프로젝트에 불을 지핀 것은 뉴턴의 죽음, 그다음으로는 연구실 파티에서 일어난 당혹스러운 사건, 마지막으로는 조금 뜬금없지만 오사마 빈 라덴의 죽음이 있다.

매주 수요일 아침이 되면 연구실 팀원들은 이 세상 모든 연구실에서 가장 중요하게 여겨지는 회의를 위해 모여든다. 분야와 관계없이 모든 대학 내 모든 연구실은 일주일에 한 번 연구실 회의를 한다. 말단 학부생부터 연구실 책임자까지 예외 없이 서로가 지난 일주일간 어떤 일을 했는지 알 수 있는 기회로 모든 것이 투명하게 공개된다. 새로운 발견부터 해석 불가한 데이터 그리고 잘못된 증거까지 모든 것이 낱낱이 드러난다.

랩Wet Lab은 자연과학 실험을 하는 연구실로, 일반적으로 고가의 밀폐 장비를 사용한다. 이 연구실은 독성 가스나 전염성 미생물이 밖으로 새어나가는 것을 막기 위해 특수 배관과 환기 장치를 갖추고 있다. 반면에 내가 소속된 연구실처럼 데이터를 다루는 연구실을 드라이 랩dry lab이라고 한다. 내 연구실에서 이뤄지는 모든 연구의 근간에는 MRI 데이터가 있다. 연구실에는 싱크대조차 없다. 그냥 사면의 벽 가장자리로 컴퓨터 기기만 쭉 놓여 있는 커다란 방이다. 중간에 큰 테이블이 하나 있는데, 이 테이블은 모임 장소로도 연구실 회의실로도 사용된다.

데이터 없이는 과학적 결론을 내릴 수 없다. 그렇기에 나는 일주일에 적어도 네 명의 연구 대상자가 있어야 한다고 생각한다. 연구실 일정을 한눈에 알 수 있도록 벽에 달력을 하나 달아뒀는데, 이 달력에는 팀원들의 휴가 스케줄이나 병원 환자들의 MRI 촬영 일정 등이 표시되어 있다. 달력이 달린 벽을 제외한 나머지 벽의 경우, 바닥부터 천장까지 모두 화이트보드가 달려 있다. 이 벽에 자유롭게 아이디어를 쓰고 그린다. 낙서처럼 보여도 벽은 빽빽하게 도표, 방정식, 그래프로 덮여 있다. 연구실을 방문하는 사람은 너무 사면으로 그리스 기호, 통계적 아르카나, 플로우 차트 등 전문 과학 용어가 가득한 생소한 광경에 압도되기도 한다.

연구실 팀원들은 정말 말 그대로 아이디어에 둘러싸여 있는 셈이다. 초기 아이디어 브레인스토밍 단계부터 실제 논문이 출간되기까지는 약 2년이 걸린다. 실제 데이터 수집, 연구실의 경우에는 MRI 기기를 통해 연구 대상자를 촬영하는 기간은 그 2년 중에서 가장 적은 비중을 차지한다. 아이디어를 브레인스토밍하고 아이디어를 푸는 이 과정에 약 6개월 그리고 실제 데이터를 수집하는 데는 약 1개월이 걸린다. 물론 결과가 기대했던 것보다 훨씬 복잡하게 나타나는 경우도 있다. 솔직하게 말하면 대부분의 경우 그렇다. 그래서 결과를 해석하고 분석하는 데만 1년이 걸린다. 이후 결과를 글로 작성하고 저널에 투고해 발표하는 과정에 1년이 걸리기도 한다.

도그 프로젝트를 본격적으로 시작하기 몇 년 전부터 연구실 팀원은 다양한 의사결정 방법을 시도해 봤다. 10년 동안 돈, 음식과 같은 보상 요소가 뇌에 미치는 영향을 연구해 온 우리 팀은 최근 가치관에 기반한 의사결정에 대한 연구를 시작했다. 처음부터 계획한 것은 아니었다. 테러리즘의 뿌리를 연구하는 인류학자 스콧 아트란[Scott Atran]을 만난 것이 계기가 되었다. 한 학술 콘퍼런스에서 아트란을 만나 와인을 마시며 이야기를 나누면서 종교를 비롯한 믿음이 의사결정에 어떤 영향을 미치는지 이해하는 데 fMRI를 활용해 보면 어떨까 하는 아이디어를 나누게 되었다. 미국방부에서 연구비를 지원받을 수 있다는 꽤 실질적인 이득도 있었고 협업하며 연구하는 것 자체도 꽤 재미있을 듯했다. 하지만 누군가의 신성한 가치관을 파악하려면 민감하고 껄끄러운 이야기를 할 수밖에 없었다. 가령 인종, 종교, 성, 총기, 낙태, 동성애자의 권리 등 가볍게 나눌 수 없는 주제 말이다.

일 년 동안 이 실험에 대한 아이디어를 브레인스토밍했다. 하지만 연구실 팀원 중 그 누구도 이 주제에 대해 정말 편하게 터놓고 이야기를 하지 못했기 때문에 적어도 절반 이상의 시간을 허비했다고도 할 수 있다. 과학자든 아니든, 정말 신성하게 여기는 것들을 강요받으면 불쾌감을 느낄 수밖에 없다는 사실만 알게 되었다.

그러다 어느 순간, 상대의 기분을 나쁘게 할지라도 아이디어를 더 적극적으로 내놓지 않으면 이 프로젝트는 결코 앞으로 나아가지 못할 것이라는 사실을 연구실의 팀원 모두가 느끼게 되었다. 그래서 서로를 기분 나쁘게 할 주제이지만 마음먹고 본격적으로 나누기 시작했다. 이 과정에서 서로에 대해 이전보다 훨씬 잘 알게 되었다. 팀원의 성별, 성적 지향, 종교, 인종, 정치적 성향 심지어 식단까지 달랐다. 각자의 신성한 가치관을 바탕으로 가장 모욕적인 말들을 상상하며 작성한 후, 목록으로 추려 나갔다.

목록에 담긴 문장에 대한 뇌 반응을 연구한 결과, 뇌가 각자의 가치관을 마치 십계명과 같은 엄격한 규칙처럼 처리한다는 사실을 발견했다. 개인이 신성시하는 것이 어떻게 굳건히 고착화되어 있는지 설명하는 중요한 발견이었다. 개인의 가치관은 논쟁의 대상이 될 수도, 돈이나 다른 물질적인 것과 바꿀 수도 없다.

어쩌면 이 실험은 우주의 계시였을지도 모른다. 이 실험에서 다뤘던 주제 중 하나가 개를 좋아하는지 아니면 고양이를 좋아하는지였기 때문이다. 좋은 습관은 아니라는 것을 알고 있지만 이는 내가 사람을 분류하는 기준 중 하나이기도 했다. 내가 최악으로 생각하는 대답은 개도 고양이도 좋아하지도 않는다는 답이었다.

이 실험이 한창일 당시에 온 세상이 오사마 빈 라덴을 사살하는 미션으로 떠들썩했다. 미션에 대한 세부 사항이 조금씩 공개되면서 미션을 수행하는 미국 특수부대인 네이비실 팀6 SEAL Team 6에 훈련견이 포함되었다는 사실도 공개되었다. 20세기부터 개는 군부대 훈련과 미션에 참여해 왔다. 국경, 검문소 공항에 배치되고, 모든 시 경찰서에는 K9 유닛 K9 unit(경찰 견이 포함된 부대)이 있다. 사실 그다지 놀라운 뉴스는 아니었다. 하지만 개가 전 세계적으로 가장 악명 높은 지명 수배자를 사살하는 데 도움을 주었다는 사실은 관심을 가질 만했다. 개의 역할이 그저 반려견 그 이상이라는 사실을 보여줬기 때문이다. 민주주의를 이해하지는 못했을지라도 세계 평화에는 분명히 기여했다.

네이비실 팀6 소속 군인들과 마찬가지로 미션에 참여한 훈련견에 대해서는 아무런 정보도 공개되지 않았다. 비밀리에 붙여진 훈련견의 정체는 각종 미디어의 헤드라인을 장식했다. 대중의 궁금증을 조금이나마 해소하기 위해 해군 홍보팀은 군용 탐지견의 사진 몇 장을 공개했다. 방탄조끼를 입은 저먼 셰퍼드가 개울을 풀쩍 건너가는 모습, 군인과 함께 헬리콥터에서 뛰어내리는 모습 등 많은 군견의 모습이 공개되었다. 그중 약 10km 상공 비행기에서 산소마스크를 쓴 채 낙하산을 타고 내려오는 군인의 가슴에 묶인 군견의 사진이 가장 감동적이었다. 군인은 오른팔로 개를 안고 왼팔로는 낙하산 줄을 당기고 있었다. 사진에서도 느껴지는 그 강한 유대감과 실제로 서로를 꼭 껴안고 있는 모습은 정말 내 가슴을 울렸다. 그리고 다시금 느꼈다. 개와 사람은 함께여야 한다는 사실 말이다.

이 사진들을 보기 전까지는 개들이 이렇게 놀라운 일을 수행하도록 훈련받는지 전혀 알지 못했다. 헬리콥터 소리를 들어봤다면 알겠지만 고막이 나갈 정도로 그 소리가 엄청나다. 대부분의 사람들은 그 소리에 익숙해지기까지 상당한 시간이 걸리고, 익숙해진다고 하더라도 두터운 귀마개를 착용한다. 사진 속 개들은 이런 혹독한 환경에 잘 훈련된 것 같았다. 심지어는 사람과 함께 일하는 것을 즐기는 것처럼 보였다. "네이비실 팀에 개가 있었다는 소식 들었어요?" 수요일 연구실 회의에서 물었다. 흥분한 내 목소리에 팀원들은 컴퓨터로 가 군견의 사진을 직접 확인했다.

"대단한데요?" 연구실의 유일한 대학원생이었던 앤드류 브룩스Andrew Brooks가 말했다. 앤드류는 2년 동안 연구실에서 근무하며 신경과학 박사 학위를 준비 중이었다. 내가 좋아하는 팀원 중 하나였다. 그의 부모님은 일본에서 선교 사역을 하고 있었지만 앤드류는 부모님만큼 신앙심은 없었다. 오히려 그는 과학의 부름을 받고 부모님과는 정반대의 길을 택했고 에모리 대학원에 오게 된 계기는 다소 특이했다.

미국에서 에모리 대학원은 꽤 좋은 학교에 속한다. 에모리 대학원에 지원하는 대다수의 학생들은 출신이 비슷한 편이다. 아이비리그 대학 출신은 북동부에 머무르는 경향이 있어서 에모리에는 남부 아이비리그 학생들이 많이 지원한다. 하지만 앤드류는 커뮤니티 칼리지에 다니다가 조지아주 매콘에 있는 작은 인문계 학교로 편입했고 졸업 후에 에모리 대학원에 지원했다. 매콘은 남부에서 가장 깊숙한 곳 중 하나다. 내게 매콘은 올맨 브라더스 밴드의 고향이자, 1971년 드웨인 올맨이 불의의 오토바이 사고로 사망 후 헌정 음반 '잇 어 피치Eat a Peach'가 발매된 곳이었다.

연구 인생 초반부에 앤드류를 만났더라면 아마 거들떠보지도 않았을 것이다. 한때 나는 출신 학교가 출중하거나 뛰어난 지적 능력 없는 사람은 과학 분야에서 절대 성공할 수 없다는 큰 착각에 빠져 있었다. 하지만 시간이 흘러 서류상으로만 완벽해 보이는 학생들을 경계하게 되었다. 머리는 비상하게 좋았지만 연구에 대한 열정은 없는 학생들을 많이 만났는데 너무 똑똑해서 모든 일이 쉽게 풀리는 것에 익숙했던 나머지 예상치 못한 상황에 대처 능력이 떨어졌다. 과학을 하다 보면 예상한 대로 일이 풀리는 경우는 별로 없는데 말이다. 앤드류는 달랐다. 그는 어떤 것도 당연하게 생각하지 않았다. 똑똑했고 성실했다. 실패해서 구경거리가 될 수도 있는 실험에도 열정적이었다. 게다가 개도 좋아했는데 토이푸들인 데이지와 아메리칸 에스키모인 모찌를 키웠다.

연구실 팀원 중 리사 라비에르스$^{Lisa\ LaViers}$도 엄청나게 개를 좋아했다. 리사는 에모리 대학 졸업 후 연구실에 합류한 지 얼마 되지 않았다. 바로 직전 학기에 내가 강의한 신경경제학 수업에서 좋은 성적을 받았었고, 연구실에 자리가 생겼다는 소식에 내가 지원해 보라고 권유해서 들어오게 된 팀원이다. 리사를 한마디로 표현하자면 발랄했다. 연구실에서 나이가 적은 편이었고 젊음에서 나오는 모험심과 열정이 넘쳤다. 덕분에 연구실의 분위기도 좋아졌다. fMRI 쪽에는 경력이 없었지만 리사라면 프로젝트 시작부터 마무리까지 필요한 모든 기술을 빠르게 학습할 수 있으리라고 직감적으로 느꼈다. 경제학 전공이었기 때문에 수학적 능력도 뛰어났기 때문이다.

실험 프로그래밍부터 fMRI 데이터 분석까지 실험실에서 하는 모든 작업에는 수학적 엄밀함이 상당히 필요했다. 경제학 전공이라면 당연히 할 수 있는 정도였다. 완전 새로운 일을 신입으로써 맡는 것에 대해 처음에는 조금 걱정했지만 가치관 프로젝트를 담당하면서 리사는 금세 자신감을 얻었다. 스스로 '선천적 결함'이 있다고 농담으로 말하곤 했는데 이 결함은 사실 리사의 가장 사랑스러운 면이었다. 정말 신체적 결함이 있는 것은 아니고 특정한 버릇이었는데 누군가의 말에 귀 기울일 때면 눈썹을 찌푸리곤 했다.

이 모습에 많은 사람이 자기의 말을 리사가 알아듣지 못한다고 생각했다. 사교성이 뛰어나서 다수의 말을 듣는 편인데 특유의 표정 때문에 어떤 사람은 그냥 리사가 말을 잘 못 알아듣는 사람이라고 생각했다. 하지만 개를 대할 때만큼은 표정이 확연히 달랐다. 리사는 두 살 된 골든 두들(골든리트리버와 푸들의 교배 견종)인 쉐리프를 무척이나 사랑했다. 쉐리프는 몸집이 크고 엉뚱했다. 푸들은 물론 일반 골든리트리버보다도 훨씬 컸기 때문에 어딘가 부담스러운 면이 있었는데 입을 열면 누구라도 사랑한다고 말하는 듯한 미소를 가득 머금고 있었다.

모든 팀원이 내가 말한 군견의 사진을 보고 나서 다시 회의 테이블로 모여들었다. "헬리콥터에서 뛰어내리는 훈련을 받을 수 있다면 MRI에 들어가는 훈련도 할 수 있지 않을까요?" 내가 말문을 열었다. 앤드류는 고개를 끄덕였고, 리사는 눈썹을 찌푸렸다. 당연히 예상했던 질문을 가장 먼저 한 사람은 개빈 에킨스Gavin Ekins였다. "그런데 왜 그래야 해요?"

연구실 2년 차였던 개빈은 경제학 박사 학위를 받은 후 신경경제학에서의 이미지 처리를 연구하기 위해 연구실에 합류했다. 개빈은 문제의 핵심을 파악하는 능력이 탁월했다. 현재 살고 있는 곳의 환경 때문에 개를 직접 키우고 있지는 않았지만 유년 시절을 개와 함께했다. 에모리에서는 원숭이가 어떤 원숭이끼리 한 우리에 사는 것이 적합한지에 관한 연구를 진행하고 있었는데 개빈의 여자친구가 그 연구에 동원되는 원숭이를 평가

하는 업무를 담당했다. 더 자세하게는 원숭이의 짝을 찾아주는 역할을 했다. "개들이 무슨 생각을 하는지 알아보려고요." 개빈의 질문에 나는 이렇게 답했다. "굳이 MRI가 없어도 알 수 있을 것 같은데요? 다람쥐 생각이나 하겠죠!" 개빈이 답했다. 모두가 한바탕 웃음을 터뜨렸다. 모두 픽사의 애니메이션 《업^{Up}》을 좋아했다. 업에 나오는 개인 더그는 말하는 강아지로 영화 내내 줄곧 "다람쥐야!"를 외쳐댔다. 개빈의 말에 개의 머릿속에는 음식과 엉덩이 냄새 맡는 것밖에 없다는 농담이 떠올랐다.

내 말에 좋은 생각이라고 답한 사람은 모니카 카프라$^{Monica\ Capra}$였지만 예상치 못한 일이었다. 경제적으로 가난한 볼리비아에서 태어나고 자란 모니카는 분명한 목적을 가지고 경제학 교수가 되었다. 탁상공론에 질려버린 모니카는 경제학자들이 말하는 대로 정말 사람들이 행동하는지 직접 실험해 보고자 실험 경제학을 전공했다. 8년 전 한 동료의 소개로 만나게 된 모니카와는 의사결정이라는 공통된 관심사 덕분에 친해졌고 지금까지 함께 fMRI 실험을 설계했다. 모니카는 만만치 않은 분위기를 늘 풍겼다. 비판적이었고 다른 사람이 내놓은 아이디어의 허점을 맹렬히 파기도 했다. 하지만 내면만큼은 따뜻했다. 개에 알레르기가 있는 모니카가 내 아이디어에 동의해 주다니.

"많은 사람이 반려견에 엄청나게 돈을 쓰잖아요. 그만큼 사람에게 중요한 존재라는 거죠. 그 이유를 알아보면 좋을 것 같아요." 모니카가 말했다. 연구실의 모든 일을 조율하는 크리스티나 블레인$^{Kristina\ Blaine}$ 역시 내 생각에 힘을 실어주었다. 크리스티나는 개가 아닌 고양이 네 마리를 키웠기 때문에 이 또한 예상치 못한 일이었다.

모니카 옆자리인 얀 바튼 역시 남아메리카의 아르헨티나 출신이었다. 얀은 회계학 교수였다. 우리가 연구실에서 어떤 일을 하는지 모니카에게서 이야기를 듣다가 회계학에서 신경 영상을 적용하는 법을 연구하기 위해 연구실에 합류했다. fMRI와 회계학의 결합이라니, 완전히 새로운 발상이었다. 아무도 시도해 보지 않은 일이었기에 커리어에 상당한 타격을 입을 수도 있었다. 사실 얀이 키우는 개는 불안증 때문에 프로작이라는 항우울제를 복용하고 있었는데 개의 뇌를 촬영해 보겠다는 아이디어를 듣고서는 그저 미소를 지었다.

"개의 뇌를 촬영해야 한다면 연구실에 개도 데리고 와야겠네요?" 리사는 혼자 생각에 잠겨 있다가 마침내 입을 열었다. "그래야겠죠?" 나는 대답했다. 그리고 "좋아요!"하고 대답하는 앤드류를 쳐다봤다. 강의도 있고 연구실의 다른 프로젝트도 진행해야 했기 때문에 혼자서는 결코 해낼 수 없는 일이었다. 앤드류는 연구실의 유일한 대학원생이었다. 즉, 남는 시간이 가장 많다는 의미였다. 그리고 나 다음으로 연구실에서 MRI를 가장 잘 아는 사람이었다. "앤드류, 해보면 좋을 것 같아요?" "물론이죠!" 질문에 앤드류가 고개를 끄덕였다. "찬물을 끼얹고 싶지는 않은데 그렇다면 여기서 답해야 할 과학적 질문은 뭐죠?"라는 리사의 질문에 나는 이렇게 답했다. "이번 연구는 낚시 실험이라고 하죠. 질문이 뭔지 찾아가는 과정이죠."

과학 실험은 크게 두 종류로 나뉜다. 하나는 정확한 질문에 대한 명확한 아이디어 없이 우선 데이터부터 수집하는 낚시 실험^{fishing expedition}이고, 다른 하나는 답을 구해야 할 특정한 질문으로부터 출발하는 가설 중심 실험이다. 과학은 가설 중심의 실험에 기반한다는 사실을 알고 있을 것이다. 대부분의 사람이 가설 중심의 실험을 통해서만 과학적 발전을 이룩할 수 있다고 생각한다. 마찬가지로 과학 저널도 가설 중심의 실험을 훨씬 선호한다. 가설 중심의 실험 작동 방식은 간단하다. 널리 알려진 과학적 이론을 낱낱이 파헤쳐 아무도 검증하지 않은 세세한 부분을 찾아낸다. 그 부분을 증명하는 실험을 진행하고 이론이 사실임을 증명한다. 그리고 결과를 논문으로 출간한다.

크게 어렵지 않게 읽을 수 있기 때문에 출간이 거의 보장된다. 그리고 이력서상 논문 출간이라는 한 줄은 승진이나 종신 재직권에도 확실히 도움이 된다. 실패의 위험이 거의 없어서 연구비를 지원 받기에도 좋다.

문제는 가설 중심의 실험은 상당히 지루하다는 것이다. 애초에 알고 있는 사실을 다시 입증하는 과정이기 때문에 굳이 실험에 공을 들일 필요도 없다. 이미 널리 알려진 가설을 실험한다면 이미 과학적 질문에서 가장 흥미로운 부분이 무엇인지 알고 있을 가능성이 높다. 그리고 당연히 결과도 크게 놀랍지 않은 미미한 수준에 그칠 것이다. 가설이 틀렸다고 입증이 되기라도 한다면 정말 흥미진진해질 테지만 그런 결과가 도출될 경우 어차피 출간할 수도 없다.

그러자 논문에 도움이 되지는 않을 거라는 예상을 한 듯 앤드류가 인상을 찌푸렸다. 과학 분야 대학원 프로그램의 표준 커리큘럼은 명확한 가설을 세워두고 진행하는 것이 얼마나 중요한지 거의 세뇌하다시피 교육시킨다. 도그 프로젝트의 경우 그런 가설이 없었다. 연구를 어떻게 진행할지 그리고 얼마나 오래 걸릴지 전혀 알지 못했다. 솔직히 말하면 성공할 가능성도 작아 보였다. "앤드류, 도그 프로젝트는 리스크가 큰 연구가 될 거예요. 그런데 확실히 재미있기는 할 거예요. 그리고 성공하기만 하면 최초가 되겠죠." 나는 앤드류를 보고 말했다.

"그럼 할게요. 마취하고 진행할 건가요?" 앤드류가 다시 물었다. "안 되죠. 마취를 시키면 어떤 생각을 하는지 알 수 없으니까요." "완전히 깨어 있는 상태에서 진행할 거라고요?" 리사가 물었다. "그래야겠죠. 사람과 똑같이." 나는 답했다.

이때만 해도 앞으로 얼마나 많은 일을 해야 할지 전혀 알지 못했다. 이 프로젝트에 어떤 기술적 어려움이 발생될지도 몰랐다. 개의 뇌는 사람의 뇌보다 훨씬 작으니까 말이다. 그리고 실제로 어떤 실험을 해야 할지도 감을 잡지도 못했다. 당시에는 그냥 개념에 불과했다. 무엇을 더 하기 전에 일단 개를 MRI 기기 안에 들어가도록 어떻게 훈련해야 할지부터 연구해야 했다.

4.

행동주의 이론

캘리와 산 지 일 년이 지난 시점에도 나는 캘리에게 마음을 완전히 열지 않았던 것 같다. 내가 정말 캘리를 좋아하는지, 나도 내 마음을 확신할 수 없었다. 캣은 내가 뉴턴을 얼마나 사랑했는지 알고 있었다. 그래서인지 캣과 아이들은 동물 보호소에서 일부러 퍼그와는 전혀 다른 개를 집에 데리고 왔다. 캘리는 퍼그의 정반대라고 할 수 있었다. 퍼그는 짧고, 통통하고, 느리다. 반면에 캘리는 늘씬한 체형의 날쌘돌이였다. 얇은 털로 덮인 피부 아래 탄탄하게 자리 잡은 근육이 눈에 보일 정도였다. 뉴턴은 광대 같은 우스꽝스러운 표정을 장착하고 있는 반면 캘리는 항상 경계 태세였다. 미어캣처럼 머리를 항상 치키고 먹잇감을 찾느라 두리번거렸는데 늘 꼿꼿한 자세 때문인지 동네 개들에게는 인기가 많이 없었다.

캘리의 강한 본능 때문에 헬렌과 매디가 고생했다. 아이들은 얼룩 다람쥐를 죽이고 온 캘리를 앉혀놓고 잔인하다고 혼냈다. 설상가상으로 캘리는 사람에게 잘 오지도 않았고 사람의 무릎에 앉는 것도 싫어했다. 소파에 앉아 있으면 풀쩍 뛰어 올라오기는 했지만 저 반대쪽에 고양이처럼 웅크리고 앉았다. 늘 근방에는 있었지만 살은 닿지 않을 정도의 거리를 유지했다.

뉴턴과는 항상 잠들기 전 하던 의식이 있었다. 뉴턴은 이불 속으로 들어가 내 겨드랑이 사이를 파고들었다. 그러면 나는 괜스레 일부로 싫은 척을 했다. 캘리도 침대 위로 올라와 같이 자는 것을 좋아했지만 자는 순간까지 거리를 뒀다. 문을 마주하고 발밑에 자리를 잡았다. 밤새 누구라도 들어올까 경계하는 것 같았다. 내 쪽으로 조금이라도 오도록 움직이게 하면 으르렁거리고 달려들곤 했다. 겨드랑이는커녕, 근처에도 오지 않았다.

집 근처에는 걸어서 갈 수 있는 쇼핑몰 안에 '종합 반려동물 테라피 Comprehensive Pet Therapy, CPT'라는 이름의 개 훈련소가 하나 있었다. 캣은 캘리를 입양한 직후 기본 복종 훈련 클래스에 등록시켰다.

CPT는 1992년 마크 스피바크Mark Spivak의 아이디어로 시작되었다. 2005년 라이라를 복종 훈련 클래스에 등록하면서 마크를 처음 만났다. 마크는 흔히 생각하는 반려견 훈련사가 아니었다. 그는 펜실베이니아 대학교에서 경제학 학위를 받은 후 캘리포니아 버클리 대학교에서 MBA 과정을 마쳤다. 이후 한동안 베이 지역 소재 반도체 회사에서 일했지만 상사와 잘 지내지 못했다.

애틀랜타로 이사한 후, 직장 스트레스를 해소하기 위해 반려견인 저먼 셰퍼드 토퍼와 함께 장애물 대회에 참가하기 시작했다. 마크와 토퍼는 꽤 좋은 성적을 냈다. 그러면서 부업으로 친구들을 상대로 반려견 훈련을 시작했다. 몇 년 후 그는 커리어의 방향을 완전히 틀어서 반려견을 훈련하는 비즈니스에 본격적으로 뛰어들었다. 마크는 진중하고 직설적인 사람이었다. 그는 개 훈련에 대한 다양한 이론을 바탕으로 각 반려견과 견주에 가장 적합한 이론을 적용했다. 긍정적인 훈련 방법을 선호했지만 때로는 처벌도 필요하다는 주의였다.

당시 아직 캘리와 서로 마음을 완전히 연 상태는 아니었지만, 마크의 수업을 함께 듣는 것은 좋았다. 라이라도 이 수업을 들었지만 캘리만큼 열정적으로 참여하지 않았다. 캘리는 애교가 많거나 사람에게 잘 다가가는 편은 아닐지라도 훈련에 임하는 열정과 태도만큼은 칭찬할 만했다. 진정으로 훈련을 즐기는 것 같았다. 핫도그 한 조각만 주면 무엇이든 할 것처럼 보였다. 앉아, 멈춰, 이리 와 등 기본적인 명령은 단 몇 번 만에 습득해 버렸다. 훈련사들은 수업 중에도 캘리를 상대로 훈련의 예시를 보여주곤 했다. 캘리는 훈련사들을 열정 가득한 눈빛으로 바라보고 간식 하나를 얻기 위해 열심히 훈련을 받았다.

마크는 내가 아는 유일한 훈련사였기 때문에 개를 MRI 기기에 넣는 실험을 논의하기 위해 그를 가장 먼저 찾아갔다. 훈련에 주로 학문적 이론을 결합했기 때문에 개의 뇌를 촬영한다는 아이디어를 그도 나만큼 흥미롭게 바라봐주길 바랐다. 다행히 내 제안에 마크는 흔쾌히 만나줬다.

개 행동에 관한 현대 연구는 모든 생물학자가 영웅으로 생각하는 바로 그 사람, 찰스 다윈^{Charles Darwin}으로부터 시작되었다. 그는 저서 《인간과 동물의 감정 표현^{The Expression of the Emotions in Man and Animal}》의 상당 부분을 개에 대해 다뤘다. 실제로 개를 키우기도 했기 때문에 굳이 갈라파고스 제도까지 가지 않아도 행동을 충분히 연구할 수 있었다. 다윈과 반려견 주인이라면 모두 알고 있지만, 많은 연구자가 놓치는 사실이 하나 있다. 바로 개의 감정 표현과 보디랭귀지는 상당히 풍부하다는 것이다. 다윈은 개에게서도 기쁨, 두려움, 분노의 감정을 명확하게 구별했고, 이 감정이 어떻게 표현되는지 관찰하는 데 주력했다. 개라는 지능적인 동물을 훈련하기 위해서가 아니라 인간의 감정이 어떻게 진화했는지 이해하려는 노력의 일환으로 개를 연구하기 시작했다.

그리고 본격적으로 개 훈련의 시대를 연 사람은 러시아의 유명한 생리학자인 이반 파블로프Ivan Pavlov다. 다윈과 달리 파블로프의 경우, 개에 대한 애정이 전혀 없는 사람이었다. 개는 한낱 소화 기관을 연구하기 위한 도구였다. 문제는 파블로프가 먹이를 주기 전에 개가 침을 흘리기 시작했고, 이로 인해 데이터가 엉망이 되었다. 파블로프에 대한 개인적인 견해와 그의 실패한 실험이 어떠하든 이는 20세기 심리학에서 가장 중대한 발견으로 이어졌다. 파블로프는 1904년 노벨상까지 받았고 그의 이론은 개 훈련의 거대 담론이 되었다.

파블로프의 발견은 고전적 조건형성classical conditioning이라고 불린다. 그가 이 실험을 진행하던 시기에 생리학자들은 신경계 전체가 반사 작용의 집합이라고 생각했다. 예를 들어 의사가 환자의 무릎을 치면 무의식적으로 다리 전체가 움찔하는 것처럼 말이다. 이들은 복잡한 행동을 비롯한 모든 행동이 기본적으로 일련의 반사 작용에서 비롯된다고 믿었다. 반사는 두 가지로 나눌 수 있는데 하나는 무조건 자극Unconditioned Stimulus, US, 다른 하나는 무조건 반응Unconditioned Response, UR이다. 무릎을 쳐서 일어나는 반사의 경우, 무릎 인대를 치는 행위는 US, 이후 다리가 위로 움찔하게 되는 대퇴사두근 수축은 UR에 해당한다. 꽤 간단하다.

파블로프는 개들이 반사적으로 반응하고 있지만 이는 자연스러운 반응이 아니라는 것을 깨달았다. 자연스럽고 무조건적인 반응은 배가 고픈 개에게 먹이를 주면 항상 침을 흘리게 되어 있는 것이다. 하지만 파블로프의 발견처럼 종소리와 같은 특정 행동이나 반응을 일으키지 않는 자극인 중립적인 자극neutral stimulus 이후에 먹이를 주기적으로 주게 되면 개는 종소리만 듣고서도 침을 흘리기 시작한다. 중립적인 자극인 종소리는 조건 자극Conditioned Stimulus, CS이 되고, 이로 인해 침을 흘리는 행위는 조건 반응Conditioned Response, CR이 된다. 조건이라는 용어는 실험자가 만들어낸 인위적인 자극과 반응을 의미한다.

하지만 고전적 조건화, 그 자체만으로는 개 훈련에 한계가 있다. 그 반응이 너무 단순해서 실제 행동과는 다소 동떨어져 있다. 예를 들어 '앉아'와 같은 쉬운 행동을 유도하기에도 너무 부족하다. 그래서 바로 이 시점에서 도구적 학습instrumental learning이 등장한다.

도구적 학습에서 동물은 목적이 있는 행동을 해야 한다. 고전적 조건화는 침을 흘리는 것과 같은 비자발적인 반응을 훈련하는 반면 도구적 학습은 자발적인 행동을 훈련하는 것을 목표로 한다.

도구적 학습은 현존하는 모든 반려견 훈련의 핵심을 이룬다. '앉아'라는 명령을 가르치는 것 역시 도구적 학습을 바탕으로 한다. 이때, 자극은 수신호 또는 말로 주어지고, 유도해야 하는 행동은 앉는 것이다. 개가 앉는 순간 거의 바로 직후에 보상이 주어지고 자연스럽게 개는 행동과 보상을 연관 짓게 된다. 도구적 학습에서 자극('앉아')과 행동(앉기) 사이의 연결을 '자극과 반응S-R 관계'라고 한다면 동물이 환경에 영향을 미치거나 환경을 활용하는 법을 배우게 되기 때문에 도구적 학습을 조작적 조건화operant conditioning라고도 한다.

심리학자들은 행동에 대한 보상 또는 처벌 여부에 따라 도구 학습을 네 가지 유형으로 분류했다. 보상은 음식이나 칭찬과 같이 동물이 좋아하는 것, 처벌은 시끄러운 소리와 같이 동물이 싫어하는 것이다. 보상과 처벌은 줄 수도, 주지 않을 수도 있다. 따라서 네 가지 학습 유형이 발생한다. 예를 들어 불쾌한 요소를 제거해서 특정 행동을 강화하는 것은 부정적 강화negative reinforcement라고 한다. 반면에 긍정적 강화positive reinforcement는 보상을 제공하는 것, 긍정적 처벌positive punishment은 불쾌한 요소를 제공하는 것에서 비롯된다. 마지막으로, 부정적 처벌negative punishment은 동물이 좋아하는 것을 빼앗는 것을 의미한다. 부정적 강화는 자녀의 바람직하지 못한 행동을 억제하려는 부모 사이에서도 인기가 많은 전략이다. 예를 들어, 컴퓨터를 아예 사용하지 못하게 하는 것이다. 이론적으로는 바람직하지 않은 행동의 빈도가 낮아지게 된다.

행동의 변화를 유도하기 위해 학습적 도구를 활용하는 방법을 넓게는 행동주의behaviorism라고 한다. 에드워드 손다이크Edward Thorndike는 행동주의의 기본적인 틀을 형성한 심리학자이다. 효과의 법칙에 따르면 S-R 관계는 동물이 보상을 얼마나 좋아하는지에 따라 결정된다. 그리고 운동의 법칙에 따르면 S-R 관계는 더 많이 연습 될수록 더 강해지고, 반대로 연습 되지 않으면 약화된다. 손다이크의 수많은 이론은 추후 심리학의 거장인 B.F. 스키너B.F. Skinner에게 연구의 틀이 되었다. 스키너는 모든 행동이 결국 S-R 관계로 설명될 수 있다고 믿었다. 스키너 하면 쥐와 비둘기에게 행동을 학습시키기 위해 사용된 스키너 박스Skinner Box가 가장 먼저 떠오른다.

파블로프의 발견을 바탕으로 손다이크 이후 스키너의 연구까지, 행동주의에 관한 연구가 활발하게 이루어지기 시작했다. 1960년대에 심리학자와 정신과 의사들이 동물 학습 이론을 인간의 행동에까지 적용하기 시작하면서 행동주의는 완전히 꽃을 피우게 되었다. 금연부터 친구 사귀는 법까지 모두 행동주의 연구에 뿌리를 두는 방안이 고안되었다. 여전히 우울증과 불안에 가장 흔히 사용되는 대화 요법talk therapy은 행동주의를 기반으로 한 인지행동치료cognitive behavioral therapy의 일환이다.

긍정적인 반려견 훈련법과 부정적인 훈련법에 대한 수많은 이야기와 글이 있지만 결국 모두 행동주의를 기반으로 한다. 다만 이론에 따라 음식이나 칭찬과 같은 보상과 소음, 꾸중, 고통과 같은 처벌에 중점을 두는 방식이 다를 뿐이다. 벌을 주면 즉각적인 행동 수정에 탁월한 효과가 있다는 사실은 인정하지만 처벌을 통해 실제로 개가 학습하는지는 확실하지 않다. TV 시청을 금지당한 아이는 다시는 잘못하지 않는 방법 또는 잘못하고서도 걸리지 않는 방법을 배웠을지 모르는 것처럼 말이다.

행동주의에도 분명한 한계가 있다. 사람과 동물이 정말 왜 그런 행동을 하는지는 결코 알 수 없다. 보상이나 처벌의 효과와 그것이 특정 행동의 증가와 감소에 영향을 주는지만 관찰할 수 있을 뿐이다. 사실 행동주의 이론을 매우 철저하게 지키는 강경 행동주의자들은 동물의 머릿속에서 어떤 일이 일어나고 있는지는 철저히 간과한다. 행동주의자에게 가장 중요한 것은 행동이기 때문에 주관적인 생각과 감정은 아무런 의미가 없는 것이다. 하지만 어떤 가구나 신발을 뜯어 먹는 것과 같이 특정한 행동을 하지 못하게 해본 적이 있다면 어째서 아무리 처벌해도 효과가 없는 것인지 한 번쯤은 의문을 품어봤을 것이다. 견주라면 다들 '도대체 왜 그러는 거야?'라는 질문을 허공에다 외쳐본 적이 있지 않을까?

도그 프로젝트를 통해 언젠가는 이 질문에 대한 답을 할 수 있지 않을까 바랐다. 그런 날이 오려면 마크와 내가 할 일이 있었다. 개가 스스로 기꺼이 MRI 기기에 올라갈 수 있도록 기존의 행동주의에 기반한 훈련 프로토콜을 찾는 것이었다. 훈련소 센터에서 마크를 만났다. 센터라고는 하지만 사실상 하나의 큰 방이다. 바닥은 리놀륨 소재라 개들이 불가피하게 실수를 하더라도 쉽게 처리할 수 있다. 어질리티 훈련(정해진 코스를 빠르고 정확하게 통과하도록 가르치는 훈련)에 사용되는 작은 시소, 경사로, 후프를 제외하고는 어떠한 가구도 도구도 없다. 미니멀한 인테리어 덕분에 개로 인해 발생하는 피해도 최소화된다.

마크는 훈련 클래스를 진행할 때의 복장 차림이었다. 센터 로고가 새겨진 폴로와 반바지를 입고 운동화를 신고 있었다. 훈련 클래스 외에는 본 적이 없었기 때문에 도그 프로젝트의 이야기를 듣고 열렬히 반응해 줘서 나도 새삼 놀랐다.

처음부터 긍정적 강화만 사용하는 데 동의했다. 개나 견주에게 직접적으로 도움도 되지 않는 이토록 특이한 행동을 가르치는 데 처벌까지 사용하는 것은 옳지 않다고 생각했다. 도그 프로젝트의 모든 면은, 개에게도 견주에게도 재미있어야 한다고 말했다. 그리고 마크는 개의 자연스러운 행동을 활용하면 훈련이 훨씬 쉬워질 것이라고 말했다.

여기서 자연스러운 행동이란 개가 스스로 하는 행동을 의미한다. 걷는 것, 앉는 것, 눕는 것은 자연스러운 행동이다. 작은 동물을 사냥하는 욕구가 있는 개라면 그 개에게는 트래킹도 자연스러운 행동이 된다. 골든리트리버는 원래 오리를 물고 오도록 사육되었기 때문에 입에 있는 물건을 주인에게 돌려주려는 본능이 있다. 적어도 이론적으로는 그렇다. 어떤 개에게는 수영이 자연스러운 행동이 될 수도 있다. 반면에 무슨 수를 쓰더라도 물은 무조건 피하고 보는 개도 있다.

당연히 MRI 기기 안으로 들어가는 것은 개에게 자연스러운 행동은 아니다. 하물며 사람에게도 자연스러운 행동이 아니다. 하지만 마크에게는 좋은 생각이 있었다. 그는 대부분의 개에게 자연스러운 일련의 행동을 통해 MRI 기기로 들어가게 만드는 방법을 설명했다. "개가 MRI 기기 안에 들어가면 대부분 다운 스테이$^{\text{down-stay}}$ 자세를 하고 있어야겠죠?" 다운 스테이란 개가 엎드린 자세를 유지하는 것을 의미하며 자세를 유지하는 동안 사람은 개로부터 일정 거리를 유지해야 한다. "맞아요." 마크의 질문에 내가 대답했다. "눕는 것은 개에게 자연스러운 행동이기 때문에 긍정적 강화법으로 쉽게 가르칠 수 있어요. 또 어떤 부분이 필요하죠?" 그의 질문에 머리를 완전히 고정한 채로 유지해야 한다고 대답했다. "얼마나 오래 그리고 얼마나 가만히 있어야 해요?" 이어서 마크는 질문했다. "최대 20초 동안 2밀리미터 이내여야 해요."

관건은 머리를 얼마나 가만히 들고 있을 수 있느냐였다. 조금이라도 움직이면 MRI 데이터가 무용지물이 된다. MRI 기기에 사람이 들어가 촬영할 때는 등을 대고 누운 채로 머리를 폼 패드로 감싸서 움직이지 않게 한다. 대부분의 사람은 이런 자세로 가만히 누워 있을 수 있고 폼 패드 덕분에 머리도 움직이지 않게 된다. 하지만 개가 이런 폼 패드를 머리에 끼고 얌전히 있을 리 없었다. 폼 패드보다 조금 덜 부담스럽게 생긴 것이면 가능성이 있었다.

"개가 턱을 갖다 대고 있을 수 있도록 받침대를 만들면 어떨까요?" 내가 제안했다. 마크는 좋은 생각이라고 했다. "개에게 트래킹 훈련을 할 때, '터치' 명령을 가르치기도 해요. 목표물에 코를 터치하는 거죠. 목표물을 턱 받침대로 삼아서 턱 받침대를 터치하도록 가르칠 수 있어요." 개는 모든 것을 코로 냄새를 맡고 느끼는데 자연스러운 행동을 훈련된 행동으로 전환할 수 있는 좋은 방법이었다. 이제 마지막으로 해결해야 할 문제는 바로 소음이었다. MRI 기기가 돌아가기 시작하면 땅을 드릴로 뚫는 듯한 큰 소리가 난다.

마크는 실험 대상 선정의 중요성을 강조했다. "적합한 기질과 성격을 가진 대상을 신중하게 선택해야 해요." 적합한 개를 상대로 훈련을 진행하면 그 과정은 그리 어렵지 않을 것이다. 기꺼이 그 상황을 즐기는 개가 필요했다. MRI 기기 안에 들어가도록 훈련이 되었다고 하더라도 실제로 개가 그 상황이 싫고 불편하다면 촬영을 해봤자 긴장감만 가득한 뇌 사진만 얻을 테니까 말이다. MRI 기기 내부 테이블은 살짝 들려 있어서 밀폐된 공간은 물론 높은 곳을 무서워하지 않는 개가 필요했다. 그리고 여러 마리의 개를 대상으로 실험을 진행할 예정이라 사회성도 필요했다. 게다가 MR 기술자, 수의사, 연구실 팀원 등 실험에 참여하는 사람들이 다양해서 낯선 사람도 두려워하지 않는 개여야 했다.

조지아에서는 봄과 여름철에 뇌우가 주기적으로 발생한다. 남동부 지역에 천둥을 무서워하는 반려견의 비율이 더 높은지는 모르겠지만 애틀랜타에서는 그런 개를 매우 흔하게 볼 수 있다. MRI 기기 소리와 천둥소리는 조금 다르긴 하지만 큰 소리에 대해 이미 부정적인 연관성을 가지고 있는 개라면 훈련을 진행하는 것이 어려울 것이다. 특정 소리에 대한 공포증이 없는 한, MRI 기기의 소음과 그 볼륨에 서서히 적응시킬 수 있을 것이다. "침착한 성격의 개로 새로운 환경에 거부감이 없어야 해요." 마크가 덧붙였다.

사실 이 실험에 투입할 수 있는 자금이 없었다. 모두가 봉사 차원에서 이 연구에 참여했지만 MRI 기기를 빌리는 데만 해도 시간당 70만 원 정도가 들었다. 비용을 최소화해야 했기 때문에 단지 개가 익숙해질 수 있도록 MRI실을 빌릴 수 없었다. 본성적으로 새로운 상황에서도 침착한 개를 찾을 수 있다면 실제 MRI실에서 촬영할 때 성공할 가능성을 극적으로 높일 수 있었다. "가장 중요한 요소는 동기 부여에요." 마크가 말했다. "그게 뭐죠?" "개가 훈련을 즐겨야 한다는 말이에요. 즐기지 않으면 행동을 형성하기 훨씬 어려워지니까요."

손다이크의 첫 번째 법칙이 나왔다. 무언가를 좋아할수록 S-R 관계가 강력해지는 것이다.

"혹시 이 조건을 모두 갖춘 개를 알고 계세요?" 내가 물었다. "어질리티 대회에 출전하는 개 몇 마리를 알고 있긴 해요." 마크가 말했다. 하지만 이내 덧붙였다. "그런데 견주도 고려해야 해요. 견주가 훈련할 마음이 없으면 개도 훈련에 잘 따라주지 못하니까요. 개를 키우는 사람은 많지만 훈련에 대한 생각은 제각각이죠. 이 실험이 정말 성공하려면 개와 견주 사이에도 일관된 규칙이나 약속이 필요해요." 견주에 대해서는 미처 생각하지 못했다. 어쩌면 개를 훈련하는 것보다 사람의 마음과 행동을 바꾸는 것이 더 어려울지도 모른다.

마크가 개 훈련을 온전히 맡을 수 있으면 모든 문제가 해결되겠지만 그는 훈련 외에도 훈련소를 운영해야 했다. 그렇다면 나 아니면 앤드류가 개를 훈련하는 법을 배우면 어떨까? 그리고 캘리를 훈련하면 어떨까? 캘리는 침착과는 거리가 다소 멀었지만 핫도그는 훈련하는 데 크나큰 동기 부여 요소였다. 캘리를 MRI 기기 안으로 들어가게 하는 모습은 상상이 잘 가지 않았다. 그래서 일단은 나 혼자만의 생각으로 간직했다.

마크는 오랫동안 반려견 훈련 업계에 종사했기 때문에 애틀랜타 내 견주 인맥이 넓었다. "생각나는 사람이 몇 있긴 해요. 일단 그 사람들한테 먼저 이야기해 보고 다시 연락할게요." 마크의 말에 설레기 시작했다. 개를 키우는 사람이라면 개의 뇌를 촬영해 보겠다는 아이디어를 진지하게 받아들이는 경우가 드물다. 하지만 그는 그냥 보통 훈련사가 아니었다. 놀랍게도 나만큼이나 도그 프로젝트에 기대가 컸다. 반려견 훈련을 20년을 해왔으니 조금 번아웃된 상태였다. 마크가 나중에 말해준 사실이지만 도그 프로젝트를 통해 일에 대한 열정이 되살아났고, 개와 사람 간의 커뮤니케이션을 완전히 새로운 차원에서 바라보게 되었다고 한다.

5.

원숭이 실험

앤드류와 나는 개의 뇌를 촬영할 방법은 어떻게든 찾아낼 수 있을 거라고 확신했다. 하지만 사소하지만 중요한 사항을 하나 고려하지 못했다. 도그 프로젝트를 진행할 곳이 필요했다. 연구실 전체가 개의 뇌에서 어떤 일이 일어나는지에만 신경이 온통 사로잡혀 있었지 실제로 어떤 기기를 사용할지, 기기는 어디서 조달할지 등에 대해서는 신경 쓰지 못했다. 이런 것들은 그저 사소한 세부 사항일 뿐이다.

과학자로서 가장 짜릿한 순간은 차마 종이에 쓸 여유도 없을 정도로 머릿속에 아이디어가 너무 빠르고 세차게 밀려 들어올 때다. 사소한 것들에 신경 쓸 여유는 더더욱 없을뿐더러 그저 방해만 된다고 치부해 버린다. 하지만 이 실험을 진행하려면 현실적인 측면에 직면해야 했다. 첫 번째는 개 촬영이 허용되는 MRI 시설을 찾는 것이었다.

가장 먼저 떠오른 곳은 에모리 메인 캠퍼스에서 약 1.6km 떨어진 곳에 위치한 에르크스 국립 영장류 연구 센터 Yerkes National Primate Research Center다. 남부 지역의 소나무가 늘어선 계곡에 자리 잡은 이 센터라면 가능할 것 같았다. 연구실에서도 차로 금방 갈 수 있는 거리였기 때문에 연구실 기기도 쉽게 옮기기에도 좋을 것이라고 생각했다. 그리고 큰길에서 벗어난 곳이라 조용하고 한적했다. 실험에 참여할 개를 데리고 사람과 차로 혼잡한 곳에 가 지레 겁먹게 하고 싶지 않았다. 예르크스는 동물 연구에 특화된 곳으로 특히 원숭이 연구에 주력했다. 개의 입장에서 보면 예르크스로 가는 길은 마치 숲으로 산책을 떠나는 것처럼 보일 수도 있다.

앤드류와 나는 예르크스가 근처에 있어서 얼마나 운이 좋냐며 호들갑을 떨었다. 무의식이 아닌 개의 뇌를 촬영하겠다는 아이디어를 떠올렸는데 마침 동물 연구에 특화된 좋은 시설이 바로 뒷마당에 있는 셈이었으니 말이다. 심지어 미국에는 동물 연구 시설이 8곳 밖에 없는 가운데 예르크스에는 동물 연구용으로 사용되는 MRI 기기까지 있었다. 친구이자 동료인 레너드 하웰Leonard Howell은 예르크스 이미징 센터의 책임자였는데 그는 원숭이 뇌를 어떻게 촬영하는지 보여주겠다고 센터로 초대했다.

예르크스 MRI 센터는 영장류의 뇌 기능을 연구하기 위해 지어졌다. 목적이 다소 특이하게 들릴지 몰라도 사실 많은 수의과대학이나 첨단 동물병원도 이런 센터를 갖추고 있다. 인간에게 시행되는 모든 의학적 검사를 이제는 동물에게도 수행된다. 다만 동물의 뇌를 MRI로 촬영하는 데에는 큰 어려움이 따른다. 피험자가 절대적으로 움직이지 않아야 하기 때문이다. 일반적인 수의학 환경에서는 동물을 진정시켜서 촬영을 진행할 수밖에 없는데 정작 마취하게 되면 뇌 기능을 연구할 수 없게 된다.

이에 레너드는 원숭이의 뇌를 연구하는 데 완전히 새로운 접근 방식을 선택했다. 원숭이를 마취시키는 대신 완전히 깨어 있는 상태에서 뇌를 촬영하는 법을 발견한 것이다. 대상자에게 약물을 투여해 의식을 잃게 하면 뇌의 기능이 크게 변화한다. 무의식인 상태로도 많은 사실을 발견할 수도 있지만 대부분의 신경과학자는 의식이 있는 상태의 뇌가 어떻게 작동하는지를 규명하는 데 관심이 더 많다. 동물이든, 인간이든, 의식이 있는 상태에서 실험을 진행하는 것은 뇌 연구에서 상당히 중요하다. 신경과학자들 사이에서는 레너드의 선택이 대단한 일이었다.

　원숭이를 상대로 실험을 진행하는 것은 결코 쉽지 않은 일이다. 원숭이는 성질이 고약하기 때문에 위험하기까지 하다. '먹을 걸 주지 않으면 무시할거야' 정도로 생각했다면 오산이다. '먹을 걸 주지 않으면 손가락을 물어뜯고, 얼굴까지 디저트로 먹어치울거야' 정도로 성질이 고약하다. 이런 원숭이를 상대로 MRI 촬영을 한다는 것은, 그것도 완전히 깨어 있는 상태에서 진행한다는 것은 분명한 어려움이 있다.

　게다가 사람과 너무 비슷해서 연구자와 원숭이는 유전적으로 가까운 관계이기 때문에, 질병이 종간에 쉽게 전파될 수 있다. 예를 들어, 에이즈를 일으키는 HIV 바이러스(병원체)는 아프리카 침팬지에서 유래한 것으로 알려져 있다. 원숭이는 사람에게 치명적인 헤르페스 바이러스의 변종을 보유하고 있다. 원숭이가 침을 뱉으면(실제로 원숭이는 침을 자주 뱉는 편이다) 이 바이러스에 감염될 수 있다. 물론 사람이 원숭이로 인해 감염될 수 있다면 당연히 그 반대로 원숭이도 사람에게서 감염될 수 있다. 사람이 원숭이에게 전파할 수 있는 질병 중, 원숭이는 특히 결핵에 취약하다. 이런 이유로 원숭이를 연구하는 과학자들은 엄격하게 안전에 신경을 써야 한다.

　앤드류와 나는 레너드와 그의 팀이 완전히 깨어 있는 원숭이의 뇌를 어떻게 촬영하는지 보기 위해 철저한 경비를 뚫어야 했다. 보안 데스크에서 등록한 후 굳게 잠긴 문을 여러 개 지나 마침내 탈의실로 안내받았다. "가운을 착용해 주세요." 레너드의 비서가 말했다. "지금부터는 모두가 완벽하게 보호 장구를 착용해야 합니다. 가운, 마스크, 보안경 모두 빠짐없이 착용해 주세요." 보안경은 말이 안경이지 사실 얼굴 전체를 가려 폐소 공포증이 있는 사람이라면 착용하기 어려울 정도였다. 그리고 입김 때문에 계속 김이 서렸다. 보안경에다가 수술용 마스크까지 착용하니 말을 해도 베개에 얼굴을 파묻고 말하는 것처럼 소리가 잘 들리지 않았다.

처음으로 들어간 곳은 훈련 랩이었다. 한쪽 벽면을 따라 오븐 크기의 스테인리스 스틸 상자 세 개가 있었다. 작은 냉장고 같아 보이기도 했지만 손잡이가 달린 걸 보니 가마 같기도 했다. "훈련용 상자예요." 비서가 상자의 정체를 밝혔다. 상자를 열어보니 흰색 에나멜로 마감된 벽에 튜브와 전선을 각종 모니터링 장비에 연결할 수 있는 작은 공간이 있었다.

방 안쪽 한켠에는 PVC 배관 재료로 만든 수직형 튜브가 있었다. 지름이 30cm, 높이가 90cm 정도였고, 튜브의 윗부분에는 투명한 플렉시글라스 소재의 뚜껑으로 덮여있었다. 뚜껑의 중앙에는 10cm 정도의 구멍이 뚫려 있었고, 그 아래에는 플라스틱 선반이 놓여 있었다. "이건 구속 장치예요. 원숭이는 목에 목줄을 착용하고 있는데 그 목줄이 이 구멍에 딱 들어맞아요. 머리를 구멍 밖으로 쏙 빼내면 턱은 이 선반에 얹는 구조예요." 비서가 설명했다.

앤드류는 장치 하단에 연결된 호스를 가리키며 물었다. "이건 용도가 뭐예요?" "배설물 배출용 호스예요." 비서의 대답에 그 모습이 상상되어 눈을 질끈 감았다. "원숭이들을 여기에 어떻게 들어가게 만드나요?"

비서가 벽에 고정된 금속 막대기를 가리켰다. "이 막대기를 원숭이의 목줄에 연결하고 적정한 안전거리에서 원숭이를 조종해서 기기 안으로 몰아넣습니다." 지금까지 본 것으로 판단하자면 이곳에서 사용하는 기기나 방법 중 그 어떤 것도 도그 프로젝트에 적용하고 싶은 것은 없었다. 그래도 다른 무언가가 있을지 모르니 입을 꾹 닫고 있었다. 장치 안에 원숭이를 넣으면 도망갈 수는 없겠지만 원숭이의 머리를 어떻게 고정시키는지 궁금했다.

비서는 선반에서 핑크색 폼 블록을 꺼냈다. "이걸로 머리를 고정시켜요. 우선 원숭이 머리를 본뜬 만든 다음 석고로 틀을 만듭니다. 이 틀을 바탕으로 겔 종류의 소재를 사용해 원숭이의 머리에 딱 맞도록 소프트 틀을 만들죠. 눈, 코, 입 구멍을 뚫고 이 틀을 장치 안에 고정시킵니다."

"원숭이들이 협조적으로 행동하나요?" 내가 물었다. "결국 협조하도록 학습하죠. 구속 장치에 들어가도록 보상으로 행동을 형성하는 방식이에요. 훈련에는 보통 6개월 정도가 걸립니다." 그가 대답했다. "이 상자의 용도는 뭐죠?" 앤드류가 물었다. "조건화 상자에요. 원숭이가 구속 장치에 들어가도록 훈련을 받고 나면 장치를 통째로 이 상자 안에 넣어요. 그리고 빛과 소리 훈련을 진행합니다." 비서가 이어서 대답했다. "그 훈련은 왜 하는 거예요?" 내가 물었다. "약물에 중독되도록 훈련하는 거예요."

그렇다. 레너드의 연구팀은 약물 중독의 생물학을 연구 중이었다. 중독을 이해하기 위해서는 처음 약물을 사용하는 시점부터 중독되는 시점까지 전체 과정을 살펴봐야 한다. 하지만 당연히 사람을 마약에 중독시키는 것은 비윤리적이기 때문에 레너드는 원숭이를 대신 사용했던 것이다. 비서가 이어 설명했다. "일단 큐^{cues}(빛이나 소리 등 특정 자극을 연관 짓는 학습)를 약물과 연관 짓는 방법을 터득하게 되면 전체 장비를 MRI 기기로 옮깁니다. 약물을 간절히 원하는 상태가 되면 뇌에서 어떤 일이 일어나고 있는지 촬영해서 확인하죠. 그럼 이제 실제 저희가 사용하는 MRI 기기를 보러 가실까요?" 나는 얼른 이곳을 나가고 싶다는 생각밖에 들지 않았다.

MRI 기기에서 나오는 강한 자기장이 컴퓨터 장비에 영향을 미치기 때문에 조종실은 본 스캐너가 있는 공간과 분리되어 있다. 방에 들어가자 수술 가운을 입은 젊은 여자 한 명이 뇌 사진 여러 장이 있는 컴퓨터 화면을 열심히 들여다보고 있었다. 그녀는 방문객을 전혀 달가워하지 않았다. "누구시죠? 결핵 검사는 받으셨나요?" 여자가 신경질적으로 물었다. 솔직히 마지막으로 결핵 검사를 받은 게 언제인지 기억이 전혀 나지 않았다. "저는 받았어요!" 다행히 앤드류가 분위기를 전환시켰다.

레너드의 비서가 원숭이의 MRI 촬영 과정을 보기 위해 들렸다고 말했다. 그날 촬영 중이던 원숭이는 다른 연구소의 원숭이였다. 레너드 팀의 행동 훈련을 받지 않았기 때문에 다량의 진정제로 마취된 상태였다. 들어갔을 때, 한 원숭이는 세 명의 수의사에게 둘러싸여 심박수, 호흡, 체온 등의 생체 신호가 표시된 모니터에 연결된 채 누워 있었다. 또 다른 원숭이는 카트 위에서 회복 중이었다. 내가 그 원숭이를 바로 옆에서 지나칠 때 마취가 풀리면서 원숭이의 근육이 움찔거리며 경련을 일으켰다.

앤드류와 나는 MRI실에 있는 사람들에게 도그 프로젝트에 관해 설명했다. 수의사들은 큰 반응을 보이지 않았다. "그럼 개들 상태를 모니터링 해야겠네요. 바이털 사인과 심부 체온이요." 그중 한 명이 말했다. "그건 어떻게 하죠?" 앤드류가 물었다. "직장 탐침자(직장 내부를 검사하는 기구)로 해야죠." "마취를 시키지 않을 건데도 해야 하나요?" 내가 물었다. "시술을 받는 모든 동물을 모니터링하는 게 표준 운영 절차에요." 그녀가 대답했다. "그런데 저희가 하려는 건 시술이 아니에요. 개들이 MRI 기기에 스스로 들어가도록 훈련할 거예요." 그녀는 전혀 우리의 말을 믿지 않는 것 같았다. "그럼 MRI실에는 누가 개와 들어갈 건가요?" "우리요. 훈련사와 견주요." 그녀는 고개를 절레절레 저으며 말했다. "대학교 직원이니 두 분은 괜찮겠지만 외부인은 절대 금지되어 있어요."

"당신이라면 당신 개가 혼자 실험에 참여하도록 맡기겠어요?" 그녀는 어떤 말에도 설득될 것 같지 않았지만 끝까지 밀어붙였다. "그럴 것 같지는 않지만 그래도 연구윤리심의위원회의 허락도 필요할 거예요." 앤드류와 나는 이미 마음이 돌아선 상태였다. 미국 최고의 동물 연구 센터로 불리는 곳이 도그 프로젝트에 이토록 비협조적이라는 사실에 놀랐다. 또 한

편으로는 이 프로젝트에 딱 맞는 곳을 반드시 찾아내리라고 결심했다.

그날 밤, 집에 들어서자 캘리와 라이라는 평소와는 다른 방식으로 내게 인사했다. 평소대로면 점프하며 나를 반겼을 텐데 그날은 열심히 내 발 냄새만 맡았다. 내가 집 안을 돌아다니는 동안에도 꽤 먼 거리를 두고 내 발만 졸졸 따라다녔다. 캘리와 라이라는 냄새로 눈치챘을 것이다. 내가 원숭이의 소굴에 다녀왔다는 것을. 거리상의 편리함은 이제 큰 장점이 아니었다. 예르크스의 원숭이들처럼 MRI 촬영을 하게 할 수는 없었다.

6.

동물 매개 치료

헬렌과 매디가 유치원생이 되던 해부터 나는 매년 아이들의 학교에서 뇌에 대한 수업을 진행했다. 아이들이 뇌와 뇌의 작동 방식에 대해 관심과 흥미를 보이길 바라며 시작한 나만의 작은 전통이다. 첫 수업에 앞서 나는 교장 선생님과 수업을 어떻게 진행할지에 관해 이야기를 나눴다.

"뇌 건강이 얼마나 중요한지도 말씀해 주실 건가요? 자전거 탈 때 헬멧을 꼭 착용해야 한다든지, 약물이 뇌에 얼마나 나쁜 영향을 미치는지요?" 교장이 물었다. "네, 뭐 그러죠. 실제 뇌를 가져와도 될까요?" "플라스틱 모형 말씀인가요?" "아니요. 보존 처리된 실제 사람의 뇌요." "유리병에 보관되어 있나요?" "유리병은 아니고 양동이 안에 있어요. 대학교에서 교육용으로 사용하는 뇌가 몇 개 있거든요. 아이들이 직접 만져볼 수도 있어요." 나의 대답에 놀란 듯한 교장의 표정은 이내 걱정으로 굳어졌다. "그렇다면 아이들의 가정으로 동의서를 보내야 할 것 같아요."

교장 선생님의 걱정이 무색하게 다행히도 학부모 중 이 수업에 동의하지 않은 사람은 단 한 명도 없었다. 아이들도 내가 준비한 뇌 수업을 무척 좋아했다. 선생님 중 몇 분도 슬그머니 교실로 들어와 뇌를 만져봤다. 아이들이 수업 내용을 얼마나 기억했을지는 모르지만 내가 양동이 안에서 액이 뚝뚝 떨어지는 실제 뇌를 꺼냈을 때 아이들의 경이로운 표정은 잊을 수 없다. 아이들 중 절반은 뇌를 보고 "우와! 멋있어!"라는 반응을 보였고, 나머지 절반은 "징그러워!"라고 외쳤다.

도그 프로젝트 시점까지 나는 7년 연속으로 뇌 수업을 해왔다. 유치원생이었던 매디는 어느덧 5학년이 되었고, 헬렌은 중학생인 6학년이 되었다. 수업을 오래 진행하다 보니 아이들이 하는 질문은 비슷했다. 반에서 나름 똑똑하다고 소문이 난 아이들은 "꿈과 감정은 어떻게 생기는 거예요?"라고 물었다. 그리고 대다수의 아이들은 손가락으로 뇌를 누르면 손가락이 얼마나 들어갈지 궁금해했다.

마지막으로 뇌 수업을 진행하던 날, 체구가 작은 한 남학생이 손을 들고 질문했다. 여태 처음 들어본 질문이었다. "개의 뇌를 연구해 본 적은 있으세요?" 선생님은 장난스러운 질문이라며 눈치를 줬다. "사실, 이제 막 하려고 해." 이 아이가 어떻게 알았는지 새삼 놀랐다.

헬렌이 중학교에 가면서 뇌 수업은 진행할 수 없게 되었다. 미국의 교과 과정상 6학년 과학 수업은 지질학, 기상학, 천문학에 집중되어 있었고, 7학년이 되어서야 교과 과정에 생물학 과목이 포함되었기 때문이다.

캣과 나는 공립학교를 졸업했고 공교육에 대한 신뢰가 강한 편이었다. 애틀랜타주의 공립학교는 학교에 따라 교육 질의 편차가 컸다. 헬렌과 매디의 학교는 대체로 좋은 편이었다. 하지만 점심을 사 먹을 수 없을 만큼 형편이 좋지 않은 학생도, 특수 교육이 필요한 학생이 많았는데 이렇게 다양한 학생의 필요를 충족하기에는 부족한 점이 많았다.

6학년 1학기 첫 주를 마치고 헬렌은 집에 과학 교과서를 가지고 왔다. 리탈린(ADHD와 기면증 치료에 사용되는 처방 약)을 과도하게 복용한 게 아니라면 도대체 어떻게 이렇게 교과서를 만들 수 있을지 기겁했다. 모든 페이지에 빽빽하게 알록달록한 사진이 가득했다. 집중력이 뛰어난 학생들도 이 책을 보고 있으면 정신이 사나워질 판이었다. 간혹 보이는 글은 암기를 위해 나열된 텍스트에 불과했다. 교과서에서 '진화'라는 단어를 금지해 전국 뉴스의 헤드라인을 장식한 학군은 바로 옆 학군이었지만 헬렌의 교과서에도 진화에 대한 부정적인 인식이 빼곡했다. 가장 큰 문제는 교과서 전체 내용이 그저 '과학자가 그랬답니다'라는 식으로 구성되어 있는 것이다.

헬렌은 학교에서 힘들어했다. 성실하게 숙제를 해도 시험과 퀴즈 점수는 늘 70점대를 맴돌았다. 캣과 나는 아이 일에 지나치게 관심을 보이는 헬리콥터 부모가 되고 싶지는 않았지만 그냥 두 손 놓고 지켜볼 수는 없었다. 그래서 헬렌의 선생님을 만나보기로 했다. 헬렌의 과학 선생님은 에드 헴스(미국의 인기 프로그램 '더 오피스'에서 앤디 버나드 역을 맡은 배우)를 꼭 닮은 유쾌한 분이었다. 교실은 일반적인 과학 교실이었다. 깔끔하게 일렬로 배열된 실험 테이블과 사고에 대비해 눈을 씻을 수 있는 개수대가 있었고 벽에는 암석 표본이 가득 놓인 캐비닛과 대형 원소 주기율표가 걸려 있었다. 가벼운 인사말을 몇 차례 주고받은 다음 나는 본론으로 들어갔다. "헬렌이 과학 수업을 힘들어하는 것 같아서 걱정이에요." 그러자 선생님은 성적표를 꺼내 보여주었다. "헬렌은 잘하고 있어요. 숙제도 제때 내고요." "네, 그런데 수업 자료 중 정확하게 어떤 내용을 알고 있어야 하는지 모르는 것 같아서요." 나는 이어 대답했다. "수업 자료는 몇 차례에 걸쳐서 지속적으로 노출하고 있어요. 수업 시간에 듣고, 교과서에서 해당 내용을 읽고, 이후에 배운 내용을 알고 있는지 복습하죠."

선생님의 말씀은 부분적으로는 사실이었다. 하지만 실제로 헬렌의 숙제를 몇 번 도와주고 시험에 어떤 문제가 나왔는지 들어본 결과, 이 방법이 정말 효과가 있을지 회의적이었다. 헬렌은 지금 5교시에 과학 수업을 듣고 있었다. 그리고 어쩌면 선생님이 앞 교시 수업과 뒤 교시 수업에서 가르친 내용을 혼동하고 있을지도 모른다는 생각이 들었다.

"수업 시간에 다른 아이들이 시끄러운 편이라 선생님의 목소리를 듣기 어렵다고도 헬렌에게 전해 들었어요." "5교시쯤 되면 아이들의 집중력이 떨어져서 얌전히 앉아 있지는 않죠." 선생님이 대답했다.

캣과 나는 이미 헬렌에게서 아이들이 에너지를 소모할 수 있도록 선생님이 복도를 한 바퀴 뛰라고 시킨다는 이야기를 전해 들었었다. 이 방법이 어떤 아이에게는 집중력 향상에 도움이 되었을지 모르겠지만 헬렌에게는 그저 소중한 수업 시간이 줄어드는 셈이었다. "혹시 헬렌이 다른 교시 수업을 들을 수 있나요?" 내가 물었다. "확인해 보겠습니다. 그런데 수업 스케줄이 전부 변경될 수 있는데 괜찮으시겠어요?"

"그렇다면 선생님의 목소리를 잘 들을 수 있도록 적어도 교실 앞쪽으로 자리를 옮길 수 있을까요?" 아마 이 요구를 들어줘야 캣과 내가 집에 갈 거라고 생각했는지 흔쾌히 허락했다. "물론이죠. 그렇게 하겠습니다."

이런 일로 선생님을 찾아온 학부모는 내가 처음이 아니었던 것 같다. 어쨌든 딸의 교육에 관심이 있고 공교육 시스템의 허점에 당하지 않겠다는 의지를 보여준 것 같아 뿌듯했다. 집에 돌아왔을 때 헬렌은 방에서 숙제를 하고 있었다. 나는 아이와 침대에 앉아 이야기를 나눴다. 라이라도 침대 위로 점프해 올라왔다.

"어떻게 됐어요?" 헬렌이 물었다. "별일은 없었어." 헬렌의 얼굴에 당황한 기색이 스쳐 지나갔다. "다른 교시의 수업으로 바꿔 달라고 이야기해 봤는데 그건 안 될 것 같아. 교실 앞쪽으로 자리를 옮겨달라고 했고 지금으로선 이게 최선이야." 헬렌은 고개를 끄덕이면서 라이라의 머리를 쓰다듬었다. 라이라는 기분이 좋은지 방긋 미소를 지었다.

"아빠 생각엔 수업 내용의 일부를 가르치는 것을 놓치신 것 같아. 그런 부분은 플래시 카드를 만들어서 스스로 공부해야 해."

과학은 교과서에 나오는 여러 가지 사실을 암기해서 배우는 것이 아니다. 이 우주가 어떻게 작동하는지 의문을 제기하고 새로운 사실을 발견하는 것이다. 우리가 사는 세상에 대해 더 많이 알게 되면서 과학은 끊임없이 변화한다. 이보다 더 재미있는 것이 있을까? 이런 재미가 쏙 빠져버린 과학을 배워야 한다니 안타까웠다.

"라이라는 내 마음을 알까요?"

헬렌은 계속해서 라이라의 털을 쓰다듬으면서 물었다. "알지 않을까? 도그 프로젝트를 통해 증명해 낼 수 있으면 좋겠구나."

라이라는 헬렌에게 큰 위안이 되었다. 그 둘이 껴안고 있는 모습을 보면서 이 둘은 정말 완벽한 공생 관계를 이루고 있다는 생각이 들었다. 골든리트리버는 여러 세대에 걸쳐 사람, 특히 아이들과 잘 어울리도록 선택적으로 길러졌다. 도그 프로젝트는 라이라와 캘리를 비롯한 개들이 무슨 생각을 하는지 알아보고자 하는 노력에서 출발했지만 헬렌을 통해 개와 사람 간의 관계는 일방이 아닌 양방향이라는 사실을 다시금 깨달았다. 개가 사람에게 미치는 영향을 고려하지 않고서는 개의 뇌를 진정으로 알 수 없다.

사람은 개를 좋아한다. 누구나 쉽게 알 수 있는 사실이다. 사람에게 개는 좋은 친구가 되기도 하고, 일을 함께하기도 대신해 주기도 한다. 사냥도 하고, 지켜주기도 한다. 안고 있으면 부드럽고 따뜻한 것이 기분도 좋다. 하지만 내가 헬렌에게 말하고 싶었던 바처럼 과학은 현상 너머의 이유를 궁금해하고 답을 찾아가는 것이다. 최근까지만 해도 개가 사람에게 미치는 영향력을 살펴본 과학적 연구는 거의 없었다.

간호계의 대모 격인 나이팅게일$^{Florence\ Nightingale}$은 최초로 사람의 건강 개선에 동물의 역할을 옹호했고 이를 글로 남겼다. "작은 반려동물은 아픈 환자, 특히 만성 질병 환자에게 탁월한 친구가 되어 준다." 하지만 지난 10년간 동물을 사용한 치료법이 조금 흔해지고 나서야 개가 사람에게 미치는 영향에 관한 연구가 비로소 시작되었다. 물론, 연구의 결과는 엇갈렸다. 애초에 이중 맹검 연구(블라인드 테스트)가 가능할 리 없었다. 실험군은 개와 함께 시간을 보내고 대조군은 개와 접점이 없는 상황에서, 참가자들이 자신이 어느 그룹에 속하는지 모르게 하는 것은 불가하다.

본래 이중 맹검 연구는 연구자도 연구 참가자도 누가 어떤 치료를 받는지 철저히 몰라야 가능하다. 이중 맹검 연구는 의학계에서 표준으로 자리 잡게 되는데, 이는 잘 알려진 플라세보 효과 때문이다. 신체적 및 정신적 질병을 통틀어 환자의 3분의 1이 자신이 받는 치료가 효과적이라고 믿게 되면 실제로 치료가 되는 효과를 누리게 된다. 실제로 먹고 있는 약이 설탕으로 만들어진 사탕이라고 해도 말이다.

개와 동물이 사람의 건강 개선에 긍정적인 효과를 미친다는 사실은 의학적 측면에서 입증하기 상당히 어렵다. 그렇다고 해서 동물이 긍정적인 효과를 미치지 않는다는 뜻은 아니다. 한 연구에 따르면 동물 매개 치료는 입원한 심부전 환자의 폐 혈압을 낮추어 폐에 축적되는 체액의 양을 줄이며 또 다른 연구에서는 동물 매개 치료는 진통제의 사용을 줄이는 데 도움을 준다고 밝혔다. 많은 환자 중에서도 특히 입원 중인 어린이의 경우, 반려동물의 개입을 통해 경험한 통증에서 현저한 감소를 보였다.

하지만 연구 중 상당수가 통증과 같은 주관적인 요소를 바탕으로 결과를 측정했다. 혈압이나 스트레스 호르몬 수치와 같은 생물학적 수치에 동물이 미치는 효과를 측정한 몇몇 연구는 상반된 결과를 내놓았다. 동물 매개 치료에 관한 연구를 종합적으로 살펴보면 흥미로운 패턴을 발견할 수 있다. 치료에 사용된 많은 동물 중에서 개가 사람의 건강에 가장 긍정적인 효과를 미치는 것으로 나타난다. 그리고 대부분 연령대의 환자들이 도움을 받았지만 어린아이들이 가장 큰 도움을 받은 것으로 나타났다.

그때까지만 해도 나는 개와 사람이 서로가 얼마나 필요한지에 대해 크게 생각해 보지 않았다. 하지만 헬렌과 라이라가 함께 있는 모습을 보고 있으니 라이라가 헬렌의 슬픈 마음을 달래주고 있다는 사실을 알게 되었다. 가장 필요할 때 옆에서 곁을 내어주며 그 과정을 온전히 즐기고 있다는 사실도 깨달았다. 하지만 캘리의 경우에는 달랐다. 캘리는 라이라만큼 마음을 표현하지도 않았을뿐더러 보디랭귀지도 딴판이었다. 라이라는 헬렌의 무릎에 자기 머리를 올려두는 것을 좋아했지만 캘리는 그보다 근처에서 그저 웅크리고 앉아 있는 것을 선호했다. 자기 몸이 누군가와 닿는 것은 좋아하지 않는 것 같았다. 라이라는 헬렌의 성격에 잘 맞았고, 캘리는 나와 더 잘 맞았다. 바보같이 침을 줄줄 흘리며 나만 바라보는 개는 별로 내 취향이 아니다. 그보다는 나를 동등한 파트너로 여기는 개가 좋다.

오스트리아의 유명한 동물행동학자 콘라트 로렌츠^{Konrad Lorenz}는 그의 저서 ≪인간, 개를 만나다^{Man Meets Dog}≫에서 개와 인간의 다양한 관계 유형을 설명했다. 로렌츠는 사람과 사람의 관계에서 개의 충성심만큼 상응할 만한 것은 없지만 그렇다고 해서 개가 사람보다 우월하다는 것은 아니라고 말했다. 개는 본능적으로 옳고 그름에 대한 감각이 없는 '비도덕적^{amoral}'인 존재라고 말했다. 하지만 현대 연구는 이를 반박했다. 영장류학자 프란스 드 발^{Frans de Waal}의 연구에 따르면 많은 동물이 공정성이라는 개념을 이해한다.

하지만 로렌츠는 이상적인 반려견은 어떤 느낌을 받아 마음이 움직이는 공명하는 개$^{resonance\ dog}$라고 정의했다. 많은 개와 견주는 놀라울 정도로 성격이 비슷하고, 때로는 외모까지도 닮아가는 경우가 있다고 언급했다. 로렌츠에 따르면 사람과 개가 서로를 공명할 때 강한 유대감이 형성된다고 한다. 헬렌과 라이라는 확실히 닮아 있었다. 캘리는 집에 온 지 얼마 되지 않았고 아직은 다소 동떨어진 느낌이 있었지만 그녀 역시 나와 닮아가고 있다는 사실을 인정하지 않을 수 없었다.

라이라와 헬렌을 방에 남겨둔 뒤, 나와 닮은 개를 찾으러 아래층으로 내려갔다. 평소처럼 캘리는 뒷마당에 있었다. "캘리, 이리 와!"
흙냄새와 땀 냄새를 풍기며 부엌으로 뛰어 들어왔다. 뻣뻣한 긴 꼬리를 재빠르게 흔들어 대며 나를 힐끗 보더니 다시 밖으로 뛰어나갔다. 자기를 따라오라는 말이었다. 캘리는 엉덩이를 위로 번쩍 든 채로 담쟁이덩굴에 코를 파묻고 있었다. 다가가자 고개를 들어 나를 쳐다보더니 엉덩이를 앞뒤로 흔들다가 입에서 물고 있던 것을 공중으로 던졌다. 캘리의 입에 있던 것이 꽥하는 고음의 비명을 내더니 이내 조용해졌다. 아마 그 입에 있던 것의 정체는 두더지였을 것이다.
캘리의 사냥 실력은 놀라웠다. 사냥한 먹잇감을 정말로 먹을 생각은 없었다. 단지 재미있어서 또는 나를 위해 사냥을 하는 것 같았다. 굳이 헬렌에게 캘리의 사냥놀이를 말할 필요는 없을 것 같았다. 캘리와 나만의 비밀로 간직하기로 했다. 나는 캘리를 보며 말했다.
"잘했어. 너는 평범한 파이스트가 아니라 슈퍼 파이스트야."

개의 동의서

수십 년 전만 해도 대학교의 학칙과 규정은 지금처럼 엄격하지 않았다. 그래서인지 개가 없는 캠퍼스를 찾아보기 어려울 정도였다. 대부분의 사교 클럽에서 학생들은 개를 키웠고 교수도 수업에 개를 데리고 오는 일도 흔했다. 학생들이 운동장에서 개와 프리스비 게임(원반 던지기 게임)을 하는 모습은 여느 대학교에서 볼 수 있는 흔한 풍경이었다.

안타깝게도 그런 풍경은 사라진 지 오래다. 내가 대학생이 되기도 전에 사라졌는데 캠퍼스에서 개를 볼 수 없는 정도가 아니라 출입 자체가 아예 금지되어 버렸다. 반려동물의 출입이 허용되는 대학은 캘리포니아 공과대학 칼텍과 매사추세츠 공과대학 MIT 정도로 손가락으로 셀 수 있는 정도다. 그것도 고양이만 허용된다. 펜실베이니아의 리하이 대학교의 경우, 남학생 사교 클럽과 여학생 사교 클럽 당 고양이 또는 개 한 마리를 키울 수 있지만 건물 밖으로 나오는 것은 금지다.

에모리 대학교의 경우, 확실히 반려동물에 친화적이지 않다. 아예 학칙에 "본교 보험 정책에 적용되는 제한 사항, 연구 프로젝트의 무결성에 대한 우려, 교수진과 학생 그리고 직원 및 방문객의 복지를 이유로 캠퍼스 건물 내 동물 출입이 허용되지 않습니다."라고 명시되어 있다. 보험 정책이 웬 말인가? 그리고 개 때문에 대학교의 복지가 위험할 수 있다고? 광견병에 걸린 개가 캠퍼스에서 난동을 부리는 끔찍한 상황을 겪어 보지 않은 이상 이 조항을 작성한 변호사는 굳이 이런 조항을 넣을 필요가 있었을까?

그러나 이 조항에는 허점이 하나 있었는데, 바로 연구에 사용되는 동물은 허용된다는 것이다. 그래도 연구에 동물을 사용하려면 수십 명의 변호사가 뒤에 든든히 버티고 있는 여러 위원회의 승인을 받아야 했다. 정신을 단단히 차리고 나 역시 수백 번의 '안 됩니다'에 맞서 싸울 준비를 했다.

사람을 대상으로 한 뇌 영상 실험 시에는 실험자를 위험으로부터 보호하기 위해서 실험 관련 위원회의 검토하에 모든 절차가 철저히 진행되어야 한다. 지난 10년 동안 약 천 건에 가까운 MRI 촬영을 진행한 경험이 있었기에 이 절차는 꽤 익숙했다. 하지만 이번에는 개를 대상으로 한 MRI 촬영이었기 때문에 무엇을 예상해야 할지 전혀 알지 못했다.

현재 누리는 생물 의학의 발전은 안타깝게도 수많은 사람과 동물의 목숨을 담보로 한 희생으로 이루어진 것이다. 인체 실험을 최초로 자행한 것은 독일의 나치^{Nazis}다. 나치의 의사와 과학자는 강제 수용소에 갇힌 사람들을 대상으로 잔혹한 실험을 강행했고, 이 잔인함은 과학의 진보라는 하에 정당화되었다. 나치의 잔혹함이 온 세상에 드러난 것은 뉘른베르크 재판$^{\text{Nuremberg Trials}}$을 통해서다. 이 재판을 계기로 사람의 목숨을 위협하지 않고 의학 연구를 수행하는 방법에 대한 강령이 제정되었다. 그리고 몇 차례 시행착오를 겪기는 했지만 1932년부터 1972년까지 진행된 터스키기 매독 생체 실험$^{\text{Tuskegee syphilis study}}$을 비롯해 여러 사건으로 인해 관련 규정은 점점 더 발전된 형태를 띠게 되었다.

과학자들은 터스키기의 가난한 아프리카계 미국인이 매독에 많이 감염되어 있다는 사실을 발견했다. 그들은 매독 치료를 하지 않으면 어떤 일이 발생하는지 관찰하기 위해 일부러 치료를 제공하지 않았다. 1974년에 실험이 강제 중단된 후, 국가연구법에 따라 연구 대상자 보호를 위한 위원회가 설립되었다. 이 위원회는 제2차 세계대전 이후 생의학 실험의 역사를 간략하게 되짚고 더 나아가 사람을 대상으로 한 실험에 대한 가이드라인을 제시했다. 이후 이 가이드라인은 벨몬트 보고서$^{Belmont\ Report}$로 발간되어 연구계에 큰 반향을 일으켰다.

벨몬트 보고서는 모든 임상 연구의 기초가 되는 세 가지 원칙을 제시한다. 첫 번째는 "인간 존중의 원칙"이다. 모든 사람은 스스로 결정을 내릴 권리가 있으며 이는 연구에 자발적으로 참여할지 여부에도 적용된다. 즉, 누군가를 강제로 또는 속여서 실험에 참여할 수 없다는 의미이다. 두 번째는 "선행의 원칙"으로, 연구를 통해 얻을 수 있는 이익을 극대화해야 한다. 연구라는 명목으로 누군가에게 해를 끼쳐서는 안 된다는 것을 명시하고 있다. 하지만 모든 연구에는 어느 정도의 위험이 수반된다는 인식에 약간의 회색 지대가 존재한다. 연구의 잠재적 이득이 위험보다 크면 일반적으로 적합하다고 간주된다. 예를 들어, 암 치료를 위한 실험용 약물 투약 시 상당한 부작용이 있다고 하더라도 실험 대상자의 생명을 구할 가능성이 있다면 그 이득이 위험보다 큰 것으로 간주된다. 마지막은 "정의 또는 공정성의 원칙"으로 과학자들은 취약한 환경의 피험자군만을 연구에 동원할 수 없다는 내용이다. 이 원칙이 지켜지지 않으면 자기 신체를 담보로 돈을 벌어야 하는 사람들을 착취할 수 있기 때문이다.

수십 년에 걸쳐 이러한 원칙은 사람을 대상으로 한 실험에 적용되었다. 하지만 동물의 경우에는 어떨까? 법적으로 동물은 재산으로 간주되기에 인간과 동일한 법적 권리를 가지지 않는다. 즉, 제한적인 범위 내에서는 연구자가 동물을 대상으로 원하는 것은 무엇이든 할 수 있게 된다. 실험 과정에서 동물이 죽는다고 하더라도 아무런 문제가 되지 않는 것이다. 다행이라고 해야 할지 모르겠지만 실험동물은 미 농무부의 엄격한 규제 하에 관리된다. 1966년에 법으로 제정된 동물복지법Animal Welfare Act에는 연구에 사용되는 동물의 대우와 관리 방법이 명시되어 있다. 주기적으로 개정되는 이 법에는 케이지 요건부터 수의학적 치료, 안락사 방법에 이르기까지 모든 사항이 세세하게 설명되어 있다. 이 법을 근거로 대학 등 동물을 대상으로 연구하는 모든 기관은 연구 프로토콜을 검토하고 승인하는 위원회를 설치해야 한다. 이 위원회를 동물실험윤리위원회Institutional Animal Care and Use Committee, IACUC라고 부르며, 보통은 "아이 에이 쿡(IACUC)"으로 발음된다.

집에서 캘리를 대상으로 행동 연구를 한다고 가정해 보자. 캘리의 이름을 부르면 내게 오게 하는 가장 좋은 방법을 알아보는 것이다. 동물 학대 관련 법을 위반하지 않는 한, 원하는 것은 무엇이든 할 수 있다. 긴 목줄을 사용한다고 해도, 초음파 호루라기를 사용한다고 해도, 전자 충격 목걸이를 사용한다고 해도 괜찮다. 그 누구의 허락도 필요 없다.

하지만 대학교와 같은 학술적 환경에서 동일한 실험을 진행한다면 동물복지법을 따라야 한다. 만약 내가 훈련에 가장 효과적인 개의 간식에 대한 학술 논문을 쓴다고 하더라도 IACUC의 승인을 받아야 한다. 집에서 실험을 진행하는 것과 학교에서 실험을 진행하는 것의 절차가 다른 이유는 대학교는 연방 정부의 '자금으로 운영되는 연구 시설'에 해당하기 때문이다. 자금을 받는 대가로, 모든 연방 규칙과 규정을 따라야 한다. 그중 중요한 하나가 바로 동물복지법이다(또 다른 하나는 벨몬트 보고서에 의해 제정된 인간 연구 규정을 준수하는 것이다).

사람을 대상으로 한 연구는 아무리 그 길이 미로 같다고 하더라도 헤쳐 나가는 데 익숙했지만 동물 연구에는 전혀 경험이 없었다. 놀랍게도 동물 연구의 규칙이 훨씬 더 복잡했다. 사람과는 달리 동물은 연구에 참여할지 말지 선택할 수 없다. 사람은 이론적으로 자신에게 돌아오는 위험과 이득의 정도를 판단하고 이를 바탕으로 결정을 내릴 수 있지만 동물에게는 그런 능력이 없다. 결과적으로 동물 연구에 적용되는 규칙은 연구로 인해 동물의 삶이 위험해질 수 있다는 사실을 전제로 두고 이 과정에 수반될 수 있는 아픔과 고통을 최소화하는 방안을 제시한다.

다행인 것은 이 모든 것이 도그 프로젝트와는 큰 관련이 없어 보였다. 도그 프로젝트에 참여할 개는 주인이 있고, 대학교 내에 거주할 예정은 아니었으니까 말이다. 내 계획은 개들이 연구에 참여할 수 있도록 견주가 집에서 훈련을 시키고, 훈련이 완료되면 MRI 촬영을 진행하는 것이었다. 앤드류와 나는 이 과정이 간단할 거라고 생각했다. 가장 먼저 실험에 대한 계획을 문서화했다. 전반적인 연구 프로토콜과 연구 대상자 선정 방법, 훈련 방법 그리고 MRI 촬영 시 발생하는 소음으로부터의 보호 방법까지 세세하게 명시했다. 연구에 참여하겠다는 동의서까지 첨부했다(물론 동의서는 개가 아닌 견주에게 받았다). 그리고 IACUC에 이 문서를 보내고 답변을 기다렸다. 2주 후, 대학교 변호사로부터 전화 한 통을 받았다.

"제출하신 프로토콜 관련해서 관할권 문제가 발생했습니다." 화난 티를 내지 않으려고 차분하게 어떤 문제인지 설명해 달라고 부탁했다. "우선, 동의서를 첨부하셨던데요." "네, 견주의 동의서를 받는 게 맞다고 생각해서요." "IACUC는 동의서를 받지 않아요. 하시려는 연구는 사람을 대상으로 한 연구 같습니다." 변호사의 말에 나는 연구 대상자가 사람이 아니라 개라고 대답했다. "글쎄요, 저희는 동의서는 어떻게 처리해야 할지 몰라서요. IRB로 보내셔야 할 것 같습니다." 하지만 IRB는 기관감사위원회 Institutional Review Board로 사람을 대상으로 하는 연구를 검토하는 위원회이다. "사람을 대상으로 한 연구가 아니라서 검토해 주지 않을 거예요."

내 말은 무시한 채 그는 또 어떤 문제가 있는지 읊어댔다. 캠퍼스에 개를 데리고 오고 나서는 MRI 기기까지 다시 어떻게 데리고 갈 것인가? 개들이 도망갈 수도 있는 상황은 어떻게 대비했나? 개가 누군가를 물면 어떻게 대처할 것인가? 등의 질문을 던졌다. 병원 측의 위험 관리 변호사들도 이 모든 것에 동의해야 한다고 말했다. 미국의 직업 안전 및 건강 관리청Occupational Safety and Health Administration, OSHA과도 연락해 해결해야 할 문제가 있는지 확인해 보고, 생물학적 병원균 확산 우려와 관련하여 생물안전 책임자에게도 확인을 받아야 한다고 했다.

도대체 이게 다 무슨 말인가 싶었다. 내 침대에서 잠들고 아침마다 내 얼굴을 핥아대는 저 개가 대학교의 안전과 복지를 위협하는 무시무시한 존재가 된 것 같았다. "특수 목적으로 사육된 개는 고려해 보셨나요?" 변호사가 물었다. 연구용으로 특별히 사육되고 판매되는 비글 견을 의미하는 것이었다. 하지만 나는 그저 연구를 위해 개를 사육하고 판매하는 추악한 관행을 도무지 이해할 수 없었고 그럴 생각은 추호도 없다고 말했다. 개는 에모리의 소유가 되기 때문에 책임 문제를 일부 물어볼 수 있어요."

"여기 지역 주민이 직접 키우는 개로 이 프로젝트를 진행할 방법을 찾을 거예요. 이 연구에 개를 참여시키려고 많은 사람이 도움을 줄 거라고 확신해요." 그러다 갑자기 좋은 생각이 떠올랐다.

"혹시 개를 키우시나요?" "네."

"그러면 한 번쯤은 개가 무슨 생각을 하는지 궁금한 적 없으셨나요? 혹시 변호사님의 개를 연구에 참여시킬 생각은 없으세요?" 그는 멈칫하더니 말을 이어갔다. "글쎄요. 피험자로서 적합할지 모르겠네요. 그런데 무슨 말인지는 알겠어요. IRB가 컨설턴트 역할로 동의서와 관련해서 도움을 줄 수도 있겠네요." 변호사의 대답에서 한 줄기의 빛이 보였다. "그래도 책임 문제 때문에 프로토콜을 승인하려면 위원회를 포함해서 모든 곳의 승인이 필요할 겁니다."

험난한 미래가 그려졌다. 이전에 그 사람들과 일 때문에 연락을 주고받은 적이 있었는데 아마 내가 하려는 이 일을 개를 동원한 정신 나간 실험이라고 생각하고 승인하지 않을 게 뻔했다. 정말 일이 안 풀리면 어떡할지 걱정이 되기 시작했다. 정 안 되면 개를 받아줄 MRI 시설을 찾아 내 사비와 시간을 써서 캠퍼스 밖에서라도 진행할 작정이었다. 무슨 수를 써서라도 도그 프로젝트는 진행되어야 했다. 애틀랜타에 있는 모든 변호사와 싸워야 하는 한이 있더라도 말이다.

대학교 내 규정 관련 일을 하는 많은 사람은 기본적으로 책임을 피하려는 태도를 장착하고 있다. 그래서인지 법에 적혀 있는 문자 그대로 해석하고 적용하려고 한다. 하지만 미국의 연방 규정은 무수히 많고 일관성이 없는 경우가 많기 때문에 특정 상황에서 어떤 규정이 우선시되는지 파악하는 것은 때로는 예술처럼 난해하고 어렵다. 규정 부서의 많은 사람들이 법규 위반의 가능성을 최소화하거나 문제가 발생했을 때 부정적인 여론을 불러일으킬 수 있는 요소를 최소화하는 데만 관심이 있지, 위험을 감수함으로써 얻을 수 있는 이득에는 큰 관심이 없다.

나는 IRB 책임자인 사라 퍼트니$^{\text{Sarah Putney}}$에게 전화를 걸었다. 사라는 내가 다른 연구를 진행할 때 윤리적 문제를 해결하는 데 많은 도움을 줬다. 현행 법규와 규정을 꿰고 있었고 연구 자체를 좋아했다. 그리고 무엇보다 가장 중요한 것은 개를 좋아한다는 점이었다. 내가 하려는 일을 설명하자 사라는 금세 연구의 본질을 이해하고서는 바로 물었다.

"그래서 연구의 대상자는 누구예요?"

개라는 나의 말에 그녀는 대답했다. "그렇다면 이건 IRB가 검토할 수 있는 연구가 아니에요. 여기는 사람을 대상으로 하는 연구만 검토하니까요." "그런데 사람에게서 받은 동의서가 있어요." 내가 설명했다.

나의 말에 이유를 묻는 사라에게 반려견을 연구에 참여하게 해달라고 부탁하는 셈이니 정확히 어떤 연구를 진행하는지 그리고 위험 요소는 있는지 설명하는 게 옳다는 생각을 했다고 말했다.

모든 연구에는 위험이 따르기 마련이다. 사람을 대상으로 한 연구의 경우, 위험의 범위는 최소 위험부터 고위험으로 분류된다. 최소 위험이란 연구에서 발생할 수 있는 위험의 확률과 규모가 일상 생활에서 또는 일상적인 신체 검사나 심리 검사 중에 겪는 것과 다르지 않다는 것을 의미한다. 그 이상의 리스크는 중증도 위험 또는 고위험으로 간주된다. 이는 IRB의 판단하에 이뤄진다.

사람을 대상으로 한 fMRI 촬영은 최소 위험에 속한다. 정상적이고 건강한 사람을 대상으로 하고 약물을 투여하지 않기 때문이다. MRI는 방사선의 위험도 없어서 매우 안전하다. 다만 불안이 위험한 요소가 될 수 있다. 밀폐된 공간에서 촬영이 진행되고 꽤 큰 소음이 발생하기 때문에 청력에 영향을 받을 수 있다. 밀실 공포증으로 인한 공황 장애의 위험을 방지하기 위해 촬영 대상자에게 버튼을 준다. 버튼을 누르면 촬영을 중단할 수 있다. 그리고 청력 보호를 위해 귀에 꽂을 수 있는 귀마개와 귀를 덮을 수 있는 귀마개를 제공한다.

이론적으로는 개에게도 위험 요소는 같을 것이다. 개는 사람보다 청력이 더 예민하므로 청력 손상의 위험이 더 클 수도 있다. 이 위험을 최소화하려면 귀마개를 착용할 수 있도록 훈련해야 한다. 그리고 정말 청력에 손상을 입을 가능성은 낮지만 견주가 모든 가능성을 염두에 두고 있어야 한다고 생각했다. 내가 생각했을 때 최악의 상황은 개가 탈출하거나 그 과정에서 길을 잃거나 다치는 것이었다.

도그 프로젝트의 내용은 사람을 대상으로 한 연구의 정의에 부합하지 않았기 때문에 연방법에 따라 동의서를 받을 필요는 없었다. 하지만 사라에게 말한 것처럼 그래야 할 것 같았다. 피험자일 때 개의 권리를 사람의 권리와 같은 수준으로 끌어올리는 결정을 내리고 싶었으니 말이다.

연구실 책임자가 된 이래로 간단한 윤리적 원칙 하나만은 항상 지켜왔다. '자기 자신 또는 사랑하는 사람에게 할 수 없는 실험은 하지 말라'는 것이다. 모든 연구자가 이런 원칙을 따르는 것은 아니다. 많은 사람이 자신은 절대로 참여하지 않을 실험을 진행하기도 한다. 물론 이를 강제적으로 집행할 규칙 같은 건 없다. 자원해서 연구에 참여하는 위험과 이득에 대한 생각은 개인마다 다르다. '인간 존중의 원칙'에 따라 모두가 실험 참여 여부를 원하는 대로 결정할 수 있다. 이는 실험을 진행하는 사람에게도 동일하게 적용된다. 하지만 내가 대상자로 참여하고 싶지 않은 실험을 진행한다면 그 실험은 진정 어떤 실험일까? 지금까지 나는 약 50번의 MRI 촬영을 직접 진행했다. MRI 기기 안에 들어가는 것에 전혀 거부감이 없고, 내 아이들은 물론 개도 충분히 들어가게 할 수 있다.

이런 내 생각을 사라에게 설명한 후, 아동을 대상으로 한 연구에 적용되는 규정을 살펴보는 것이 가장 적합할 것이라는 결론을 내렸다. 성인이 연구에 참여할 시에는 스스로 연구에 수반되는 위험과 이득을 이해하고 이를 바탕으로 결정을 내리면 된다. 반면 아동의 경우에는 그렇지 않다. 스스로 결정을 내릴 수 있는 법적 권리가 없을 뿐만 아니라 연구의 위험과 이득을 이해할 만한 지식과 경험도 없다. 그래서 아동을 대상으로 한 연구는 더욱 특별히 면밀하게 검토된다. 연구가 최소 위험의 수준인 경우에는 승인 과정이 성인 대상 연구와 별반 다르지 않다. 가장 큰 차이점은 부모의 허락을 받은 후 부모가 동의서에 서명해야 하는 것이다. 그리고 아동이 연구 참여에 동의해야 한다. 이를 승낙이라고 한다. 연구에 최소 위험보다 높은 수준의 위험이 따라올 경우에는 상대적 위험과 아동이 누릴 수 있는 이득을 포함하여 여러 가지 요소가 고려된다.

도그 프로젝트 역시 최소 위험으로 분류된다고 생각했기에 이전에 진행했던 아동 대상 fMRI 연구에 사용한 동의서의 양식을 복사해 사용했다. '아동'이라는 단어를 '개'라고 대체했다. 하지만 개는 동의서에 스스로 서명할 수 없다. 그렇다면 개의 '승낙'을 어떻게 받을 수 있을까? 아동의 경우 구두로 질문을 하고 아동이 승낙 문서에 서명할 수 있을 만큼 나이가 된다면 직접 서명을 하기도 한다. 하지만 연구 참여가 무엇인지 이해하거나 그 여부를 표현하기에 나이가 너무 어리다면 행동을 보고 판단할 수밖에 없다. 예를 들어, 엄마가 아주 어린 아기를 연구 프로젝트에 등록했는데 아무리 달래도 울음을 그치지 않는 등의 명백한 신호를 보내면 연구자는 이를 참여 거부 의사로 받아들이고 실험을 중단해야 한다.

개에게도 이를 적용해 볼 수 있다고 생각했다. 참여 거부 의사를 보이면 실험을 중단하는 것이다. 아동 대상 연구에서처럼 말이다. 가장 간단한 방법은 구속 장치를 없애는 것이다. 개가 MRI 기기 안에 있고 싶지 않으면 그냥 나오면 된다. 연구에서 동물을 그저 실험실의 재산으로 취급했던 과거는 차치하고 실험에 사용되는 동물의 권리를 아동의 권리와 동일하게 끌어올리는 것은 윤리적으로도, 과학적으로도 모두 타당하다고 생각했다.

옳은 일인데다가 더욱 정확한 데이터도 얻을 수 있을 것이다. 개가 MRI 기기 안에 있는 것이 불편하다면 촬영을 해봤자 데이터는 정확하지 않을 것이다. 그리고 만약 개를 억지로 촬영하려고 묶어두기라도 한다면 정말 개가 그 기기 안에 있는 것이 괜찮은 건지 판단할 수도 없을 것이다. 윤리적인 부분은 그렇게 해결했다. 이제 제안서를 가지고 다시 IACUC의 문을 두드려야 했다. 위원회는 동의서와 사라 퍼트니가 도움을 줬다는 사실에도 만족했다. 이제 남은 것은 이렇게 해도 고개를 절레절레 흔드는 대학교 관계자들을 설득하는 일이었다.

가장 먼저 넘어야 할 산은 위험 관리 부서였다. 이 부서는 연구 프로젝트 진행 중 나쁜 일이 발생할 가능성을 최소화하기 위해 만들어졌기 때문에 연구에서 일어날 수 있는 최악의 시나리오부터 파고든다. 이 연구를 진행하는 데 있어서 정말 최악의 사태는 무엇인지, 그렇다면 그 일이 대학교의 명성에 어떤 악영향을 끼칠지, 법정에 서게 되면 얼마의 비용을 감당해야 할지 등을 예상하고, 계산하고, 대비하는 부서다.

'개'가 참여하는 연구라고 말했지만 이 부서는 스티븐 킹의 소설 속에 나오는 광견병에 걸린 세인트버나드인 '쿠조'라고 받아들였다. 그렇다면 최악의 시나리오는 개가 연구실에서 탈출한 뒤 캠퍼스를 날뛰며 돌아다니고, 학생들을 물어뜯고, 물린 학생은 광견병에 걸려 사망하는 것이다. 예르크스에서 MRI 촬영을 하지 않기로 했기 때문에 개들을 잘 통제하는 것이 중요했다. 에모리 대학 병원의 MRI실로 이송할 때는 특별히 더욱 신경을 써야 했다. 다행히 MRI실에는 건물 외부로 나갈 수 있는 문이 있었다. 사람 가득한 내부 복도를 지나지 않고도 바깥에서 바로 그곳으로 들어갈 수 있었다. 위험 관리 부서는 이 점은 마음에 들어 했다. 사람과의 접촉을 줄일 수 있으니 말이다. 게다가 병원 건물 내부에서 MRI실로 들어가려면 문 세 개를 통과해야 해서 개를 안전하게 들여놓기만 하면 탈출할 가능성은 0에 가까웠다.

다음으로 넘어야 할 산은 직원의 건강 부서였다. 동물과 일하다 보면 위험이 발생할 수도 있다. 연구실 팀원 중 개 알레르기가 있는 사람이 있다면? 개가 들어간 MRI에 개 비듬이 남아서 추후 MRI를 사용하는 사람에게 영향을 미친다면? 우선 첫 번째 문제에 대한 해결책은 연구팀의 전원에게 개 알레르기가 없다는 사실을 증명하면 된다. 대부분의 팀원들이 개를 키우고 있었기 때문에 어렵지 않은 문제였다. 개 비듬의 경우, MRI 촬영 시 테이블에 깔았던 천을 폐기하고 소독제로 청소하면 된다.

마지막 산은 생물안전 연구소였다. 연구서 담당관 역시 광견병을 걱정해 전원이 예방 접종을 받을 것을 제안했다. 지난 10년간 집에서 키우는 개에게 물려 광견병에 걸린 사례는 단 한 건도 없었고 예방 접종을 받은 개를 대상으로 할 예정이었기 때문에 프로젝트 중 광견병에 걸릴 가능성 역시 제로에 가까웠다. 오히려 예방 접종 백신이 더 위험했다. 광견병 예방 접종은 한 달에 걸쳐 세 번 맞아야 하고, 접종자의 50~75%가 두통, 메스꺼움, 복통, 발열 등 경증에서 중증도의 부작용을 겪는다. 미국 질병통제예방센터가 제공한 데이터를 본 담당관은 백신 접종으로 인한 위험이 광견병에 걸릴 위험보다 크다는 데 동의하고 한발 물러섰다.

그렇게 모든 산을 하나씩 넘은 후, 변호사 군단이 도그 프로젝트에 관한 서류에 서명했다. 처음에는 최대 10마리의 개를 대상으로 실험을 진행할 수 있도록 승인을 받았다. 프로젝트가 순조롭게 진행되면 차차 참여하는 개의 수를 늘릴 수 있었다. 이제 남은 일은 프로젝트에 참여할 개를 찾는 것이었다.

2장

MRI 촬영 시뮬레이션

8.

시뮬레이터 설계

MRI 촬영 장소를 해결하고 나니 이제 개를 MRI 기기에 들어가도록 훈련해야 하는 문제가 남았다. 훈련을 위해 MRI 시뮬레이터를 제작했다. 도그 프로젝트의 성패는 개가 MRI 기기 안에서 머리를 똑바로 들고 있을 수 있느냐에 달려 있었다. 머리를 똑바로 들도록 훈련하는 것은 어렵지 않았다. 다만 그것을 MRI 기기 안에서 할 수 있느냐는 또 다른 이야기였다.

MRI 기기 내부의 길이는 2m 정도에 지름은 60cm가 채 되지 않는다. MRI 기기 안에 들어가 본 적 있는 많은 사람들이 마치 관에 들어간 것 같다고 말한다. 다행인 것은 개는 사람과는 달리 작은 공간에 들어가 있는 것을 좋아한다. 캘리는 테리어 종으로 작은 공간을 무서워하지 않았다. 오히려 담쟁이덩굴 속으로 몸을 파묻고 작은 구멍 안으로 들어가는 것을 즐겼다. 그래도 이 실험에 참여하는 모든 개는 MRI 기기와 동일한 크기의 튜브에 들어갈 수 있도록 훈련받아야 했다. 그 튜브에 적응하고 나면 머리를 헤드 코일에 넣는 훈련을 받아야 했다. MRI 튜브보다 작은 헤드 코일은 '버드케이지(새장)'이라고 불리기도 한다. MRI 기기 안으로 들어가서도 개는 자신의 몸과 머리를 움직여 버드케이지의 중간에 머리를 올려두는 연습까지 필요하다.

두 번째이자 더 힘든 문제는 MRI 기기의 소음이었다. MRI 기기는 작동시 굉장히 큰 소리를 낸다. 특히 fMRI를 진행할 때는 거의 기관총을 옆에서 쏘는 듯한 소리가 난다. MRI 기기의 소음은 거의 100데시벨에 달하며, 마치 거대한 송풍기 옆에 서 있다고 생각하면 된다. 큰 소리이긴 하지만 사람에게는 큰 고통으로 다가오지는 않는다. 하지만 개는 사람보다 청각이 훨씬 예민하기 때문에 청력의 손실이 우려스러웠다. 그리고 대부분의 개가 큰 소리를 무서워하는데 큰 소리 때문에 불안과 두려움을 느끼는 그들의 뇌는 촬영해 봤자 큰 의미가 없다. 우리는 차분한 기질을 가진 개를 찾고 거기에다 이 소음에 익숙해지도록 훈련시켜야 했다. 그래서 시뮬레이터 제작 시, 소음을 그대로 표현해야 했다.

개는 사람보다 청각이 예민하다는 사실은 모두가 알고 있다. 그렇다면 정확히 얼마나 더 예민할까? 저음역에서 사람은 약 8Hz의 주파수를 들을 수 있는데, 이 경우 매우 낮은 진동처럼 느껴진다. 고음역에서는 약 20,000Hz의 주파수를 들을 수 있다. 들을 수 있는 주파수의 범위는 노화에 따라 줄어든다. 그리고 고주파수에 자주 노출되면 청력 손실로 이어질 수 있다. 보통 사람의 대화에서는 300~3,000Hz대의 주파수가 나온다.

개의 청각에 관한 최초의 연구는 1940년대에 이뤄졌다. 하지만 당시에는 음파를 생성하는 기술이 상당히 제한적이었기 때문에 높은 주파수를 생성할 수 없었다. 따라서 개가 얼마나 높은 주파수까지 들을 수 있는지 파악할 수 없었다. 1980년대에 이르러서야 고주파 음을 안정적으로 생성할 수 있는 기술이 등장했다. 1990년대에는 더욱 정교한 기술이 개발되었다. 이 기술을 통해 소리에 반응하는 개의 뇌 부위에서 어떤 전기적 반응이 일어나는지 측정한다. 이 반응은 '뇌간 청각 유발 반응Brainstem Auditory Evoked Responses, BAER'이라 불리며, 개가 사람의 범위를 훨씬 뛰어넘는 약 60,000Hz의 고주파음까지 들을 수 있다는 사실이 밝혀졌다.

실제 MRI 기기는 작동할 때 다양한 소리를 낸다. 이 소리는 '그라디언트 자석gradient magnet'이라고 하는 부위에서 생성된다. MRI는 두 가지 유형의 자기장을 이용한다. 첫 번째는 보어 주위에 감겨 있는 수 마일 길이의 초전도선에서 발생하는 주요 자기장이다. 이 주요 자기장은 절대 변하지 않고 항상 나온다. 두 번째는 훨씬 작은 자기장이자 촬영 중에 계속 변하는 그라디언트 자기장이다. 그라디언트를 켜고 끄는 과정을 통해 뇌의 특정 위치를 선택할 수 있다. 전류를 흘려보내면 그라디언트가 켜지고, 전류가 흐르면 자기장이 활성화된다. 갑작스러운 전기의 유입으로 인해 자석이 약간 팽창하게 되고, 이 급격한 팽창은 MRI 기기 내부에서 압력파를 발생시켜 우리는 그것을 큰 소음으로 듣게 된다. 어떤 촬영을 하는지, 기능적 MRI인지 구조적 MRI인지에 따라 소음은 다르게 발생한다.

훈련을 위해 실제 MRI 기기와 비슷한 크기와 기능의 모형이 필요했다. 뇌 연구를 위해 MRI 기기를 구비한 많은 대학교에는 MRI 모형 기기도 있었다. 실제로 사람의 뇌를 촬영하기 전에 모형을 통해 촬영을 준비해야 하는 상황이 많기 때문이다. 아동의 뇌 영상 연구를 진행할 때는 먼저 아이들이 가만히 누워 있을 수 있도록 모형에서 연습하는 과정이 필요하다. MRI 기기 안에 들어가는 것을 무서워하는 아이들이 많기 때문에 실제 촬영을 진행하기 전에 동일한 환경에 적응하는 과정이 필요한 것이다.

하지만 가격은 실제 MRI 기기 못지않다. 도그 프로젝트를 시작할 당시, 모형의 가격은 약 4만 달러에 달했다. 이 프로젝트에 투입할 수 있는 별도 자금이 없었기 때문에 거금을 들여 모형을 살 수는 없었다. 그리고 단순히 소음에 개를 적응시키기 위해서 몇 개의 스피커가 장착된 빈 튜브를 산다는 것은 비합리적으로 느껴졌다. 그렇다면 훈련에 사용할 시뮬레이터는 실제 MRI와 얼마나 비슷해야 할까? 실제 MRI 기기처럼 자동차 한 대에 맞먹게 크게 제작해야 할까? 아니면 그냥 가장 기본적인 형태로 튜브처럼 제작해도 될까? 어차피 MRI 기기 안에 들어가 있는 부분만 훈련하면 되는 상황에서 어떻게 해야 할지 고민이 되었다.

마크와 나는 실제 MRI 기기를 살펴보러 병원을 방문해 개를 훈련하는데 사용할 시뮬레이터가 얼마나 비슷해야 할지 머리를 맞대고 고민했다. 마크는 직접 기기 내부의 테이블에 누워 머리를 버드케이지 안에 넣어봤다. 버튼을 한 번 누르니 테이블은 자동으로 기기 중앙 쪽으로 움직였다. 마크는 괜찮다는 신호로 엄지손가락을 치켜세웠다. 마크가 기기에서 어떤 소리가 나는지 그리고 그 소리가 얼마나 큰지 파악할 수 있도록 실제 촬영을 몇 번 진행했다.

촬영이 끝나고 난 뒤 마크는 함박웃음을 지으며 테이블에서 내려왔다. "이거 완전히 할 수 있겠는데요?" "기기 전체를 모형으로 만들어야 할까요?" 마크의 생각을 물었다. "아니요. 그냥 환자 테이블이랑 튜브만 있어도 될 것 같아요." 다행이었다. 왜냐하면 우리가 직접 시뮬레이터를 만들어야 하는 상황이었기 때문이다. 모형 기기는 세 가지 요소로 구성될 예정이었다. 기기 내부의 튜브, 실제 헤드 코일과 동일한 크기의 버드케이지 그리고 적정 수준의 소음을 구현할 사운드 시스템이었다. 무언가 만들기 좋아했던 나는 오랫동안 차고에 방치했던 목공 장비를 꺼내 쓸 생각에 설레기 시작했다.

기기 내부를 똑같이 구현하려면 우선 똑같은 직경의 튜브를 구해야 했다. MRI 보어의 직경은 60cm 정도로 일반 철물점에서 구할 수 있는 튜브보다 훨씬 크고 건물을 짓는 데 사용하는 콘크리트 기둥과는 비슷했다. 콘크리트 기둥은 소노튜브^{Sonotube}라고 불리는 몰드 틀에 콘크리트를 부어서 만든다. 앤드류는 애틀랜타 주변의 건설 자재 공급업체에 몇 차례 전화를 돌렸고 이내 길이 3.6m, 직경 60cm의 소노튜브를 찾아냈다.

"미터 단위로 팔기도 하나요? 가격과 MRI 보어의 길이는 얼마라고 했죠?" 나의 질문에 업체는 이렇게 대답했다. "아니요. 몰드 하나를 통째로 사야 하는데 100달러이고 길이는 1.8m 정도요." "됐어요. 그럼, NASA 스타일로 가보죠." 나의 대답에 앤드류는 고개를 갸우뚱했다. "예전에는 말이죠. NASA는 미션을 수행할 때마다 항상 우주선을 두 대씩 발사했대요. 프로젝트의 비용 대부분이 설계와 개발에 들어가기 때문에 이 단계를 달성하기만 하면 추가로 우주선을 하나 더 만드는 비용은 그리 크지 않았기 때문이죠. 게다가 우주선을 두 대 발사하면 한 대가 실패할 때를 대비할 수 있었죠. 3.6m짜리 소노튜브를 사야 한다면 그냥 반으로 잘라서 시뮬레이터를 두 개 만들면 돼요. 하나는 마크에게 줘서 훈련소에서 사용할 수 있게 하고 다른 하나는 집에서 캘리를 훈련하는 데 사용하죠."라고 나는 설명을 덧붙였다."

MRI 기기 속 튜브는 소노튜브를 반으로 잘라서 만들면 되는 일이라 그리 어렵지 않았다. 앤드류와 나는 나머지 기구와 장비는 동네 홈디포^{Home Depot}(미국 내 다양한 건축 자재와 도구를 판매하는 대형 소매점)에서 쉽게 찾을 수 있었다. 튜브를 올려둘 수 있도록 접이식 테이블을 두 개 샀다. 환자 테이블을 만들려고 합판 한 장과 목재도 조금 샀다. 토요일에 집 차고에서 작업을 시작했다.

결과물은 외관상으로 보기에는 실제 MRI 기기와는 닮은 점이 하나도 없었다. 하지만 훈련에 중요한 부분은 튜브 내부였다. 앤드류는 실제 기기의 치수를 바탕으로 MRI 보어 안에 완전히 들어갈 수 있도록 환자 테이블의 높이와 너비를 똑같이 구현했다. 그리고 테스트를 위해 앤드류와 나는 번갈아 가며 시뮬레이터 안으로 들어갔다. 실제 기기 안에 들어간 것처럼 폐소 공포증이 느껴졌다.

사진 4. MRI 시뮬레이터를 만드는 앤드류와 나 (출처: 헬렌 번스)

새장 모형을 만드는 과정은 조금 더 복잡했다. 일단 모양이 특이했다. 길이도 직경도 약 30cm인 원통인데 옆으로 누워 있는 형태이기 때문에 MRI 튜브 내부의 환자 테이블에 고정되는 받침대에 놓여 있도록 배치된다. 앤드류는 실제 코일의 치수를 정확하게 측정해서 새장 끝부분을 실제 크기와 똑같이 밑그림을 그렸다. 그리고 그 밑그림을 합판 에 옮겨 그려서 똑같이 만들어 냈다. 나무못으로 코일의 케이지를 구현한 다음, 새장의 끝부분을 고정하고 얇은 합판을 반원형으로 구부려 전체 구조물 안쪽으로 붙였다. 사람에게는 머리가 놓이는 받침대인 셈이었다. 하지만 개들은 몸 전체를 그 코일 안으로 비집고 들어가 스핑크스 자세를 취해야 했다.

시뮬레이터를 만드는 모습을 지켜보면서도 캘리는 적당한 거리를 유지했다. 시뮬레이터를 무서워하는 것 같지는 않았지만 장난감처럼 놀 수 있는 대상으로 보는 것 같지도 않았다. 재미 삼아 캘리를 튜브 안으로 넣어 보려고 했지만 전혀 관심을 보이지 않았다. 간식을 안에 넣어도 들어가지 않았다. 시뮬레이터 자체가 너무 낯설었고 게다가 접이식 테이블 위에 올려져 있었는데 동물병원에서 테이블 위로 올라가는 경험이 떠올랐는지 쉽게 다가가지 않았다. 어쩌면 새장에서 시작해 보는 게 더 나을지도 모른다고 생각했다.

우선 캘리가 스스로 냄새를 맡으면서 탐색할 수 있도록 새장을 바닥에 뒀다. 몇 분간 냄새를 맡더니 흥미를 잃은 듯 멀어졌다. 하지만 좋은 신호였다. 위험한 물건으로 간주하지 않고 익숙해질 가능성이 있다는 신호였다. 이후 내가 직접 바닥에 누워서 새장 안에 머리를 넣었다. 여전히 캘리는 관심을 보이지 않았다. 하지만 땅콩버터를 내 입술에 조금 발라두자 상황이 바뀌었다. 내 가슴 위로 뛰어 올라와 땅콩버터를 핥아먹었다. 이 상황을 즐기는 것처럼 보였다. 그래서 코일 안에도 땅콩버터를 조금 발라 안으로 스스로 걸어 들어갈 수 있게 했다. 내 바람대로 캘리는 기꺼이 안으로 들어가 땅콩버터를 또 핥아먹었다. 새장 전체에 바를 수는 없어서 그다음부터는 간식으로 바꾸었다.

캘리가 새장 안으로 머리를 넣자 나는 간식을 조금 뒤쪽으로 옮겼다. 새장 안에서 스핑크스 자세를 취할 수 있는지 보고 싶었지만 어떤 방법을 써야 캘리가 그 자세를 취할 수 있을지 전혀 감이 오지 않았다. 캘리를 사랑한 만큼 마음속으로는 캘리가 첫 번째 연구의 참여견이 되면 좋겠다고 바랐다. 하지만 실험견이 되기에는 말을 잘 듣는 편이 아니라고 생각했기에 쉽사리 말하지 못했다.

시뮬레이터 사진 몇 장을 마크에게 이메일로 보냈다. 마지막 사진에는 캘리가 헤드 코일 옆에 느긋하게 누워 있었다. 그리고 반가운 답장이 왔다. 마크가 먼저 캘리를 실험에 참여시키자고 말한 것이다. "편해 보이는데 캘리를 첫 대상자로 참여시켜 보면 어떨까요?"

사진 5. 헤드 코일 모형을 테스트하는 모습을 지켜보는 캘리 (출처: 헬렌 번스)

9.

긍정적 강화 훈련

어쩌면 집에서 캘리를 훈련하는 데는 문제가 없을 것 같았다. 그런데 낯선 환경에 놓이게 되면 상황이 달라지지 않을까? 우선 집에서는 헤드 코일을 전혀 무서워하지 않은 걸 보니 새로운 과제에 적응하는 데도 별문제가 없을 것 같았다. 확실히 알아볼 차례였다.

캘리가 훈련을 받는다는 생각에 나만큼 들뜬 헬렌과 같이 캘리를 차에 옮겼다. 헤드 코일도 차에 싣고 셋은 마크의 도움을 받기 위해 훈련소로 향했다. 도착한 후 나는 가장 먼저 바닥에 헤드 코일을 놓고 헬렌은 캘리를 데리고 들어왔다. 마크는 헤드 코일을 보더니 고개를 끄덕이며 말했다. "어렵지 않겠네요. 캘리 간식은 가지고 오셨죠?"

예전에 강아지를 직접 훈련한 경험이 있어서 훈련에는 부드러운 간식이 가장 좋다는 사실을 알고 있었다. 배가 너무 부르지 않도록 작게 잘라서 줄 수 있다는 장점과 더불어 개가 훈련 중간에 빨리 먹기에도 좋았다. 집에 나오기 전 급하게 간식으로 줄 만한 것을 찾다가 핫도그 몇 개를 발견했다. 얼마나 오랫동안 있었는지는 긴가민가했지만 냄새를 맡아보니 괜찮았다. 무엇보다 캘리는 핫도그를 좋아했다. 나는 잘게 자른 핫도그 한 봉지를 마크에게 건넸다. "우선 클리커를 사용해 보죠." 마크가 말했다.

훈련용 클리커는 USB 정도로 크기는 작지만 누르면 놀랄 만큼 큰 '클릭' 소리를 낸다. 청각이 뛰어난 개의 경우, 방 반대편에서도 클리커를 누르면 그 소리를 들을 수 있을 정도다. 클리커를 사용하면 좋은 점 한 가지는 사람이 말로 명령이나 지시를 내릴 때와 다르게 클리커 소리는 항상 일관된다는 것이다. 클리커를 사용하면 잘못된 명령을 내릴 가능성이 거의 없어서 나같이 초보 훈련사에게는 최고의 도구다. 게다가 사용 방법도 간단하다. 훈련받는 개가 지시를 잘 수행하면 클리커를 누르면 된다. 하지만 본격적으로 클리커를 사용해 훈련을 진행하기 전에 개에게 '클릭은 보상이다'라는 개념을 학습시켜야 한다. 이건 고전적 조건형성$^{\text{classical conditioning}}$의 전형적인 사례다. 파블로프^{Pavlov}의 개 실험처럼 말이다.

캘리는 내 손에서 마크의 손으로 이동하는 핫도그 봉지를 눈으로 좇았다. 초롱초롱한 눈빛으로 마크의 발 근처에 앉아 그를 올려다보며 꼬리를 흔들었다. 그러자 마크는 클리커를 한 번 누르더니 바로 핫도그 한 조각을 캘리에게 줬다. 핫도그 한 조각을 받아든 캘리는 안절부절못할 정도로 흥분했다.

이 시점에서는 캘리의 행동이 그다지 중요하지 않았다. 마크는 주기적으로 클리커를 누른 후 보상을 줬다. 그는 클릭 소리 하나하나가 보상으로 이어진다는 연결 고리를 형성하고 있었고, 그 소리는 이제 '조건 자극$^{\text{conditioned stimulus}}$'이 되었다. 캘리가 이 상관관계를 이해하는 데는 오래 걸리지 않았다. 열 번 정도 클리커를 누르고 핫도그를 주자 캘리는 곧장 알아들었다. 이제 본격적인 행동 학습을 가르칠 차례였다. 정말 클리커가 훈련에 상당한 도움이 된다는 것을 나도 눈으로 보고 직접 깨달았다.

마크는 클리커가 또 어떻게 도움이 되는지 설명해 줬다. "우리는 캘리의 행동을 하나씩 형성해 갈 거예요. 처음에는 우리가 원하는 행동과 비슷하게만 해도 보상을 줄 거예요. 클리커 소리를 통해 캘리도 자기가 바람직한 행동을 했다는 사실을 명확하게 알게 되죠. 이렇게 하면 제 목소리나 당신의 목소리에 조건화되는 것을 방지할 수 있어요."

클리커는 일종의 즉각적인 피드백으로 작용했다. 나중에 간식을 주지 않더라도 '클릭' 소리는 캘리가 바람직한 행동을 했다는 사실을 스스로 깨닫게 하는 요소가 되었다. 사람과 달리 개는 방금 자기가 한 행동에 대한 기억이 매우 짧다. 바람직한 행동과 행동 이후에 주어지는 보상 사이의 간격이 길어질수록 개가 그 연관성을 확립할 가능성은 낮아진다.

이 현상을 '시간 할인$^{temporal\ discounting}$'이라고 한다. 쥐를 대상으로 한 연구에서 바람직한 행동을 하고 나서 4초 후에 보상을 주었을 때가 즉시 보상에 비해 그 효과가 절반밖에 되지 않는 것으로 나타났다. 훈련사가 다양한 신호와 지시어로 개와 소통하고 있는 경우, 바로 보상을 주지 못하게 될 수도 있다. 특히 복잡한 행동을 훈련할 때 이런 일이 일어날 가능성이 높은데 이때 클리커를 사용하면 즉각적으로 피드백을 제공함으로써 이런 문제를 해결해준다.

마크는 캘리를 헤드 코일 안으로 유인하기 시작했다. 한 손에는 핫도그를, 다른 손에는 클리커를 들고 코일 안으로 손을 뻗었다. 이미 캘리는 코를 코일 안에 넣는 데 성공한 상태였다. 캘리가 코를 코일 안으로 넣을 때마다 마크는 클릭 소리를 내고, 칭찬을 하고, 핫도그 한 조각을 줬다.

클리커를 누른 후 보상을 줄 때마다 마크는 핫도그를 조금씩 더 안쪽으로 당겨 서서히 캘리의 행동을 형성해 갔다. 열 번 정도 반복하자 캘리는 코일 안에 웅크리고 반대쪽 끝으로 주둥이를 내밀 수 있게 되었다. 엉덩이를 살짝 눌러 코일 안에서 완전히 눕는 자세를 취하도록 했다. 그리고 캘리가 눕자마자 마크는 클리커를 누르고 "굿 코일!"이라고 외쳤다. 이에 캘리는 꼬리를 흔들며 마크의 손에서 핫도그를 핥아 먹었다.

훈련을 시작한 지 얼마 되지도 않았는데 벌써 이게 된다니 믿기지 않았다. "이 자세면 되겠어요?" 마크가 물었다. 캘리는 코일 안에서 스핑크스 자세로 누워 있었다. 앞발이 살짝 나와 있어서 뒤로 조금 물러나기만 하면 완벽했다. "머리를 정중앙에 둬야 해요." 나의 말에 마크는 캘리를 살짝 뒤로 밀고 나서 클리커를 눌렀다. "집에서도 이 행동을 연습할 수 있어요. 캘리는 정말 잘 해낼 것 같아요." 마크가 말했다.

그때, 한 여자가 보더 콜리 한 마리를 데리고 방 안으로 들어섰다. "이분은 멜리사 케이트Melissa Cate예요. 멜리사는 여기서 어질리티 수업을 진행하는 훈련사로 일하고 있어요. 그리고 도그 프로젝트에 본인 개를 참여시키고 싶다고 해요." "마크가 프로젝트에 대해 말해줬어요. 얘는 매켄지예요." 멜리사가 데리고 온 개를 가리키며 말했다. 매켄지는 보더 콜리로 3살이었다. 멜리사는 몇 년 전부터 복서견 지크와 어질리티 대회에 출전해 왔고 지크는 여러 차례 우승했다. 하지만 지크는 올해로 8살이 되어 더 이상 대회에 나가기 어려워졌고 멜리사는 어린 매켄지를 데리고 와 지금까지 어질리티 대회에 출전하고 있었다. 그리고 쭉 좋은 성적을 거뒀다. 매켄지는 16kg 정도로 늘씬한 체형에 다리가 길었다. 머리도 길고 가느다란 편이라 헤드 코일에 잘 들어갈 것 같았다. 매켄지는 내 쪽으로 다가오더니 꽤 오랫동안 유심히 쳐다봤다. 양처럼 몰 수 있는 동물이 아니라는 걸 깨달은 듯 헬렌 쪽으로 자리를 옮겼다.

캘리는 빠르게 달려와 앞다리를 바닥에 대고 엉덩이를 공중에 치켜든 채 놀이 자세를 취했다. 꼬리도 아주 세차게 흔들어 댔다. 캘리와 매켄지 모두 목줄을 풀어줬더니 방안을 마음껏 뛰어다녔다. 캘리는 매켄지 주위를 빙글빙글 돌았지만 매켄지는 캘리에게 큰 관심을 보이지 않았다. 이제 매켄지를 헤드 코일 안으로 유인해 보기로 했다. 멜리사는 간식 하나로 어렵지 않게 매켄지를 코일 안으로 들어가게 했다. 코일 안으로 들어간 매켄지는 멜리사의 손에서 간식을 집어 먹었다. 매켄지는 코일 자체를 전혀 의식하지 않는 것 같았다. 어질리티 대회에는 개들이 구불구불한 터널을 통과해야 하는 코스가 있는데 이미 그 코스에 익숙했는지 매켄지는 코일 안에서도 너무 편안해 보였다.

"플라츠^{Platz}" 몇 분이 지나고 멜리사는 매켄지에게 누우라고 명령했다. 독일어로 '누워'라는 의미였다. 마크는 개를 훈련할 때 유명한 슈츠훈트^{Schutzhund} 대회 때문에 독일어를 사용하는 경우가 많다고 설명했다. 슈츠훈트는 본래 독일 셰퍼드 훈련 프로그램과 시험에서 비롯되어 지금은 트래킹, 복종, 방어 능력을 테스트하는 전 세계적인 경연 대회로 발전했다.

매켄지를 헤드 코일 안에 눕혀두고 멜리사는 반대편으로 걸어갔다. 매켄지는 그 자세를 그대로 유지했다. 1분 동안 꼼짝도 하지 않았다. 잘 훈련

사진 6. 매켄지를 헤드 코일 안으로 유인하는 멜리사와 반대편에서 지켜보는 캘리
(출처: 브라이언 멜츠)

된 개가 이걸 해내는 모습을 보자 나 또한 할 수 있을 것이라는 확신이 생겼다. 헤드 코일에 들어갈 수 있다면 MRI 안에도 충분히 들어갈 수 있겠다고 생각했다.

지금까지 마크와 멜리사가 사용한 기술은 기본적인 행동주의에 기반했다. 반려견 훈련에서 행동주의의 장점은 그 단순함에 있다. 음식과 칭찬과 같은 보상을 바람직한 행동에 연관 지으면서 개는 '무엇을 해야 원하는 것을 얻을 수 있는지'를 빠르게 배우게 된다. 하지만 개는 이런 방법을 어떻게 생각할까? 결국 개는 그저 정처 없이 떠돌아다니다가 우연히 어떤 행동을 하면 음식이 나오는지 배우는 게 아니라 사람이 있든지 없든지 간에 목적이 있는 일관성 있고 목적 있는 행동을 보이는 생물체다. 이를 보면 개도 세상이 어떻게 돌아가는지에 대한 '정신적 모델'을 갖추고 있는 듯하다. 물론 사람처럼 정교하지는 않겠지만 말이다. 개는 컴퓨터나 텔레비전의 작동 기술을 이해하지 못한다. 하지만 다른 개는 물론, 사람과 잘 지내는 법은 알고 있다. 이 역시 무시하지 못할 중요한 기술이다. 그리고 꼭 간식이 있어야만 이런 기술을 배우는 것이 아니다.

매켄지가 헤드 코일 안에서 잠자코 있는 동안 캘리는 그 모습을 유심히 지켜봤다. 혹시 간식이 언제 나오는지 지켜보고 있던 걸까 싶었지만 캘리의 시선은 멜리사의 손에만 머물지 않았다. 매켄지와 멜리사를 번갈아 보고 있었다. 도대체 이게 무슨 일인가 열심히 머리를 굴리는 소리가 들릴 정도였다.

우리는 개들을 훈련시키기 위해 긍정적 강화나 행동 형성과 같은 행동주의의 기본 원칙을 쓰고 있었다. 하지만 캘리를 보면 분명 다른 방식의 학습도 일어나고 있음을 알 수 있었다. 그녀는 '관찰'을 통해 배우고 있었다. 사회적 학습 또는 모방은 사람에게서 두드러지게 나타나는 행동적 특징이다. 다른 사람을 관찰하는 것만으로도 많은 것을 배울 수 있다. 이상하게도, 개들도 이런 학습이 가능하다고 크게 생각하지 못했다. 하지만 한 마리 이상의 개를 키워본 사람이라면 아마 캘리의 모습이 낯설지 않을 것이다. 개들은 서로의 행동을 보고 배우기도 한다.

대부분의 개 연구는 행동주의 실험으로 이어져 있지만 개 사이의 사회적 학습을 다룬 연구도 간혹 있다. 아주 오래전 진행된 한 연구를 통해 강아지 형제, 자매가 끈으로 카트를 끌어당기는 모습을 관찰한 강아지들이 그 행동을 똑같이 따라 하는 사실이 밝혀졌다. 또 다른 연구에서는 경찰견인 엄마 개가 마약을 찾는 모습을 본 강아지들이 그 모습을 보지 못한 강아지보다 마약을 찾는 훈련을 더 잘 소화하기도 했다.

하지만 사회적 학습이나 모방 행동의 뇌과학적 기제에 대해서는 상대적으로 거의 알려진 바가 없다. 사람의 경우에도 사회적 학습이나 모방이 일어날 때 뇌의 어떤 부위가 관여하는지 잘 알려지지 않았다. 결국 사람과 개 모두에게 사회적 학습은 보상으로 인해 일어나지는 않는다. 그렇다면 강아지들은 왜 형제, 자매를 따라 카트를 끌었을까? 카트를 끌어도 음식이 나오는 것도 아닌데 말이다. 어쩌면 도그 프로젝트가 그 실마리를 풀 수 있을지도 모른다.

하지만 일단 지금보다 소음이 있는 환경에서 더욱 복잡한 작업을 수행하도록 캘리와 매켄지를 훈련하는 게 우선이었다. 그날 이후 몇 주 동안 캘리와 나는 매일 10분 집에서 헤드 코일에 들어가는 연습을 했다. 마크는 하루에 짧게 훈련하는 것이 비정기적으로 길게 훈련하는 것보다 훨씬 효과적이라고 했기 때문이다. 규칙적으로 짧게 훈련하면 개도, 훈련사도 지루하지 않게 훈련을 진행할 수 있다. 그리고 관건은 '일관성'이다. 캘리의 학습 속도는 놀라울 정도로 빨랐다. 헤드 코일에 손을 뻗으면 들어가려고 펄쩍펄쩍 뛸 정도가 되었다. 안에 들어가면 재빨리 스핑크스 자세를 잡고 핫도그를 기다렸다. 그 와중에도 꼬리는 쉴 새 없이 흔들었다. "굿 코일"이라고 내가 목소리 높여 칭찬하면 꼬리는 더욱 빠르게 흔들렸다.

다음 단계는 턱 받침대에 익숙해지는 훈련이었다. 사람이 MRI 촬영을 할 때는 보통 촬영 테이블 위에 등을 대고 눕는다. 그리고 헤드 코일 안의 폼 패딩이 머리를 감싸서 머리가 움직이지 않도록 고정하는데 푹신푹신한 폼 때문에 불편하지 않게 촬영이 가능하다. 하지만 개가 사람처럼 자세를 취하고 머리를 고정해서 촬영하기란 쉽지 않다. 캘리와 매켄지는 배를 테이블에 두고 누워야 한다. 이 단계까지는 훈련으로 가능하겠지만 둘 다 머리를 폼 패딩으로 고정하는 데도 가만히 있을지는 의문이었다.

개들의 머리를 어떻게 고정시켜야 할지 고민이었다. 가장 처음 시도해 본 방법은 머리를 댈 수 있는 무언가를 주는 것이었다. 머리를 댈 수 있을 만큼 단단하지만 편한 것이어야 했다. 가장 먼저 떠오른 것은 자동차의 좌석에 사용되는 쿠션이었다. 천을 파는 가게에 가 가장 단단한 폼 소재를 사 와서 소파에서 쉬고 있는 캘리에게 다가가 조심스레 턱 밑에 폼을 갖다 댔다. 머리를 푹 기대더니 잠들어 버렸다. 좋은 신호였다. 하지만 캘리의 머리에 폼이 너무 눌려서 충분히 머리를 지지하지는 못하는 것 같았다. 조금 더 단단한 소재가 필요했다.

철물점에 가서 폼 단열재를 둘러봤다. 어떤 건 너무 딱딱하고, 또 다른 건 너무 푹신푹신했다. 헤드 코일의 가로 길이가 30cm 정도였기 때문에 턱 받침대도 그 정도 길이여야 했다. 하지만 가구에 사용되는 폼의 경우, 그 정도 길이가 되면 살짝만 압력이 가해져도 중간 부분이 푹 꺼져 버렸다다. 그리고 철물점에 파는 소재의 경우 모두 너무 딱딱해서 불편해 보였다.

그러다가 정말 예상치 못한 곳에서 완벽한 소재를 찾았다. 다름 아닌 스포츠용품을 파는 가게였다. 헬렌과 매디의 운동화를 사러 가게에 들렀고, 아이들이 신발을 신어 보는 동안 나는 그냥 가게를 이리저리 둘러봤다. 12월 중순이었기 때문에 수영 관련 용품은 세일하고 있었다. 부기 보드(누워서 타는 서프보드)가 한구석에 쌓여 있었고 그 앞에는 '하나에 $5'라고 적힌 세일 표지판이 있었다. 보드 하나를 손으로 눌러봤다. 단단하지만 딱딱하지는 않았다. 단번에 보드를 모두 짊어지고 계산대로 갔다. 점원은 '제정신이세요?'라는 눈빛으로 나를 쳐다봤다.

"과학 프로젝트 때문에요."

집에 돌아와서 다용도 칼로 헤드 코일 내부 지름에 맞게 보드를 잘랐다. 압력이 가해져도 중간이 구부러지지도 않았고 턱을 갖다 대도 불편하지 않았다. 핫도그 한 봉지를 왼손, 손수 만든 받침대를 오른손에 들고 캘리를 찾았다. 핫도그를 보자마자 캘리는 꼬리를 흔들기 시작했다. 바닥에 스핑크스 자세를 하게 만든 후에 캘리의 턱 아래에 받침대를 슬그머니 밀어 넣었다. "터치"라고 말한 뒤 간식을 줬다.

이번에도 캘리는 빠르게 습득했다. 몇 번 반복하고 내가 "터치"라고 말하자마자 캘리는 긴장을 풀고 완전히 편하게 머리를 받침대 위에 뒀다. 폼 바를 캘리의 턱 1cm 정도 아래에 두고 캘리에게 신호를 주자 머리를 내리더니 턱을 받침대 위에 갖다 댔다.

다음 날에는 헤드 코일 안에서 '터치'를 연습했다. 캘리는 이것도 빠르게 터득했다. 받침대를 헤드 코일 내부에 가로로 걸쳐지도록 뒀다. 캘리는 빠르게 헤드 코일 안으로 들어가 받침대 아래에 발을 뒀다. 내가 "터치"라고 말하자 받침대 위에 머리를 툭 올렸다.

"잘했어!" 나는 캘리의 능력에 감탄했다. 이렇게 빠르게 학습하다니 믿기지 않았다. 캘리는 별일 아니라는 듯 그저 꼬리를 흔들었다. 근처에서 침을 흘리며 보고 있던 라이라도 헤드 코일 주변을 잘 서성이면 자기도 핫도그를 먹을 수 있다고 생각하는 것 같았다. 원하는 대로 핫도그를 주지 않으면 짖기 시작했다. 하지만 라이라는 장이 예민해서 핫도그를 너무 많이 먹으면 토해 버렸다.

매일 헤드 코일 안에서 받침대에 턱을 두는 연습을 했다. 하루하루 지날수록 받침대에 머리를 고정하고 있는 시간도 점차 길어졌다. 이렇게 일주일 동안 매일 연습한 결과, '터치'라는 지시 없이도 바닥에 헤드 코일을 두면 캘리는 곧장 들어가 받침대에 머리를 올려두는 수준까지 이르렀다.

캘리와 매켄지가 점차 더 복잡한 과제에 익숙해질 수 있도록 최종 자세에 도달하기 전 다양한 요소를 추가했다. 이 기법을 '역인쇄$^{\text{backward chaining}}$'라고 한다. 캘리가 헤드 코일 안으로 들어가는 법을 배웠기 때문에 이번엔, MRI 보어 모형 안에 헤드 코일을 놓았다. 캘리는 '헤드 코일 안에 들어가야 보상이 나온다.'는 사실을 알았기 때문에 튜브 안으로 들어가 헤드 코일 안에 자리를 잡았다. 나는 곧바로 캘리에게 보상을 줬다. 이후, 실제 MRI 기기의 환자 테이블 높이만큼 튜브를 들어 올렸다. 이제 캘리가 헤드 코일 안으로 들어가려면 전용 계단을 사용해야 했다. 많은 견주가 개가 소파나 침대 위에 쉽게 올라갈 수 있도록 반려견용 계단을 사용했는데, 이 계단은 플라스틱 소재로 만들어졌기 때문에 실제 MRI 기기 옆에 두고도 안전하게 사용할 수 있었다.

캘리에게 계단 오르는 법을 가르치는 데는 며칠이 걸렸다. 우선 계단 한 단마다 핫도그를 두자 곧장 가장 위까지 올라갔고 나는 일부로 목소리와 몸짓을 과장해서 캘리를 칭찬했다. 익숙해진 후에는 계단을 튜브 앞에 두고 헤드 코일 안까지 핫도그를 하나씩 뒀다. 캘리가 튜브에 들어가면 나는 얼른 튜브의 반대편으로 뛰어가 손가락으로 헤드 코일을 가리켰다. 캘리는 안으로 들어가 간식을 기다렸다.

 마지막이자 가장 어려운 훈련은 MRI 기기의 소음을 극복하는 것이었다. MRI 기기가 실제로 작동할 때 들리는 망치 두드리는 소리를 앤드류가 미리 녹음해 두었다. 처음에는 캘리와 매켄지가 주변 소음 수준에 익숙해지는 데 집중했다. 이후에 개들에게 맞는 MRI 기기 설정값을 찾아야 했다. 사람이 들어갔을 때보다는 약간 다른 소리가 날 것으로 예상했다. 그리고 캘리와 훈련하는 동안 스테레오 시스템을 통해 아주 낮은 볼륨으로 기기 소리를 틀어뒀다. 매일 볼륨을 조금씩 올렸다. 어느새 캘리는 소리에 신경 쓰지 않았다. 이제 캘리에게 귀마개를 씌워볼 차례였다.

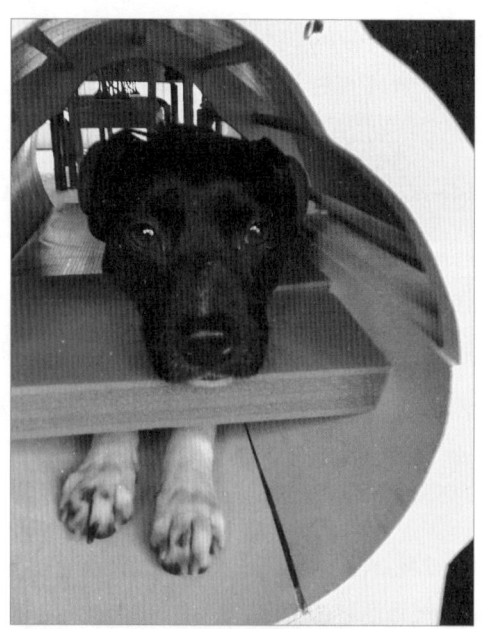

사진 7. 귀마개를 쓰고 헤드 코일 안에 들어가 폼 턱받이에 머리를 대고 있는 캘리의 모습
(출처: 그레고리 번스)

사람이 MRI 촬영을 할 때는 귀에 꽂는 귀마개를 착용한다. 하지만 자기 귀에 무언가를 꽂아도 가만히 있는 개는 아마 없을 것이다. 그리고 개의 외이도는 직각으로 구부러져 있기 때문에 귀마개가 그 구부러진 부분을 넘어가 버리면 영영 빼낼 수 없게 될지도 모른다. 그렇다면 유일한 대안은 귀를 덮는 귀마개였다. 놀랍게도 개용 귀마개를 만드는 회사인 세이프 앤드 사운드 펫츠Safe and Sound Pets를 찾아냈다. 이 회사는 '머트 머프Mutt Muffs'라는 제품을 만든다. 창립자는 소형 항공기의 조종사로 개를 데리고 비행에 나설 때 개에게도 귀마개를 씌워야 해서 만들게 되었다고 했다. 대부분의 머리에 맞도록 삼각형 모양으로 귀마개를 제작했다. 곧장 다양한 크기의 귀마개를 여러 개 주문했다.

캘리는 귀마개 쓰는 것을 썩 내켜 하지 않았다. 상당한 핫도그를 준 후에야 턱끈 사이로 코를 넣고 결국 귀마개를 머리 위로 놓는 데 성공했다. 그러고 나서도 발로 귀마개를 쳐서 떨어뜨렸지만 강제적으로 다시 귀마개를 씌우진 않았다. 마크의 조언에 따라 핫도그를 주기 전에 귀마개를 착용하는 시간을 조금씩 늘려갔다. 얼마 지나지 않아 캘리는 귀마개를 착용한 채로 계단을 올라서 튜브 안으로 들어가 헤드 코일의 받침대에 머리를 올려놓았다.

예상했던 것보다 모든 것이 빠르게 진행되었다. 내가 캘리를 훈련하는 동안 멜리사는 매켄지를 훈련했다. 훈련에 익숙했던 매켄지는 당연히 캘리보다 훨씬 빠르게 습득했다. 너무 순조롭게 흘러가 우리가 지금 개들에게 가르치고 있는 행동이 이들의 뇌에 어떤 영향을 미치는지 즉, 도그 프로젝트의 본질적인 목적에 대해 깊이 생각할 겨를조차 없었다.

비록 우리는 개에게 복잡한 행동을 가르치기 위해 기초적인 행동주의 원칙을 사용하고 있었지만, 실제로 이 모든 과정에 대해 개가 어떤 생각을 하고 있는지는 전혀 알지 못했다. 행동 그 자체에만 초점을 둔다면 개의 행동 이면의 이유가 무엇인지 또는 어떤 생각을 하고 있는지는 생각하지 않아도 된다. 하지만 개의 뇌를 촬영하는 단계까지 이르면 개의 행동 이면의 '생각과 동기'는 우리가 발견하게 될 결과에 상당한 영향을 미칠 수 있다. 단순히 핫도그를 얻기 위해서 어떤 행동을 하는 것과 칭찬을 받으려고 어떤 행동을 하는 것은 매우 다르다. 혹은 감히 말하자면 '사랑' 때문에 행동한 것은 뇌에서 완전히 다른 방식으로 나타날 것이다.

개들이 사람과 쉽게 어울리고 살아가는 것이 행동주의 이론만으로는 완전히 설명될 수 없다는 생각이 들었다. 그저 음식을 얻기 위한 단순한 행동을 넘어서는 풍성한 내면 세계가 있어야만 한다. 개는 자기가 있는 환경에 대한 정신적 모델을 갖추고 사회성이 강한 동물인 만큼 정신적 모델은 사회적 관계와 관련이 많을 것이다. 단순히 지배와 복종 위계 구조를 넘어 개든, 사람이든 식구를 어떻게 대해야 하는지, 이들과 어떻게 어울려야 하는지 그리고 그런 상호작용이 자신의 행복감에 어떠한 영향을 미치는지에 대한 더 유연하고 복잡한 모델일 가능성이 크다.

과연 누가 누구를 훈련하고 있는 것일까? 스키너와 파블로프의 말은 맞다. 하지만 부분적으로 옳았다. 이들의 발견과 주장은 행동을 훈련하는 데는 매우 효과적이다. 그들이 연구한 동물은 연구실에 갇힌 동물이었다. 그 공간에서는 인간이 쾌락과 고통을 완전히 통제할 수 있었다. 본래의 환경, 즉 사람과 생활하는 집에서 개는 사람과 훨씬 더 자연스러운 방식으로 소통하고 교류한다. 주는 게 있으면 받는 것이 있고, 서로의 반응을 시험해보는 과정도 존재한다. 개도 사람에게 그리고 사람도 개에게 말이다.

10.

죽은 양의 뇌

캘리와 매켄지가 훈련을 잘 소화해 준 덕에 실제 MRI 기기로 생각보다 빠르게 전환할 수 있게 되었다. 우리가 만든 헤드 코일과 튜브 모형은 기기와 상당히 비슷하기는 했지만 실제가 아니었기 때문에 한계가 있었다. 그리고 그 병원 특유의 냄새와 소리는 도저히 재현할 수 없었다. 막상 병원과 MRI실 안에서 개들이 어떻게 반응할지는 아무도 알지 못했다.

MRI 기기와 첫 만남은 무엇보다 중요했다. 개는 작은 것 하나만 부정적으로 느껴도 그 환경 전체에 대해 부정적인 인상을 받게 된다. 문이 쾅 하고 닫히는 큰 소리, 개를 좋아하지 않는 사람과의 만남 등을 통해 MRI 기기에 대해 부정적인 인상이 생겨 버리면 아예 기기 근처에도 가지 않으려고 할 수도 있다. 지금까지 해 온 모든 훈련이 무용지물이 되어 버리는 불상사가 발생하는 것이다.

가장 걱정되는 건 소음이었다. MRI 기기는 다양한 소리를 낸다. 자기장을 항상 유지하기 위해 자석 주위로 냉각수를 순환시키는 펌프와 같은 여러 장치가 지속적으로 작동되기 때문이다. MRI실에 들어가면 가장 먼저 들리는 것은 순환 펌프가 내는 소리다. 쿵쿵 심장 박동 소리 같기도 하다. 그리고 귀를 기울이면 헬륨을 압력 상태로 유지하는 압축기인 콜드 헤드 cold-head의 소리도 들리는데, 이를 기계의 숨소리라고도 한다. 살아 있는 생명체처럼 다양한 소리를 내는 이 기계에 개들은 어떻게 반응할까?

실제 촬영이 시작되고 나서도 상당히 큰 소리가 난다. 설정에 따라 다르지만 그 소리가 100데시벨에 이를 수 있다. 데시벨이 6씩 올라갈 때마다 소리의 압력이 두 배로 늘어나기 때문에 그 소리도 상당히 커진다. 사람 간의 일반적인 대화 소리는 약 60데시벨이다. 교통 체증에서 발생하는 소리는 80~90데시벨 그리고 콘크리트를 부수는 착암기 소음은 100데시벨이다. 100m 거리에서 들리는 제트기 엔진 소리는 데시벨이 120 정도로 사람에게 청력 손상을 입을 수 있다. 개의 경우, 정확히 몇 데시벨에서 청력 손상이 발생하는지 알지 못한다. 하지만 사냥할 때를 생각해 보면 유추해 볼 수 있다. 반복적인 충격 노출 후 많은 사냥견과 군견이 청력 손실을 입곤 하는데 사냥용 총알이 일으키는 소음은 170데시벨 수준이다. 귀마개를 착용하면 소음 수준을 20 또는 최대 30데시벨 정도 줄일 수 있다. 개는 사람보다 청력이 예민하다는 점을 감안하더라도 귀 보호 장비만 착용하면 캘리와 매켄지도 청력 손상을 입는 일은 없을 것이다.

하지만 MRI의 소음 그 자체만으로 전부를 설명하지 못한다. 기기에서 발생하는 소리가 클 뿐만 아니라 다양하기도 해서 이 점도 개에게 큰 영향을 미칠 수 있다. MRI는 어떤 뇌 촬영을 하는지에 따라 다른 소리를 낸다. 벌떼가 윙윙거리는 소리가 나기도 하고, 잠수함이 잠수를 준비할 때 들리는 경고음이 나기도 한다. 촬영마다 기기의 변수 설정이 다르고 프로그래밍된 변수의 조합에 따라 다른 소리가 난다. 매개 변수를 통해 뇌를 몇 개의 절편으로 나눌지, 절편의 두께는 얼마로 설정할지, 회색질(뉴런)이나 백질(뉴런 간의 연결) 또는 fMRI처럼 혈류 변화에 초점을 맞출 것인지 결정할 수 있다. 개의 뇌를 촬영할 때 정확히 어떤 소리가 날지 파악하려면 개의 뇌를 촬영하기 위한 정확한 변수를 설정해 스캔 시퀀스를 프로그래밍해야 한다. 하지만 지금까지 그 누구도 개의 뇌를 MRI로 촬영한 적이 없기 때문에, 적어도 fMRI는 더더욱 없기 때문에 기기를 어떻게 설정해야 할지 아무도 알지 못했다. 개를 기기 안에 넣으면 정확한 변수 설정을 파악할 수 있었지만 개를 기기 안에 넣을 훈련을 하려면 기기가 촬영 중 내는 소리를 녹음해야 했고 그러면 정확한 변수 설정이 필요했다. 나는 마치 자기 꼬리를 잡으려고 빙빙 도는 개가 된 기분이었다. 연구실 회의에서 이 난제를 두고 토론이 벌어졌다.

"스캐너 소리를 녹음할 때 사람을 기본 설정값으로 두면 어떨까요?" 리사가 먼저 말을 꺼냈다. "그래도 되겠지만 완전히 다른 소리가 나면 어떡하죠?" 내가 되물었다. "훈련에 사용하는 녹음된 소리와 실제 기기에서 나는 소리가 다르면 개들은 알아차릴 거예요. 자칫했다가는 개들이 겁을 먹어서 실제 촬영 때 문제가 될 수 있어요." 앤드류가 말했다. "대역이 필요할 것 같네요. 기기 설정을 조정하는 동안 개를 대신해서 기기 안에 들어가 있을 무언가 말이에요." 내가 말했다. 생각에 잠긴 리사의 이마에 주름이 잡혔다. 나머지 사람은 그저 땅만 쳐다보고 있었다. 혹시 누군가 이 말을 꺼내기 전에 내가 먼저 입을 열었다. "죽은 개를 사용하는 일은 없을 거예요." "그냥 마트에 가서 스테이크 한 덩어리 사서 넣어두면 어때요?" 개빈이 농담을 던졌다. "아, 그 유명한 죽은 연어 연구처럼 말이야?" 앤드류가 물었다.

몇 년 전 신경과학자들이 동네 어시장에서 연어를 사서 fMRI 촬영을 한 적이 있다. 그리고 연구 보고서에는 "촬영 당시에는 물고기가 살아 있지 않았다"라고 썼다. 학회에서 이 연구 결과를 발표했지만 대부분의 과학자는 그냥 농담으로 치부해 버렸다. 하지만 농담이 아니었다. 연구의 목적은 fMRI의 정확도를 측정하고 이 기술이 때로는 존재하지도 않는 뇌 활동을 있는 것처럼 보이게 한다는 사실을 증명하는 것이었다. 당연히 죽은 연어의 뇌에서는 아무런 활동이 일어나지 않았지만 부정확한 통계 기법을 통해 마치 뇌가 활동하는 것처럼 보이게 할 수 있다는 사실을 보여줬다.

개빈의 농담도 고려해 볼 만 했지만 스테이크(아니면 연어)로 개를 대체할 수는 없는 노릇이었다. "조금 더 개와 비슷해야 해요." 내가 말했다. "돼지는요?" 개빈이 다시 말했다. "너무 커요." "양은 어때요?" 앤드류가 말했다. "마트에 양 한 마리를 팔까요?" 나는 앤드류의 말에 흥미를 느꼈다.

동네에 있는 정육점 몇 군데 전화를 돌린 앤드류가 그나마 좋은 소식을 전했다. 양 한 마리 전체를 구하려면 농장에 직접 가야 했는데 양의 머리를 파는 곳 한 군데를 발견한 것이다. "양 머리는 수요일에 들어온다고 한 것 같아요. 그분 억양이 알아듣기 어렵긴 했는데 분명히 양 머리는 빠른 속도로 판매된다고 말했어요." 앤드류가 말했다. "오늘이 수요일이잖아! 서둘러야겠네요."

할랄 정육점은 별다른 간판도 없이 운영하고 있었다. 정육점이라고 할 것도 없이 편의점 뒤편에 카운터 하나를 두고 있었다. 편의점도 쇼핑몰이라고도 하기 어려운 허름한 곳에 있었고 벽 하나를 두고 불법 중동 영화 비디오 가게와 붙어 있었다. 정육점 안에 들어서자 수염 난 남자 세 명이 계산대에서 담배를 피우며 TV로 축구 경기를 보고 있었다. 앤드류와 나는 편의점 안으로 들어가 화려한 물담배가 진열된 곳을 지나 곧장 가게 뒤편으로 갔다.

정육점 카운터의 유리 진열장 아래에는 다양한 내장들이 놓여 있었다. 내가 알아볼 수 있는 건 콩팥뿐이었다. 나머지는 정체를 알 수 없었다. 어떤 동물의 내장인지도 알 수 없었다. 축구 유니폼 차림을 한 뚱뚱한 한 남자가 카운터 너머로 고개를 내밀고서는 강한 중동 억양으로 물었다.

"양 머리 때문에 전화한 분들 맞아요?"

"맞습니다."

"몇 개 필요해요?"

앤드류와 나는 서로 쳐다봤다. "몇 개를 가지고 계시는가요?" 내가 다시 물었다. "많이 있어요."

그의 대답에 앤드류와 나는 잠깐의 상의 끝에 만약의 경우를 대비해 하나를 더 사기로 했다. "두 개 주세요." 남자는 비닐 커튼 너머로 사라지더니 이내 당당한 걸음으로 양 머리 두 개를 들고 와서는 카운터 위에 놓았다. "냉동이네요?" 내가 물었다. "네, 신선하게 냉동된거죠." 남자가 대답했다. 양 같아 보이긴 했지만 털이 없으니 양이라고 하기에도 애매했다. 입술이 약간 뒤로 말려 있었고 얼굴은 찡그린 표정을 짓고 있었다. 크기는 적당했다. 라이라의 머리와 크기가 거의 똑같았다. 왠지 소름이 돋아 얼른 그 생각을 떨쳐내려 했다. "머리 말고 나머지 부분은 어디 있나요?" 내가 물었다. "머리밖에 없어요." 그는 대답했다. "뇌도 안에 있나요?" 남자는 손가락 하나를 입에 갖다 댔다. 음식을 좀 아는 사람이라면 무슨 말인지 아는 제스처였다. "네, 아주 별미죠."

양 한 마리를 통째로 얻을 수 있으면 가장 좋았겠지만 MRI 기기 안에 어떤 대상이 들어가면 자기장의 교란이 일어난다. 그리고 그 대상이 클수록 교란의 정도도 크다. 기기가 그 교란을 보완하는 과정에서 다양한 소리가 발생한다. 양의 머리는 크기가 개보다는 작아서 개가 기기 안에 들어갔을 때만큼 자기장의 교란이 발생하지 않는다. 이것보다 큰 것이 필요했다.

그때 앤드류가 진열대 아래의 무언가를 가리켰다. 그것은 송아지의 앞다리인데 발목 관절의 바로 윗부분 같았다. 실제 MRI 촬영을 할 때, 개는 검사대 위에서 스핑크스 자세를 취해야 한다. 턱을 받침대에 올려둔 채 머리를 똑바로 들고 앞발은 앞으로 쭉 뻗는 자세다. 송아지의 발굽을 개의 앞발 삼아 시뮬레이션을 진행하면 되겠다고 생각했다.

양 머리와 송아지 발굽을 잘 조합하면 기기 중간에 위치한 개 머리와 다리 부분의 형태와 질량을 거의 정확하게 재현할 수 있을 것 같았다. 계산을 마치고 양 머리 두 개와 송아지 발굽 한 쌍을 들고 연구실로 돌아왔다.

연구실 내 채식주의자들은 이 모습을 보고는 기겁할 것 같았지만 어쨌든 냉동된 양 머리를 하루 동안 녹이고 다음 날 저녁에 MRI 촬영을 할 수 있도록 예약했다. 죽은 동물을 대상으로 MRI 촬영을 할 때는 되도록 조용히 진행하는 게 좋기 때문이다. 녹고 나니 양 머리에서 액체가 뚝뚝 떨어져 냉동되어 있을 때보다 훨씬 보기 끔찍했다. 두 눈은 막이 씌어 있는 것처럼 불투명했다. 앤드류와 나는 모든 부분을 이중으로 잘 포장해서 MRI실로 향했다.

그날 저녁 당직을 서고 있던 중국인인 물리학 박사 레이 저우$^{Lei\ Zhou}$가

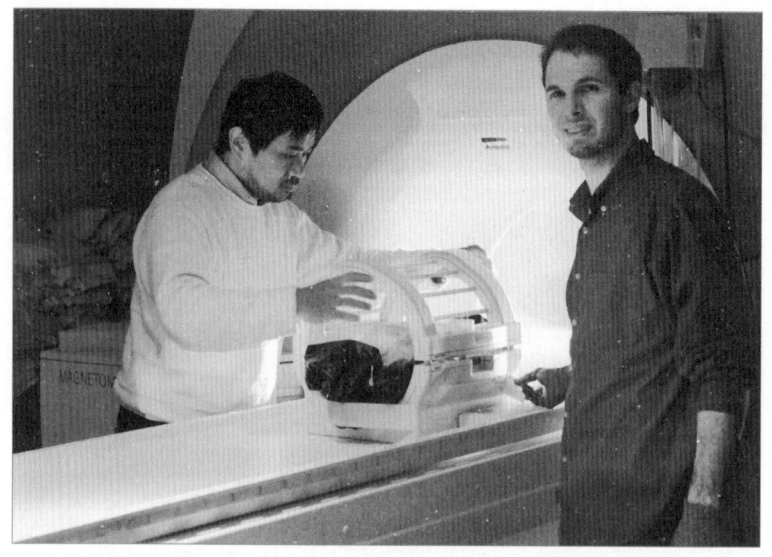

사진 8. 양의 머리를 MRI로 촬영할 준비를 하는 레이와 앤드류 (출처: 그레고리 번스)

맞이했다. MRI 기술에 대한 뛰어난 지식과 그의 영어 실력은 비례하지 않았다. 안 그래도 하려는 일이 특이해서 걱정이었기에 부디 서로의 말을 잘 알아들을 수 있길 바랐다.

짐을 가지고 와 기기의 헤드 코일에 맞춰 배치하기 시작했다. 내가 폼 패드로 각 부위를 받쳐 놓고 레이는 코일의 윗부분을 기기에 연결해서 모든 부위를 기기 중간으로 밀어 넣었다.

MRI에 어떤 물체를 넣으면 자기장이 그 물체 안의 원자들을 당긴다. 살아 있는 세포나 양의 머리와 같이 한때 살아 있던 세포 내에는 수소가 가장 많다. 물 분자 하나에는 수소 원자가 두 개 있고, 사람의 신체는 60% 이상이 수분으로 구성되어 있다. 뇌에도 수소가 풍부하게 존재한다. 뉴런과 그를 지지하는 글리아 세포의 외막에는 지방과 콜레스테롤이 풍부하기 때문에 그 속에도 수소 원자가 많다.

수소 원자는 양성자 한 개 그리고 전자 한 개로 구성되어 있다. 양성자는 팽이처럼 빠르게 회전하는데, 보통 무작위로 회전하지만 MRI 안에서는 자기장 방향과 일치하도록 정렬된다. 그리고 팽이가 돌아갈 때 살짝 흔들리는 것처럼 양성자도 약간 흔들린다. 자기장이 강할수록 양성자가 흔들리는 진동 속도도 빨라진다. 흔들리는 것과 정확하게 일치하는 양성자에 라디오파를 가하면 양성자는 더 높은 에너지 상태에 도달한다.

이것을 '자기 공명magnetic resonance'이라고 한다. 원자의 종류에 따라 공명하는 주파수는 다르다. 사용하는 기기의 강도로는 수소가 127MHz에서 공명 현상이 발생하는데, 이는 라디오파 범위에 속하며 FM 방송의 주파수 바로 너머의 범위에 있다. 신체를 구성하는 또 다른 요소인 탄소는 32MHz에서 공명 현상이 발생한다.

MRI는 체내 특정 원소에 라디오파를 전사하는 방식으로 작동하는데 대부분의 경우 수소에 자기장이 걸린다. 수소 원자가 가장 많이 존재하고 자기장에 가장 민감하게 반응하기 때문이다. 라디오파가 전사되지 않을 때 양성자는 원래의 상태로 돌아가는데 이 과정에서 진동하는 자기장이 발생한다. 이 신호는 안테나를 통해 포착할 수 있다. 헤드 코일은 간단하게 설명하자면 뇌 속 양성자로부터 이러한 신호를 잡아내는 FM 라디오 안테나라고 할 수 있다.

하지만 모든 양성자가 같은 양상을 보이는 것은 아니다. 물 분자의 양성자는 지방 분자의 양성자와 약간 다른 양상으로 흔들린다. MRI는 그 미세한 차이를 감지할 수 있으며, 컴퓨터의 도움을 받아 이 차이들을 시각 이미지로 변환해 분자의 유형과 위치를 나타낼 수 있다.

총 세 종류의 촬영을 진행해야 했다. 첫 번째는 로컬라이저 촬영으로 몇 초밖에 걸리지 않는 촬영이지만 머리의 위치와 방향을 보여주는 스냅샷 같은 이미지를 볼 수 있다. 양 머리의 로컬라이저 촬영 결과물은 괜찮았다. 뇌를 명확하게 볼 수 있었고 사람을 대상으로 한 기기의 설정을 양 머리 촬영에도 적용할 수 있을 것 같았다. 다음은 구조적 영상 촬영을 진행했다. 사람을 촬영할 때는 해부학적으로 최대한 자세히 보는 것이 좋지만 그만큼 분명하게 보기 위해서는 고해상도 이미지가 필요하고 해상도가 높아질수록 시간이 오래 걸린다. 1mm 정도의 작은 크기의 구조를 확인할 수 있을 정도로 선명한 이미지를 얻으려면 6분이 걸린다.

사람이라면 6분을 가만히 있는 게 문제 될 것이 없지만 개의 경우에는 그렇지 않다. 나는 레이에게 30초 이상 걸리지 않는 구조적 촬영의 시퀀스를 만들어야 한다고 말했다. 대부분의 개가 가만히 있을 수 있는 최대 시간이 30초라고 생각했기 때문이다.

이는 생각보다 어려웠다. 일반적인 구조적 영상 촬영은 그렇게 빠르게 완료할 수 없어서 다른 유형의 촬영으로 바꿔야 했다. 이전만큼 세세하게 모든 부분을 확인할 수는 없었지만 결국 30초 이내의 촬영으로 꽤 괜찮은 이미지를 만들어내는 매개변수의 조합을 찾아냈다.

    뇌를 어떤 방향으로 보는 것이 가장 좋을지 상당히 많은 고민을 했다. MRI를 디지털화된 빵 자르는 기계라고 생각해 보자. 빵을 어떤 방법으로 자르는 것이 가장 좋을지 고민한 것이다. 왼쪽에서 오른쪽으로, 위에서 아래로 또는 앞에서 뒤로 자를지 결정해야 했다. 사람의 머리는 거의 구 모양에 가까워서 어떤 방향으로 자르든 크게 상관이 없다. 하지만 개의 뇌, 양의 뇌도 횡단으로는 길쭉하고 종단으로는 비교적 평평하다.

    양의 머리가 이미지화되어 컴퓨터 화면에 뜨는 것을 보면서 뇌가 머리에서 차지하는 비중이 참 작다는 생각이 들었다. 머리의 대부분이 코와 근육이었다. 콧속에 있는 공기주머니는 MRI 촬영에 방해가 될 수 있다. 공기에서 두개골로 바로 이어지게 되면 조직 밀도가 급격하게 변화하고 자기장의 왜곡을 일으켜 이미지가 뒤틀릴 수 있기 때문이다. 절편의 방향을 신중하게 선택해야 이렇게 이미지가 뒤틀리는 현상을 최소화할 수 있다. 절편 방향을 앞에서 뒤로 자르는 것이 최선이라고 판단했다.

    마지막은 기능적 영상 촬영을 시도할 시간이 왔다. 기능적 촬영은 2초 정도의 간격으로 뇌가 활동할 때 발생하는 대사 변화를 탐지한다. 피험자가 어떤 행동을 하는 동안 기능적 촬영을 계속 진행함으로써 뇌 활동이 어떻게 변화하는지 알아볼 수 있다. 기능적 촬영을 영화의 개별 프레임이라고 생각하면 된다. 한번 촬영하는 데 2초밖에 걸리지 않지만 어떤 활동을 촬영하는지에 따라 기기 안에서 약 1시간 반 동안 머물러야 할 수도 있다. 이런 방식으로 30분 동안 1분에 30번의 촬영을 통해 총 900장의 기능적 이미지를 얻을 수 있다.

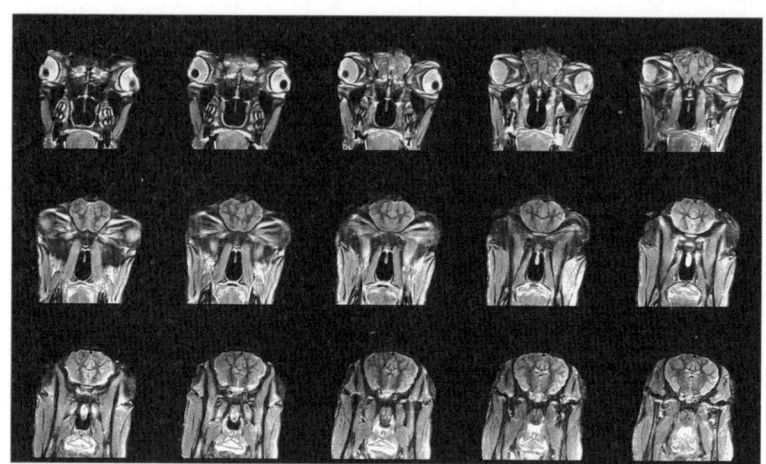

사진 9. 양 머리의 해부학적 이미지. 절편 방향은 앞에서 뒤로 잘라냈다. 가장 윗줄에서 양의 안구가 보이고, 중간과 마지막 줄에서 조금 더 명확하게 뇌가 나타난다. 큰 검은색 구멍은 코의 비강(콧속)이다. (출처: 그레고리 번스)

양은 죽은 상태이기 때문에 뇌에서 어떠한 활성화를 볼 수 있으리라고는 당연히 기대하지 않았다. 다만 뇌 전체를 촬영하는 데 절편이 몇 개 필요할지 그리고 효과적으로 촬영하기 위해서 뇌의 방향을 어떻게 설정할지에 대한 정보를 얻을 수 있었다. 앤드류와 나는 이 MRI 기기의 시퀀스가 작동하는 소리를 녹음했다. 이제 캘리와 매켄지에게 MRI 기기 안에 들어갔을 때 들을 소리에 노출시키고 이 소음에 점차 적응시키는 과제가 남았다.

11.

당근 대신 채찍

이제는 헤드 코일 안으로 들어가 받침대에 턱을 갖다 대는 것은 일도 아니었다. 핫도그 봉지가 바스락거리는 소리를 듣자마자 캘리는 단번에 눈치를 챘다. 그러고는 부엌으로 달려들어와 엉덩이를 씰룩씰룩 흔들며 기대감에 가득 찬 눈으로 나를 쳐다봤다.

"훈련 좀 해볼까?" 나는 목소리를 높여 말했다. 이제 실제 MRI 기기의 크기와 비슷한 시뮬레이터로 훈련을 진행해야 했기 때문에 더 이상 지하실에서 훈련할 수 없었다. 집에서 시뮬레이터를 둘 수 있는 유일한 곳은 거실이었다. 한때는 거실에 캣의 고급스러운 취향이 가득 묻은 소파와 커피 테이블이 자리했는데 MRI와 비슷하게 생긴 거대한 물체가 차지한 것을 보고서는 캣이 눈을 흘기며 물었다.

"진짜 여기 밖에 둘 데가 없는 거야?"

"지하실로 옮기기에는 너무 무거워. 문으로 들어갈 것 같지도 않아."

"밖으로 옮길 대책도 없이 이걸 거실에서 만들었다고?"

"아니, 아니 그게 아니라 분해는 할 수 있어." 나는 캣을 안심시키려 다급하게 말했다.

밴드를 한답시고 한때 차고에서 기타를 휘두르던 시절에 사용했던 PA 시스템$^{Public\ Address}$(시스템으로 전자 음향 증폭 시스템을 의미)에 수북이 쌓인

먼지를 털어내고 거실에 설치했다. 스피커가 튜브를 향할 수 있도록 스탠드에 올려놓을 때 헬렌이 거실로 들어왔다.

"그건 뭐예요?"

"MRI 기기에서 나는 소리를 틀거야. 이걸로 틀어야 그나마 크게 들을 수 있거든." 내가 설명했다.

헬렌은 알아들었다는 듯 고개를 끄덕였다. 그리고 나를 도와 케이블 선을 앰프에서 스피커로 연결했다. MRI의 진동을 느낄 수 있도록 스피커 하나를 튜브 측면에 두고, 다른 하나는 튜브 내부에서 기기가 작동할 때 나는 소리를 재현할 수 있도록 튜브 끝 쪽에 뒀다.

"아빠."

"왜?"

"캘리가 MRI 촬영할 때 같이 가도 돼요?"

예상치 못한 질문이었기에 왜 그런 마음이 들었는지 궁금했다.

"실험이 왜 보고 싶어? 실패할지도 모르는데."

"알아요. 그래도 보고 싶어요."

"혹시 학교에 가기 싫어서 그러니?"

헬렌은 돌아서서 "그럴 수도 있고요"라며 중얼거렸다. 하지만 이내 다시 말을 바꿨다. "그런데 그게 다는 아니에요. 정말 실험을 보고 싶기도 하단 말이에요. 진짜 과학은 정말 재미있는 거라고 항상 말씀하셨잖아요. 학교에서보다 실험하는 걸 보면 더 많이 배울 수 있지 않을까요?"

그런 논리는 차마 반박할 수 없었다.

"한 번 생각해 볼게."

과학 수업을 일주일 듣는 것보다 도그 프로젝트 실험을 한 번 보는 것이 훨씬 더 유익하다는 것은 나도 알고 있었다.

당시 헬렌은 중학교 1학년이었는데 초등학교에서 중학교로 올라가면서 헬렌뿐만 아니라 캣과 나도 상당히 놀랐다. 우선 초등학교에 비해 숙제의 양이 훨씬 많아졌다. 그리고 기본 과목인 수학, 영어, 사회에다 중학교 1학년은 모두 필수로 라틴어 수업을 들어야 했다. 커리큘럼 위원회는 라틴어를 배운 아이들이 더 높은 SAT점수를 받았다는 내용의 연구를 아이들에게 보여주면서 라틴어 수업을 들으면 점수가 높아질 거라고 말했다고 한다. 하지만 이는 상관관계와 인과관계를 혼동한 것이다. 라틴어 수업을 들은 아이들의 SAT점수가 높았다고 해서 라틴어가 원인이라고 볼 수는 없다. 그 아이들이 더 높은 SAT점수를 받았던 것은 이미 단어를 많이 알고 있거나, 다른 언어를 배우는 것을 좋아하기 때문일지도 모른다.

더 안타까운 사실은 라틴어 수업이 문제가 아니었다는 점이다. 과학 수업이 더 큰 문제였다.

학기 초기에 나는 헬렌에게 과학이란 늘 변하는 것이라고 설명했다. 이 말에 헬렌은 "그럼 내가 지금 배우는 게 틀렸을 수도 있다는 말이에요?"

"일부는 그럴 수도 있지."

"그럼 왜 배워야 해요?"

'나라에서 배우라고 하니까'라는 말이 튀어나올 뻔했지만 속으로 삼키고 "과학을 통해서 세상의 질문에 답을 할 수 있어. 네가 지금 배우는 건 지금 이 세상을 이해하는 방법이지. 더 많이 배울수록 이 세상을 더 많이 이해할 수 있게 돼."

"그래도 과학은 정말 싫어요."

헬렌의 마음이 이해가 가지 않는 것은 아니었다. 헬렌은 미 남동부의 미시시피 델타와 피에몬테 지역의 지질학과 기상 시스템에 대한 사실을 외

우려고 정말 애썼다. 하지만 아무리 열심히 외워 가도 정작 학교에 가면 과학 선생님은 고등학교나 대학교 입문 수업에서나 배울 것 같은 모호한 질문만 하는 것 같았다.

헬렌이 MRI 촬영에 따라올 수 있냐고 물었을 때는 새 학기가 막 시작한 무렵이었다. 다음 날 아침 헬렌과 나는 버스 정류장에서 학교 버스를 기다리고 있었다.

"혹시 이번 주에 시험 있니?"

내 질문에 헬렌의 얼굴은 새하얗게 질렸다. "오늘 무슨 요일이에요?"

"화요일이야."

"오늘 과학 시험이 있는 것 같아요."

화가 머리끝까지 났다. "헬렌, 주말을 포함해서 3일이나 쉬었는데 공부는 하나도 안 했다는 말이야?"

"잊어버렸어요."

"그런데 나를 따라간다고 학교를 빠진다고 한 거야?"

헬렌의 눈에 눈물이 고이기 시작했다.

"시험에 뭐가 나올지 알고 있어요."

"공부도 안 했는데 시험에 뭐가 나올지 어떻게 안다는 말이니?"

헬렌은 입을 꾹 닫고 아무 말 없이 버스에 올라탔다. 헬렌이 학교 공부에 집중하지 않는 것 같아 화가 난 채로 집으로 걸어갔다.

그날 헬렌이 하교하면 조처를 해야겠다고 캣과 이야기를 했다. 이전에 시험에서 80점 이하를 받으면 더 높은 점수를 받을 때까지 컴퓨터 사용을 제한했다. 컴퓨터 게임을 하느라 시간을 낭비하지는 않았지만 그 시간에 딱히 공부하지는 않았다. 대신 삐쳐서 혼자 방에서 들어가 있었다. 입을 꾹 닫고 침묵하는 기술만 늘어갔을 뿐이다.

식구가 된 순간부터 캘리는 알파 기질을 보였다. 세자르 밀란$^{Cesar\ Millan}$의 말을 빌리자면 캘리는 무리의 대장이 되고 싶어 했다. 스스럼없이 가구에 풀쩍 올라갔고 라이라가 씹던 개껌을 아무렇지 않게 빼앗아 놀리는 듯 몇 발짝 걸어가 떨어뜨려 놓았다. 마치 '먹잇감'을 먹을 권한이 있는 개는 자기라는 것을 알려주는 듯했다. 분명히 캣과 내가 자는 침대인데 캘리가 침대에 올라오면 불편하게 잠들어야 했다. 캘리를 통해 잠자는 개는 건드리지 말라는 말을 경험했다. 불편해서 조금이라도 캘리를 움직이려고 하면 그 작은 몸에서 믿기지 않을 만큼 사나운 소리가 났다.

식욕도 보통 왕성한 게 아니라서 부엌 카운터에 음식도 마음대로 올려 놓을 수 없었다. 주둥이가 길어서 눈높이보다 훨씬 높은 곳에 음식을 둬도 카운터 위의 음식을 끌어내릴 수 있었다. 한 번은 딱 혀가 닿는 길이에 호박파이를 둔 적이 있었는데 무려 파이의 절반을 아주 깔끔하게 먹어 치워 둔 적도 있었다. 그 이후로 앞발을 카운터 위에 올리고 있으면 바로 내려오라고 소리를 질렀다. 그렇게 하면 말을 듣기는 했지만, 몇 분 이내에 다시 슬그머니 발을 올리고 먹을 걸 찾았다.

이런 고집 때문에 캘리가 도그 프로젝트에 참여할 수 있을지 의문이었다. 하지만 내가 문제라고 생각했던 행동은 학습 능력과는 아무런 관련이 없다는 사실을 깨달았다. MRI 기기 안에 들어가는 것과 같은 복잡한 일을 배우는 것을 넘어서서 즐기는 법도 배우는 게 가능했다.

혹시 헬렌도 이런 과정을 겪고 있진 않을까 궁금했다. 과학 시험에서 좋은 점수를 받지 못하면 헬렌을 혼내고 나서 가벼운 벌을 줬다. 처벌은 특정한 행동을 형성하는 데는 효과적일 수 있지만 처벌에 대한 두려움이 있을 때만 효과적이다. 이 점은 매우 중요해서 다시 한번 말하자면 처벌에 대한 두려움이 행동 변화를 일으킨다. 그 두려움이 사라지는 순간 행동도 원래대로 돌아간다. 처벌은 추후에 또 그런 행동을 하면 벌을 받을 수 있다는 협박으로만 작용할 뿐 이미 일어난 행동을 바꾸는 데는 전혀 효과가 없다.

헬렌이 공부를 하지 않은 것은 이미 지나간 일이었다. 외출을 금지하는 벌을 준다고 한들 갑자기 시험에서 좋은 점수를 받을 수도 없는 노릇이었다. 외출을 금지하면 공부를 더 열심히 하게 될까? 그럴지도 모르지만 처벌에 대한 두려움에서 비롯된 행동보다 더 좋은 방법은 없는 걸까?

나는 캣의 의견을 구했다.

"나도 애들이 공부를 안 한다고 처벌하는 건 별로야." 캣이 말했다.

"헬렌이 스스로 공부를 하길 원하면 좋겠어. 그런데 그 교과서로 공부하라고 하면 나라도 하고 싶지 않을 거야."

"그럼 어떻게 하지?" 캣이 물었다.

"채찍은 좀 줄이고 당근을 좀 더 주는 건 어때?"

그날 저녁 캣과 나는 계획을 바로 실행으로 옮겼다. 예상했듯이 헬렌은 시험을 잘 못 본 것 같다며 우울한 표정으로 식탁에 앉아 음식을 깨작거렸다. 매디는 눈치를 보며 아무 말 하지 않았다.

나는 중대한 발표를 하듯 근엄한 목소리로 말했다. "엄마와 나는 헬렌 네가 도그 프로젝트를 보고 싶다는 말을 진지하게 생각해 봤어." 혼날 것으로 생각했는지 헬렌은 그릇만 내려다봤다.

"정말 촬영하는 걸 보고 싶니?"

"네" 헬렌의 목소리에서 간절함이 느껴졌다.

"엄마랑 이야기해 봤는데, 아주 특별한 일이고 처음이자 마지막으로 있을 일일지도 모르니까 널 데려가기로 했어."

"정말요?" 헬렌이 기뻐 소리쳤다.

"정말 그렇게 가고 싶니?" 헬렌은 고개를 세차게 끄덕였다.

"알겠어. 그런데 조건이 있어."

"뭔데요?"

"과학 수업에서 A를 받아야 결석할 수 있어. A를 받으면 데리고 갈게. 도그 프로젝트는 아빠한테도 무척 중요한 일이기 때문에 너도 꼭 올 수 있으면 좋겠구나."

"할 수 있어요!" 헬렌이 자신감 넘치는 목소리로 말했다.

이후 며칠간 긍정적 강화는 내가 바라던 효과를 가져왔다. 여전히 과학 공부하는 것을 즐기진 않았지만 숙제하기 싫어하던 태도는 눈에 띄게 좋아졌다. 열심히 플래시 카드를 만들고 공부에 정말 진지하게 임하는 것 같았다. 캣과 나는 '개를 훈련하는 이론'을 십 대 자녀에게 성공적으로 적용해 낸 것을 자축했다. 하지만 섣부른 낙관이었다. 개 훈련처럼 세부 사항에 신경 써야 그 효과의 진가를 맛볼 수 있다는 점을 간과했다.

캘리가 훈련에서 좋은 성과를 보인 이유는 내가 캘리에게 기대하는 바를 명확하게 전달하는 방법을 알았기 때문이다. 한 번에 아주 조금씩 진도를 나가면서 끊임없이 보상을 줌으로써 학습의 효과를 봤다. 하지만 훈련 대상에게 바라는 행동의 수준이 높다면 보상은 얻을 수 없는 것이 되고 보상을 위해 노력하고자 하는 동기 자체가 서서히 사라진다.

헬렌의 경우, 내가 헬렌에게 바라는 행동은 명확했다. 과학 수업에 A를 받는 것. 하지만 이때 간과한 것이 하나 있다. 바로 과학 선생님의 예측 불가능한 행동이었다. 헬렌이 충분히 노력하면 선생님이 좋은 점수를 주리라 생각했다. 이는 나의 잘못된 판단이었다.

아주 잘못된 판단이었다.

일주일간 그토록 열심히 공부한 결과는 75점이었다. A를 받을 가능성은 희박했다. 적어도 도그 프로젝트 날까지 A를 받기란 불가능에 가까웠다.

"진짜 노력했어요. 그런데 시험이 너무 어려웠어요." 헬렌이 말했다.

캣과 나는 입장이 난처해졌다. 헬렌은 바라던 결과를 달성하지 못했다. 캘리가 그랬다면 내가 원하는 행동을 할 때까지 다시 시켰을 것이다. 하지만 도그 프로젝트 날까지는 고작 일주일 밖에 남아 있지 않았고 내가 통제할 수 없는 요소인 시험의 공정성까지는 차마 고려하지 못했던 것이다.

물론 헬렌은 더 노력할 수도 있었다. 이미 한 학기가 거의 끝나가는 시점이었기 때문에 선생님이 어떻게 시험 문제를 낼지 예상할 수 있었다. 하지만 이런 건 중요하지 않았다. 헬렌은 내가 요구한 것, 더 열심히 공부하겠다는 약속을 지켰다. 이 곤란한 상황에서 내놓을 수 있는 타협안은 더욱 명확하고 확실하게 헬렌에게 기대하는 바를 전달하는 것이었다. 그리고 헬렌 스스로 전적으로 통제할 수 있는 행동이어야 했다.

"그래도 MRI 촬영에 데려가긴 할 거야. 시험이 까다로웠을 건 알아. 그래서 말인데 촬영 날까지 매일 하루 한 시간씩 더 공부하는 건 어때?"

"그렇게 하면 갈 수 있어요?"

"응, 그런데 정말 공부해야 할 자료를 공부하고 있는지 확인해야 하니까 나나 엄마랑 공부해야 해."

이미 매일 한두 시간을 숙제에 할애하고 있었기 때문에 내 제안이 달갑진 않았겠지만 마지못해 받아들였다.

그날 밤 헬렌은 나와는 공부하지 않겠다고 했다. 하지만 그 후 이틀이 지나자 헬렌의 마음속 서운함이 조금 가셨는지 과학과 수학 개념을 나와 같이 복습한다고 했다. 내가 설명하는 개념이 시험에 출제될 수많은 사실을 이해하고 기억하는 데 도움이 되길 바랐다. 하지만 그보다 헬렌이 나와 같이 기대와 흥분되는 마음으로 도그 프로젝트를 경험하고 진짜 과학이란 어떤 것인지 직접 보길 진심으로 바랐다.

12.

감정 차원 모델

캘리와 최종 연습을 진행하면서 MRI 기기 그 자체에 적응하는 훈련보다 '촬영'이라는 경험 전체에 익숙해지는 것이 더욱 중요하다는 사실을 깨닫게 되었다. 실제 촬영을 진행하는 날 침착하고 차분함을 유지하는 게 관건이었는데 촬영 환경에 노출되는 빈도가 높을수록 촬영 당일에 더욱 유리했다. 어질리티 대회 경력이 많은 매켄지는 차로 이동하는 데 익숙했다. 하지만 캘리는 대부분의 시간을 집에서만 보냈고 차로 이동하는 것에 익숙하지 않았다. 그도 그럴 것이 차로 타고 이동한 곳이 대부분 예방 접종을 위한 동물병원 또는 그 비슷한 곳이었기 때문이다. 그래서 캘리를 데리고 출근하기 시작했다.

일단 캘리를 차에 태우는 게 가장 힘들었다. "같이 출근할까?"라는 말에는 차고의 문으로 달려가 다리에 스프링이 달린 것처럼 풀쩍풀쩍 뛰었지만 자동차 문을 열기만 하면 꼬리를 다리 사이에 넣고 뒷걸음질 쳤다. 내가 안아서 앞좌석에 태우면 마치 석상이 된 듯 몸이 빳빳하게 굳었다. 이동 중에도 절대 긴장을 풀지 않고 운전하는 내 무릎에 계속 앉으려고 안달이었다. 결국 어느 정도 합의점을 찾았다.

캘리는 선 채로 뒷다리를 조수석에 두고 앞다리는 나를 향해 콘솔에 올려두는 자세로 이동했다. 집에서 캠퍼스까지는 차로 30분 걸렸는데 캘리는 그 30분 내내 몸을 떨었다. 얼마나 긴장해서 떨었는지 털이 빠져서 차에서 캘리가 내리고 나면 좌석에 까만 털이 수북할 정도였다. 차에서 내리면 다시 발랄한 캘리로 돌아왔다. 주차장에서 연구실까지는 걸어서 얼마 걸리지 않았는데 마주치는 사람은 캘리와 나를 보고 모두 흐뭇한 미소를 지었다. 캘리는 연구실 앞에 있는 허리 높이 정도 되는 돌담 위에 폴짝 올라가 마치 외줄 타기 하는 서커스 개처럼 아슬아슬하게 걸었다.

연구실 안에 들어와서는 혹시 남은 음식이 있을까 모든 쓰레기통을 뒤지고 다녔다. 음식이 없다는 걸 확인하고 나서는 연구실에 있는 사람을 한 명씩 찾아갔다. 리사는 캘리에 눈높이에 맞춰 몸을 낮추고 "캘리야!"라고 사랑스럽게 이름을 불러줬다. 그러면 캘리는 뒷다리로 서서 리사의 얼굴을 핥아댔다. 물론 남성 팀원들도 캘리를 좋아했다. 애정 표현은 좋아하는 만큼 하지 않았지만 테니스공을 던지며 캘리와 놀아줬다. 하지만 골든리트리버과와 거리가 먼 캘리는 공놀이보다는 털이 있는 작은 동물 잡기 놀이를 더 좋아했다.

캘리를 데리고 출근할 때마다 집에 있는 캘리의 장난감을 하나씩 가져갔다. 이내 연구실 바닥에는 개껌과 개 장난감이 여기저기 널브러지게 되었다. 방 한구석에는 캘리의 물 접시가 또 다른 구석에는 캘리가 낮잠을 잘 수 있는 간이침대가 들어왔다. 연구실은 캘리에게 제2의 집이 되어가고 있었다.

선견지명이었을까, 우리는 공식 동물실험윤리위원회[IACUC]의 프로토콜에 일부러 '프로젝트를 위해 참여하는 개는 MRI 촬영 환경에 익숙해져야 한다'는 조항을 넣었다. 촬영 당일에 개가 당황해서 뛰쳐나가는 일을 방지하기 위해 포함해 둔 것이었다. 그리고 실제 목적은 최소한의 위험도 무조건 피하고 보자 하는 변호사들을 안심시키기 위한 것이었다. MRI 기기가 있는 실험실뿐만 아니라 실험을 준비하는 공간인 연구실에 익숙해져야 한다는 부수적인 이점도 따랐다. 캘리를 연구실에 데리고 오는 것은 그저 프로토콜의 일환이었다.

이후 적합한 피험자를 선정해야 했다. 마크는 피험자가 이상적으로 갖춰야 할 특성을 목록으로 작성해 줬다. 차분하고, 새로운 환경에 잘 적응해야 하고, 낯선 사람과 낯선 개와 잘 어울려야 하고, 호기심이 많아야 하고, 큰 소음과 높은 곳을 무서워하지 않아야 하고, 귀마개 착용이 가능한 개여야 했다. 이 특성 역시 공식 IACUC 프로토콜에 기재해 뒀다.

이미 첫 대상자로 캘리와 매켄지를 선정해 둔 상태였지만 두 마리로는 부족했다. 혹시 캘리와 매켄지가 실험 당일 MRI 기기 안에 들어가지 못할 사태를 대비해 예비로 몇 마리를 추가로 더 선정해야 했다. CPT에서 실험에 참여할 개들을 위한 시험을 볼 수도 있었지만 연구실에서 오디션을 보는 것이 훨씬 쉬웠다. 하지만 그 개들은 아직 공식적으로 실험견이 아니기 때문에 IACUC 규정에 해당되지 않았고 애완동물도, 실험견도 아닌 애매한 회색 지대에 놓이게 되었다. 그리고 애완동물은 캠퍼스 출입이 허용되지 않았다.

하루는 앤드류가 애완견 토이푸들 데이지를 데리고 왔다. 성질이 까다로운 편인 데이지는 긴장하고 불안하면 짖는다고 미리 귀띔을 받긴 했지만 자주 불안을 느끼는지 꽤 많이 짖었다. 이미 연구 규칙을 어길 듯 말 듯 아슬아슬하게 줄타기를 하고 있었던 탓에 개 짖는 소리 때문에 민원까지 들어오면 상황이 곤란해질 수 있었다. 다행히 데이지는 크게 말썽을 피우지 않았다. 주인 곁에서 잘 떨어지지 않았고 앤드류도 데이지를 데리고 연구실에 오래 있지 않았다. 앤드류는 데이지 말고도 아메리칸 에스키모인 모찌도 키웠는데 모찌는 흥분하면 여기저기 실수를 하는 편이라 연구실에 데리고 올 엄두를 내지 못했다.

앤드류에 이어 다른 팀원도 하나둘씩 개를 데리고 오기 시작했다. 하루는 연구실에 오니 런던과 레이냐라고 하는 아름다운 허스키 두 마리가 나를 맞이했다. 그리고 또 하루는 리사의 골든두들인 셰리프가 연구실에 방문했다. 셰리프는 골든리트리버와 스탠더드 푸들의 교배종으로 곱슬곱슬한 황금빛 털이 인상적이었다. 안타깝게도 몸이 너무 커서 도그 프로젝트에는 참여할 수 없었다.

개들의 방문은 연구실 분위기에 상당한 영향을 미쳤다. 연구실 분위기는 한층 편해졌다. 연구에 조금 문제가 생겨도 한층 느긋하게 대처했다. 개가 지나가면서 부드러운 털이 팔에 스치고, 손에 축축하고 부드러운 코가 닿는 것은 생각보다 그 효과가 대단했다. 팀원들의 스트레스 감소에 큰 영향을 미쳤고 전반적으로 연구실 내 웃음이 많아졌다.

직장에 반려견을 데리고 오는 것이 얼마나 긍정적인 영향을 미치는지는 연구를 통해 이미 잘 알려져 있다. 버지니아 커먼웰스 대학교의 교수이자 인간-동물 상호작용 센터Center for Human-Animal Interaction의 책임자인 샌드라 바커Sandra Barker는 10년 넘게 직장 내 반려동물이 미치는 영향을 연구해 왔다. 2012년, 바커의 연구팀은 반려견을 직장에 데리고 오는 직원의 스트레스 수준을 측정한 적이 있다. 일반적으로 오전에 스트레스가 가장 낮고 그 이후로 꾸준히 증가 추세를 보인다. 하지만 직장에서 반려견과 함께 있는 경우, 개인이 직접 보고한 스트레스 수준이 아침 수치만큼 하루 종일 유지될 뿐만 아니라 직원들 간의 소통도 개선되었다.

하지만 이 스트레스 감소가 단순히 인식적 측면에서 발생했는지 아니면 실제의 신체적 증거로 뒷받침될 수 있는지 판단하기란 쉽지 않았다. 가장 정확한 증거는 신체의 스트레스 호르몬인 코르티솔이 감소했는지 알아보는 것이다. 코르티솔은 신장의 상부에 있는 부신에서 생성되는 호르몬이다. 어떤 이유로든 스트레스를 받으면 뇌는 뇌하수체에 신호를 전달하고 혈액을 통해 부신으로 이 신호가 흘러가 코르티솔이 분비된다.

이 과정은 거의 순식간에 발생한다. 코르티솔이 분비되면 혈압이 올라가고 심장 박동이 빨라진다. 즉각적으로 대응이 필요한 상황에서 이런 반응은 도움이 될지 모르겠지만 만성적인 스트레스로 인해 부신이 지속적으로 코르티솔을 분비하게 되면 신체에 악영향을 끼치게 된다. 만성적으로 높은 코르티솔 수치는 위궤양, 고혈압, 당뇨병을 유발할 수 있다.

몇몇 연구에 따르면 개와 함께 있으면 코르티솔 수치가 감소한다고 하지만 그 반대의 결과를 내놓은 결과도 있다. 사실 이 분야의 연구 자체가 많지 않기 때문에 개와 사람 간의 상호작용을 살펴본 연구의 변수가 다양한 만큼 그 결과도 다양하다. 모두가 개를 좋아하는 것은 아니다. 개를 무서워하는 사람에게 개의 존재는 코르티솔 수치를 급증시키는 요인이 될 수 있다. 연구실 연말 파티 소동에서처럼 말이다.

개가 사람의 건강에 긍정적인 영향을 미친다는 생물학적 증거는 많지 않지만 반려견과의 출퇴근을 허용하는 일부 회사에서는 개와 함께할 때 직원의 행복과 생산도가 높아진다는 사실을 알고 있다. 구글의 경우, "반려견 친구를 사랑하는 마음은 구글의 기업 문화에서 아주 중요한 부분을 차지합니다. 물론 고양이도 좋아하지만 개를 좋아하는 마음이 조금 크기 때문에 사무실에 고양이가 오면 아마 스트레스를 꽤 받을지도 모르죠"라고 말한다. 아마존 역시 비슷한 문화를 가지고 있다. 회사에 반려견을 데리고 오고 싶다면 등록만 하면 된다. 다만 짖거나 아무 데나 오줌을 싸거나 하는 등의 행동을 하지만 않으면 된다.

벤 앤 제리 아이스크림, 클리프 바, 동물보호협회 본부, 빌드어베어 워

크숍 본부, 그리고 소프트웨어 회사인 오토데스크를 비롯한 대기업 중 반려견 친화적 정책을 고수하는 기업도 많다. 물론 대기업뿐만 아니라 미국 내 여러 작은 회사들도 반려견 친화적 정책에 동참하고 있다.

개와 함께 출근하고 사무실에서 시간을 보내는 것이 사람에게 긍정적인 영향을 미친다면 개는 어떨까? 개도 그런 생활이 행복할까? 이 질문은 동물의 감정이라는 한층 심오한 문제의 연장선으로 도그 프로젝트를 진행하는 핵심 목적이기도 하다.

과학자들은 동물이 감정을 가지고 있다는 것에 대해 대개 무시하는 경향이 있었다. 동물도 감정이 있다고 확신하는 수많은 사람들을 감안하면 특이한 일이다. 과학이란 객관적으로 측정 가능한 대상에 관한 지식이다. 그리고 엄연히 말하면 감정이란 내면에서 발생하는 현상이므로 과학적으로 접근하기가 어렵다. 지금까지 과학이 측정해온 것은 감정의 결과로 나타나는 행동뿐이다.

사람의 경우, 이는 문제가 되지 않는다. 상대의 감정이 어떤지 물어보고 그 감정이 어떤 행동과 연관되어 있는지 유추할 수 있으니 말이다. 주관적인 상태와 객관적인 행동을 연결하는 것은 중요한 단계다. 감정은 달라도 비슷한 행동이나 표정으로 표현될 수 있기 때문이다. 예를 들어, 누군가가 울고 있는 모습을 보면 그 사람이 슬프다고 생각할 수 있지만 사실 기뻐서 눈물을 흘리고 있을 수도 있다. 정확하게 알기 위해서는 직접 물어보는 수밖에 없다.

행동만으로는 감정을 정확히 판단할 수 없기 때문에 과학자들은 동물의 감정에 대한 질문을 피해 왔다. 슬리퍼를 물어뜯는 개에게 그런 행동을 하는지 물어봐도 개는 답할 수 없다. 하지만 다행인 것은 과학자들이 이 질문을 마냥 꺼린 것은 아니다. 찰스 다윈은 책 한 권을 온전히 할애해 이 주제를 다뤘다.

≪인간과 동물의 감정 표현≫에서 다윈은 기쁨과 두려움 같은 감정은 사람과 동물 모두에게서 공통으로 나타난다고 말한다. 진화론에 관한 그의 유명한 저서 이후에 세 번째 책이지만 오늘날 동물의 감정에 대해서 가장 깊은 울림을 주는 책이다. 시대를 초월해 현대까지 많은 이들의 공감을 살 수 있는 이유는 개를 통해 다윈 자신의 주장을 관철하기 때문이다. 게다가 사진과 삽화가 풍부해 다윈이 묘사한 개와 바로 친해지는 느낌이다.

다윈은 사람과 개는 공통의 조상에서 진화해왔기 때문에 기본적인 감정 기능도 공유할 수 있을 것이라고 추론했다. 만약에 그렇다면, 동물의 감정을 통해 인간 감정의 기원을 이해하는 데 중요한 단서가 될 수 있다. 당대의 다른 과학자들이 그저 자연적인 현상을 묘사하는 데 그친 것과 달리 다윈은 감정이 왜 특정한 방식으로 표현되는지 이해하고자 했다. 예를 들어, 행복하면 왜 입꼬리가 내려가지 않고 올라가는 건지 궁금했다. 다윈은 사람과 동물 모두에게 적용되는 감정의 원칙을 세 가지로 정리했다.

우선, 감정은 뇌에서 비롯된다. 1872년에는 뇌에 대해 알려진 바가 거의 없다는 점을 감안하면 꽤 놀랍도록 정확한 통찰이다. 두 번째, 감정 표현은 자연스러운 움직임을 만들어낸다. 미소를 지을 때 입꼬리가 올라가는 이유는 웃음은 눈을 감게 만들고, 눈 주위 근육이 수축하면서 입꼬리가 위로 올라가는 방식으로 웃는 표정이 만들어진다는 것이다. 마지막으로, 다윈은 정반대 습관의 반대 행동으로 감정이 표현된다고 생각했다. 그는 이 원칙을 설명하는 데 개를 예시로 사용하며 대조 원리^{antithesis}라는 개념을 설명했다.

적대적으로 느껴지는 낯선 사람에게 다가갈 때 개의 모습을 살펴보자.

개는 "몸을 꼿꼿이 세워 매우 뻣뻣하게 걷고, 머리는 살짝 들어 올린다… 꼬리는 곧게 세워져 있고 매우 경직된 상태에서 털을 곤두세운다… 쫑긋 선 귀는 앞으로 향하고 시선은 어딘가에 고정되어 있다." 이런 방어적인 모습은 공격을 준비하는 태세처럼 보일 수 있다. 대조의 원칙에 따르면 반대되는 감정인 기쁨은 이와 반대되는 행동으로 표현된다. "몸을 꼿꼿이 세워 걷기보다는 몸이 전반적으로 아래로 처져 있거나 심지어 웅크린 형태다… 꼬리를 아래로 내려 좌우로 흔든다." 150년 전이나 지금이나 개의 모습은 비슷하다.

다윈의 '감정에 대한 연구'는 무려 한 세기 동안 수면 아래 잊혀져 있었다. 동물의 감정이라는 분야에서 다시금 진지하게 연구가 시작되는 움직임이 보이지만 여전히 대부분의 과학자는 이 복잡한 문제를 피하고 있다. 과학자들의 이 주제를 꺼리는 주된 이유 중 하나는 동물 감정에 관한 연구를 시작하면 동시에 불편한 윤리적인 문제가 떠오르기 때문이다. '동물도 사람과 같이 감정을 느낀다면 동물을 죽여서 먹는 게 옳은가'라는 문제다.

물론 예외도 있다. 신경과학 분야에서 두 사람을 특히 눈여겨볼 수 있다. 미시간 대학교의 정신 생물학자 켄트 베리지$^{Kent\ Berridge}$는 쥐의 뇌에서 보상 시스템과 감정 표현 사이의 연관성을 광범위하게 연구해왔다. 그리고 워싱턴 주립대학교와 오하이오의 볼링그린 주립대학교의 신경과학자 자크 팽크셉$^{Jaak\ Panksepp}$은 동물의 감정을 포유류 공통의 뇌 시스템에 매핑하는 연구를 강력하게 지지해 왔다.

다윈의 주장에 따라 팽크셉은 동물의 감정 시스템을 이해해야만 비로서 사람의 감정이 어디서, 어떻게 비롯되는지 기원을 이해하기 시작할 수 있다고 주장했다. 상당히 설득력 있는 주장이다. 동물의 뇌를 살펴보면 사람과 비슷한 구조가 매우 많다는 사실을 금세 알 수 있다. 이러한 공통점을 원시적primitive이라고 한다.

즉, 진화론적 측면에서 근원이 같다는 의미다. 1960년대에 들어 신경과학자 폴 맥클린Paul MacLean은 진화론적 발달을 바탕으로 뇌를 세 가지 영역으로 분류했다. 파충류의 뇌(기저핵), 선사 포유류의 뇌(변연계), 그리고 신포유류의 뇌(신피질), 이다. 물론 상당히 단순화된 분류이긴 하지만 사람과 다른 포유류를 명확하게 구분 짓는 유일한 차이는 '신피질'뿐이라는 사실이다. 반면 기저핵과 변연계는 쥐에서 인간에 이르기까지 거의 동일하다. 베리지와 팽크셉은 바로 이 두 부분이 감정의 기원이라고 주장했다.

동물의 감정 연구에서 부딪히는 첫 번째 난관은 '감정의 정의'다. 사람은 풍부한 언어로 감정을 표현할 수 있다. 하지만 사랑처럼 기본적이고 보편적인 다른 감정만 생각해 봐도 '사랑'이라는 단어 하나가 얼마나 많은 의미를 내포하고 있는지 알 수 있다. 사랑에는 종류가 너무나도 많아 하나의 단어만으로는 부족하게 느껴질 정도다. 개가 사람을 사랑한다고 할 때, 그 사랑은 어떤 종류의 사랑이라고 말할 수 있을까?

과학적으로 접근하려면 단어의 미묘한 차이는 차치하고 감정을 기본적인 요소로 분해해야 한다. 감정의 '흥분에 대한 강도' 그리고 감정의 '긍정과 부정의 정도'로 나누는 것이다. 감정가valence가 바로 감정이 긍정적인지 부정적인지를 나타낸다. 그리고 각성도arousal는 감정이 얼마나 강렬한지 또는 약한지를 나타내며 차분함에서 최대 흥분 상태까지의 범위로 표현할 수 있다. 많은 감정은 이 감정가와 각성도를 조합해 함수로 그래프에서 표현할 수 있다.

그래프상에서는 원형으로 표시되며 이를 '감정 차원 모델circumplex model of emotion'이라고도 한다. 긍정적인 감정은 그래프의 오른쪽에, 부정적인 감정은 왼쪽에 배치된다. 수직 방향으로는 높은 각성 상태의 감정이 위쪽에, 낮은 각성 상태의 감정이 아래쪽에 위치한다.

하지만 많은 심리학자가 감정을 두 가지 요인으로 분류하는 모델은 지나치게 단순하다고 주장한다. 그럼에도 이 모델은 뇌의 어떤 부분이 다양한 감정을 유발하는지 이해하기 위한 훌륭한 출발점이 된다. 현재 '파충류의 뇌'라 부르는 기저핵$^{basal\ ganglia}$은 긍정적인 감정가와 관련이 있으며, 변연계$^{limbic\ system}$는 각성도와 관련이 있다. 감정과 이러한 뇌 시스템의 활동 간의 관계를 분석함으로써 뇌의 감정 지도를 만들 수 있다. 결국 개의 기저핵과 변연계는 사람의 것과 거의 동일하기 때문에 사람의 감정 지도를 개의 뇌에 적용함으로써 개가 어떤 감정을 느끼는지 파악할 수 있을 것이다.

감정 차원 모델의 왼쪽 상단 부분에는 높은 각성도와 부정적인 감정가를 가진 감정이 자리 잡고 있다. 이 감정은 회피 또는 그 감정을 유발한 요인으로부터 물러나는 것으로 표현된다. 하지만 두려움, 분노, 좌절과 같은 감정들은 감정 차원 모델의 그래프상에서 근접한 위치에 있기 때문에 이 사분면을 정확하게 뇌에 매핑하기는 어렵다. 게다가 각성도와 감정가의 수준이 비슷함에도 불구하고, 이 감정들은 엄연히 다르다. 뇌가 두려움을 어떻게 처리하는지에 대해서 많은 연구가 진행되었지만, 분노 또는 좌절감과 같은 다소 극단적인 감정에 대해서는 알려진 바가 거의 없다.

그리고 사분면에서 왼쪽 위 사분면의 감정은 도그 프로젝트에서는 다룰 수 없다. 개에서 이러한 감정을 이끌어내는 것은 윤리적으로 옳지 않기 때문이다. 반면에 오른쪽 위 사분면의 감정에 대해서는 이미 잘 알고 있으며 개의 뇌를 매핑하기에 적합하다고 판단했다. 가장 즐겁다고 느끼는 감정들, 매우 긍정적이면서도 각성도도 매우 높은 감정들이다.

이러한 긍정적인 감정들은 모든 동물이 공통으로 보이는 특정 행동과도 연관이 있다. 어떤 일이 좋거나 흥분되면 개든, 쥐든, 사람이든 모든 동물은 그 요인에 접근한다. 팽크셉^{Panksepp}은 이를 '탐색 시스템$^{seeking\ system}$'이라고 한다. 접근 행동과 이에 상응하는 긍정적인 감정은 기저핵의 작은 부위인 측좌핵$^{nucleus\ accumbens}$ 활동과 연관이 있다. 사람의 경우, 이 부위가 활성화되면 긍정적인 감정을 느끼고 있으며 그 감정을 유발하는 무언가를 원하고 있을 가능성이 크다고 유추할 수 있다.

물론 단언할 수는 없지만 캘리가 내가 핫도그 봉지를 든 모습을 볼 때 캘리의 측좌핵은 크리스마스트리의 전구 장식처럼 반짝였을 것이다. 꼬리를 흔들며 나에게 달려오는 행동은 전형적인 접근 행동이었다. 이를 통해 캘리가 기쁨과 흥분이라는 감정을 느끼고 있다고 추정할 수 있었다. 하지만 캘리가 실제로 무엇을 느꼈는지 확실히 알려면 fMRI 밖에는 답이 없다.

13.

고스트 현상 해결

　개의 머리를 고정하는 문제를 해결하지 않으면 더 이상 진전의 가능성이 보이지 않았다. 스스로 머리를 잘 들고 있을 수 있도록 훈련을 시키던지 아니면 더 나은 턱 받침대를 만들던지, 둘 중 하나였다.
　마크는 아주 자신 있게 훈련시킬 수 있다고 말했다. 위, 아래, 왼쪽, 오른쪽 모든 방향에서 2mm 미만으로 움직임을 제한해야 하는데 이게 정말 가능할지 의문이 들었다. 캘리와 훈련을 진행하면서 그 정도 미미한 움직임은 알아차릴 수도 없었는데 말이다. 내가 눈을 돌린 사이 몇 밀리미터를 움직인다고 한들 전혀 알아차리지 못할 정도였다. 다른 대안은 움직임을 한층 더 제한하는 턱 받침대를 사용하는 것인데, 별로 내키지 않았다. 예르크스에서 봤던 것처럼 개의 머리를 플라스틱 통 안에 가둬두고 싶지는 않았다. 정말 진퇴양난의 상황이었다.

　MRI 촬영을 진행하는 도중에 움직이면 고스트 이미지 현상이 발생하지만 촬영 중간중간에 움직이면 또 다른 문제가 발생한다. 촬영을 시작할 때, 촬영 시야$^{Field\ of\ View,\ FOV}$을 설정해야 한다. 즉, 촬영할 때 어떤 부분을 볼지 그 경계를 정하는 것이다. 캘리는 최종 연습에서 촬영이 진행되는 동안 헤드 코일에 머리를 동일한 자세로 두지 못했다. 머리 위치가 달라지면서 어떤 이미지에서는 영역 안에 머리가 나왔지만 대부분의 이미지에서는 영역

밖에 있었다. 그 결과, 거의 모든 이미지가 빈 이미지로 나타났다.

기능적 영상 촬영 시에 머리의 움직임 문제를 해결하기 위한 몇 가지 요령을 파악했다. 고스트 현상을 쉽게 없애려면 뇌의 이미지를 얻는 시간을 줄이면 된다. 촬영 시간을 줄이면 피험자가 머리를 움직일 가능성이 낮아지기 때문이다.

하지만 촬영 시간을 줄일 유일한 방법은 절편의 수를 줄이는 것이다. 사람 뇌의 각 절편을 촬영하는 데는 약 60밀리초가 소요되는데 뇌를 전체 촬영하려면 보통 30개의 절편이 필요하고, 총 2초가 소요된다. 다행히 개의 뇌는 사람보다 작아서 절편도 그만큼 필요하지 않다. 하지만 절편의 수를 줄이면 영상 영역이 작아지기 때문에 정확한 위치에 머리를 두지 않으면 뇌 전체를 촬영하기 어려워진다.

촬영 도중 그리고 촬영 중간의 움직임 둘 다 해결할 방법이 절실했다. 문제는 턱 받침대였다. 받침대의 폼 바를 통해 캘리는 머리를 위쪽 아래쪽으로 어떻게 두어야 할지는 파악할 수 있었지만 좌우나 앞뒤 방향으로는 전혀 제약이 없었기 때문에 그 방향으로는 움직임이 자유로웠다. 헤드 코일 안에 들어가면 머리를 정확하게 어느 위치에 두고 촬영하는 도중에도 그 위치를 유지할 수 있게 하는 무언가가 필요했다.

그해 애틀랜타의 1월은 예상치 못하게 따뜻한 날씨가 일주일간 계속되었다. 간만에 밖에서 시간을 보낼 좋은 기회였다. 바깥바람을 좀 쐬면 문제를 해결할 방법이 번쩍하고 떠오를지도 모른다고 생각했다. 그래서 캣과 나는 아이들과 개들을 미니밴에 싣고 강가로 하이킹을 떠났다.

채터후치강은 조지아주 북동쪽 한 모퉁이에 위치한 블루 리지 산맥 기슭에서 시작된다. 강은 남서쪽으로 애틀랜타를 향해 흐르는데 갈수록 물의 양이 점점 많아지면서 멕시코만까지 이어진다. 채터후치 주변 지역의 대부분은 국립 공원으로 강은 집에서 약 1.5km 정도 밖에 떨어져 있지 않았다. 많은 사람이 그곳에서 하이킹이나 마운틴 바이크를 즐겼다. 꼭 이런 스포츠가 아니더라도 그냥 강가에 앉아 자연을 만끽하기만 해도 충분히 좋은 곳이다.

가족이 가장 좋아한 장소는 소프 크릭이다. 이곳은 여러 개의 화강암 바위를 따라 거센 물살이 강으로 흘러 들어가는 인상적인 개울이다. 남북 전쟁 발발 10년 전에는 개울이 강을 만나는 지점에서 사람과 목재를 태운 페리가 건너가곤 했다. 개울 옆에는 남북 전쟁 이전에 있었던 제지 공장의 흔적이 남아 있는데 지금은 남부 지역에서 공격적으로 몸집을 불리는 담쟁이덩굴이 공장 전체를 덮고 있다. 이 공장에 피크닉 매트를 펼쳐두고 쉬었다. 헬렌과 매디는 개울에서 바위를 건너 뛰어넘는 놀이를 했다. 며칠 전 비가 내려 물이 평소보다 거세게 흘렀다.

라이라는 골든리트리버답지 않게 물이 배에 닿을 정도까지만 들어갔다. 수영에는 전혀 관심이 없어 보였기에 목줄을 풀어줬더니 이리저리 돌아다니며, 바위와 식물의 냄새를 맡고, 다른 사람이 남긴 음식이 혹시 바닥에 떨어져 있을까 찾느라 바빴다.

반면에 캘리는 사냥 본능이 최고조에 달한 것 같았다. 목줄이 팽팽할 정도로 저만치 떨어져 몸을 꼿꼿하게 세우고서는 머리를 미어캣처럼 돌리며 숲속의 가장 작은 소리와 움직임에도 번개처럼 반응했다. 캘리는 나를 올려다보며 낑낑거렸다. MRI 촬영을 하지 않아도 뭘 원하는지 알 것 같았다. 라이라처럼 자기도 목줄을 풀어달라는 말이었다.

목줄을 풀어줘도 피크닉 매트 주변으로 다닐 것 같아서 원하는 대로 해주려고 몸을 숙였다. 그 순간 모든 것이 슬로모션으로 움직였다. 목줄 클립을 당기는 순간 캣의 목소리 역시 슬로모션이 걸린 듯 "안 돼애애애애애애"라고 들렸다.

 클립을 딸깍하고 열자마자 모든 일이 순식간에 일어났다. 그 딸깍하는 소리에 캘리는 자신이 자유의 몸이 되었다는 사실을 알았다. 한 마리의 치타처럼 등을 둥글게 말더니 뒤도 돌아보지 않고 전력 질주를 시작했다. 몸속의 모든 에너지가 단번에 분출되는 것 같았다. 그때까지만 해도 캘리가 수영할 수 있으리라고는 생각도 못했다. 10kg 무게의 돌이 개울을 풀쩍 뛰어넘는 것 같았다. 단 세 번의 점프만으로 개울을 건너 반대쪽 숲으로 사라져 버렸다. 이 모든 것이 어떠한 반응조차 나오기 전에 순식간에 벌어졌다. "아빠! 캘리가 도망가요!" 가장 먼저 소리친 것은 헬렌이었다.

 나는 개울로 뛰어들었다. 물살이 너무 거세서 상류를 향해 몸을 돌리고 중간중간 바위를 붙잡으며 게걸음으로 최대한 빨리 움직였다. 건너편까지 가는 데 약 1분 정도 걸린 것 같다. 가면서 머릿속으로는 재빨리 캘리가 지금쯤 얼마나 멀리 갔을지 계산했다.

 담쟁이덩굴과 덩굴옻나무가 무성하게 펼쳐진 가운데 좁은 길 하나가 채터후치 강 쪽으로 나 있었다. 캘리가 벌써 그만큼 갔다면 아마 멕시코만까지 가는 건 정말 시간문제였다. 이렇게 빨리 개 한 마리를 또 떠나보내야 한다니 믿기지 않았다. 연습이라 할지라도 지금까지 MRI 촬영을 위해 너무나도 훈련에 잘 임해준 개가 멍청한 실수 때문에 달아난 것이다.

 어느새 캣이 바로 내 뒤에 있었다. 거리는 50m도 되지 않았을 것이다. 함께 "캘리, 간식 먹을까?"라고 외치면서 발길을 재촉했다. 그런데도 세찬 물소리가 나무에 부딪혀 사방에서 울려 퍼지는 바람에 캣의 목소리조차 전혀 들리지 않았다. 당연히 캘리에게도 목소리가 들릴 리가 없었다. 공포감이 서서히 밀려오기 시작했다. 캘리를 찾지 못한 채 아이들에게 돌아갈 수는 없었다.

길은 소프 크릭으로 흘러 들어가는 다른 작은 개울가의 끝자락에서 끝나버렸다. 더 이상 길이 없어서 갈 곳도 없어진 나는 비탈길을 미끄러져 내려가 다시 개울로 들어갔다. 바위를 뛰어넘으며 천천히 채터후치강 쪽으로 내려갔다. 이제 캣은 100m 정도 뒤에 있었다. 계속해서 캘리의 이름을 불렀지만 설사 근처에 있었다고 한들 목소리가 들릴 리 없었다.

개울 한가운데 있는 바위 위에서 한 커플이 일광욕을 즐기고 있길래 혹시 작은 검은색 개를 본 적이 있냐고 물었다. 야속하게도 이들은 고개를 저었다. 그렇게 캘리를 찾아 나선 지 10분이 흘렀지만 어디에도 보이지 않았다. 혹시나 캘리의 목걸이가 딸랑거리는 소리를 들을 수 있을까 귀를 쫑긋 세웠지만 물소리와 개울 조금 아래쪽에 있는 십 대 아이들 몇 명의 웃음소리밖에 들리지 않았다.

계속 찾아야 할까 아니면 이만 포기하고 돌아가야 할지 고민되었다. 이곳은 캘리에게 낯선 곳이라 캘리가 어떤 행동을 할지 짐작이 전혀 가지 않았다. 평소 다람쥐에 집착했던 걸 보면 숲속을 헤매고 있을지도 모른다고 생각했다.

십 대 아이들의 웃음소리만 더욱 커져 갔다. 부끄럽지만 그 웃음소리도 야속했다. 순전히 내 잘못이긴 하지만 나는 개를 잃어버렸는데 저들은 웃음이 나오는가 싶었다. 그 순간 웃음소리의 근원을 알게 되었다. 아이들은 개울을 초고속으로 달려가는 무언가를 가리키며 웃고 있었다.

캘리였다! 뛰는 건지 수영을 하는 건지 도무지 알 수 없는 이상한 자세로 거위 무리를 쫓고 있었다. "캘리! 이리 와!" 나는 소리쳤지만 캘리는 목소리를 듣지 못했다.

움직임이 어딘가 둔해 제대로 날지도 못하는 거위 무리는 개울을 가로질러 허둥지둥하며 움직이고 있었다. 그러더니 방향을 틀어 상류 쪽으로 향했다. 수면과 아주 가깝게 아슬아슬하게 날아갔다. 캘리는 그런 거위를 바로 뒤쫓아갔다. 거위에 온 신경이 팔려 내가 근처에 있다는 것도 알아차리지 못했다. "캘리!" 거위 떼는 캣을 향해 날아갔다.

캣은 캘리를 잡으려고 물속으로 뛰어들었다. 하지만 날쌘 캘리를 잡을 방도가 없었고 바위 위로 철퍼덕 넘어지고 말았다. 나는 다시 상류 쪽으로 향했다. 강둑으로 가서 길을 따라가는 게 훨씬 빨랐겠지만 캘리가 물에 있었기 때문에 혹시나 또 놓칠까 봐 겁이 나 그냥 물속을 걸었다. 10m 정도 앞에서 첨벙거리며 뛰어가는 캘리의 뒷모습이 보였다. 여전히 거위 떼를 쫓고 있었고 물살을 가르며 뛰려고 노력했지만 그다지 소용이 없었다.
"이쪽으로 돌아오고 있어!" 캣이 소리쳤다. 거위가 되어 보지 않는 이상 절대 알 수 없겠지만 거위 떼는 다시 한번 180도로 나는 방향을 바꿔버렸다. 아직 털이 보송보송한 새끼 거위들이 나를 향해 곧장 날아오고 있었다. 마지막 기회였다.
혹시 다시 방향을 틀까 봐 지레 겁을 먹고 물 한중간에 꼼짝도 하지 않고 서 있었다. 불만 가득한 울음소리를 내며 내 옆을 빠르게 지나갔다. 물속에서 껑충껑충 달리며 거위 추격전에만 몰두한 개에게 거위들이 잡히기 직전이었다
캘리가 바로 앞에 다가왔을 때 일부러 밝은 목소리로 외쳤다. "캘리! 잘했어!" 다행히 거위떼에게서 시선을 떼고 나를 쳐다봤다. 그 순간 캘리에게 달려들어 손가락으로 목줄을 잡았다. 품으로 끌어와 꽉 안으며 물에 쫄딱 젖은 캘리의 냄새를 마음껏 들이켰다. "이런 말썽꾸러기 같으니라고. 잃어버릴 뻔했잖아!"

사진 10. 강에서 한바탕 추격전을 벌이고 난 뒤의 캘리 (출처: 그레고리 번스)

반면에 캘리는 강 너머로 사냥감이 사라져가는 모습을 보면서 한숨을 푹 내쉬었다. 캘리를 안고 다시 아이들이 애타게 기다리고 있는 강둑으로 돌아갔다. 캘리를 보자마자 헬렌은 곧장 축축한 털에 얼굴을 파묻었다.

"아빠! 다시는 그러지 마세요!" 헬렌이 소리쳤다. 그때 캣이 손을 내밀며 옆으로 다가왔다. "왜 그래?" 묻자 캣은 왼손을 내밀었다. 약지가 이상하게 구부러져 있었다. 캘리를 잡으려고 하다가 손가락이 빠져버린 것이다. 서서히 손가락이 붓기 시작한 상태였다.

"결혼반지를 빼야만 했어. 안 그러면 나중에 잘라서 빼야 했을 거야." 손가락의 붓기가 완전히 빠져서 다시 반지를 낄 수 있기까지 장장 일 년이 걸렸다. 그렇게 오래 걸릴 줄 그때는 상상도 하지 못했다. 어쨌든 캘리를 찾아서 정말 다행이라고 생각했다. 이 사건을 통해 다시금 깨달았다. MRI 촬영을 위해 온갖 고도의 훈련을 다 해도 캘리가 무슨 생각을 하는지는 아직 전혀 알지 못하는구나.

집에 도착했을 때 캘리는 이미 강에서 일어난 사건을 잊어버린 듯했다. 아이들은 지하실에 쌓아둔 부기 보드를 가지고 창의력을 마음껏 발휘하며 자기들만의 놀이에 빠졌다. 집에서 가장 가까운 바다는 500km 정도 떨어져 있었기 때문에 바다 말고 보드를 가지고 놀 다른 곳이 필요했다. 결국 아이들이 찾은 것은 카펫이 깔린 계단이었다.

헬렌과 매디는 계단 제일 아래에 베개 여러 개를 깔아두고서는 계단 위에서부터 보드를 타고 쌩하고 베개 더미로 내려갔다. 캘리와 라이라도 신나서 동참했다. 캘리는 아이들을 잡으려고 계단을 재빠르게 오르락내리락했는데 마치 내가 웃음을 참을 때 내는 흡흡흡 하는 소리를 내며 아이들과 신나게 놀았다. 침 한 가닥이 계단 위에서부터 아래까지 쭉 늘어져 있었다. 반면에 라이라는 계단 아래에서 움직이지 않고 계속 짖어댔다.

계단 서핑에 지친 아이들은 보드를 방패처럼 사용하며 창 시합을 벌였다. 실컷 그렇게 놀고 난 뒤에는 보드를 하나씩 들고 서로를 치기 시작했다. "아빠!" 둘 중 한 명이 소리 질렀다. "얘가 보드를 부러뜨렸어요!" 난장판으로 조심스럽게 들어갔다. 정말 보드 하나가 두 동강 나 있었다. 캘리는 바닥에서 스핑크스 자세로 누워 꼬리를 흔들며 '난 아니에요'라는 순진무구한 눈빛으로 쳐다봤다. 라이라는 보드 조각을 질겅질겅 물어뜯다가 급기야 보드 조각을 입으로 떼어버렸다. 삼키려던 차에 다행히 내가 입에서 보드 조각을 꺼냈다. 그렇게 부서진 보드를 들어 올렸다. 라이라가 보드의 일부분을 물어뜯어서 초승달 모양이 생겼다. 초승달의 움푹 팬 부분은 딱 캘리의 턱이 들어갈 만한 크기였다.

머릿속에 전구가 반짝하고 켜지는 기분이 들었다.

곧장 차고에서 다용도 칼을 가지고 와 보드를 세로로 길게 잘랐다. 그리고 아주 조심스럽게 각 조각의 가장자리를 반원 모양으로 잘라냈다. 하나씩 자를 때마다 캘리의 턱에 대면서 크기를 확인했다. 첫 번째 조각은 주둥이 끝에 맞도록 작은 홈을 만들었고, 다음 조각은 보다 크게 홈을 만들었고 세 번째 조각은 가장 크게 홈을 만들었다. 이 세 조각을 서로 겹쳐 놓으니 홈들이 캘리의 턱을 감싸는 형태를 갖추기 시작했다. 마지막 네 번째 조각은 세 번째보다 크게 홈을 만들었다. 깊게 홈을 깎아내 폼이 캘리의 귀까지 올라가 턱 뒤쪽까지 이어졌다. 위아래뿐만 아니라 앞뒤로도 캘리의 머리를 단단하게 고정해 줄 안정적인 받침대가 만들어졌다.

그렇게 보드를 길게 잘라낸 조각 네 개를 테이프로 이어 붙인 다음 캘리에게 잘 맞는지 다시 한번 확인했다. 소파에서 쉬고 있던 캘리의 머리를 들어 받침대를 턱 아래에 놓았는데 편안한 자세로 무심하게 나를 쳐다봤다.

이루 말할 수 없이 기뻤다. 곧장 그 모습을 찍어 앤드류와 마크에게 보냈다. 이 새로운 턱 받침대가 머리 고정이라는 크나큰 문제를 해결해 준

사진 11. 보드 턱 받침대에 머리를 대고 있는 캘리의 모습 (출처: 그레고리 번스)

것이다. 소재가 단단해서 캘리의 머리 무게를 지탱하면서 위아래로 움직이지 않도록 고정했다. 그리고 홈은 머리를 어디에 둬야 할지 정확한 위치를 알려주는 역할까지 했다. 턱이 한 방향으로만 딱 들어맞게 설계되었고, 그 홈에 머리를 놓기만 하면 좌우, 앞뒤 위치가 항상 일관되게 유지될 수 있었다.

다음 날, 폼 조각을 다듬어서 헤드 코일의 직경을 가로지르는 합판 조각에 붙였다. 캘리의 머리가 정확히 중앙에 위치하면서 앞으로 발을 뻗을 수 있는 공간이 생기도록 합판을 적당한 길이로 잘라냈다. 이 장치를 바닥에 놓고 캘리에게 외쳤다. "코일!" 그러자 캘리는 재빨리 달려와 머리를 받침대 위에 바로 올렸다.

"훌륭해!" 감탄하며 핫도그 한 조각을 줬다. 캘리는 만족스럽게 핫도그를 삼킨 뒤 다시 머리를 받침대 위에 올렸다. 그리고 또 핫도그 주기를 기다렸다. 다음으로, 귀마개를 씌우고 다시 훈련을 진행했다. 여전히 귀마개 쓰는 것을 달가워하지 않았지만, 핫도그를 충분히 주니 쓴 채로 헤드 코일 안으로 들어갔다. 새로 만든 턱 받침대를 손가락으로 톡톡 치자 캘리는 머리를 척 올려뒀다. 귀마개가 약간 뒤로 밀려서 앞으로 밀어줬다. 핫도그가 주어진다는 기대감에 캘리의 동그란 눈이 더 커졌다.

"너 진짜 잘하는구나!"

캘리가 턱 받침대에서도 매우 편안해 보였기에 간식을 주기 전까지 움직이지 않고 가만히 있어야 하는 시간을 점점 늘리기 시작했다. 열댓 번 정도 반복하자 10초 정도 머리를 움직이지 않고 가만히 있게 되었다. 최소 다섯 번 정도는 완전한 촬영을 진행할 수 있을 정도였기에 충분했다.

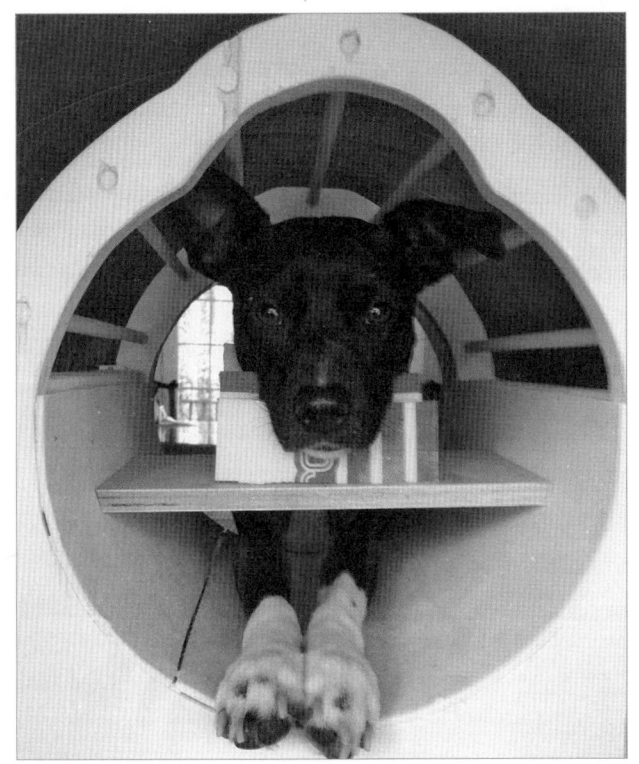

사진 12. 최종 버전의 턱 받침대와 캘리 (출처: 그레고리 번스)

새로 제작한 턱 받침대로 훈련을 진행하고 나서 희망에 부풀었다. 대망의 MRI 촬영이 2주도 채 남지 않은 시점이었다. 개들이 MRI 기기에 적응할 수 있도록 네 시간을 예약해 뒀다. 한 시간 빌리는 데 500달러였으니 상당히 비싼 실험이었다. 게다가 실제로 촬영을 진행하기 전까지는 진행할 수 있을지조차 확실하지 않았다. 어쩌면 이 턱 받침대가 마지막 희망이었다. 나는 매켄지가 사용할 받침대를 하나 더 만들었다.

매켄지도 새로운 턱 받침대에서 훈련하면서 상당한 진전을 보였다. 그 전에도 매켄지는 이미 어느 정도 자세를 가만히 유지할 수 있는 상태였다.

하지만 새로운 받침대 덕분에 캘리도, 매켄지도 머리를 항상 같은 위치에 놓을 수 있게 되었다. 이제 촬영 날 전까지 해결해야 할 사항은 하나밖에 남지 않았다.

바로 이 프로젝트의 목적, 개의 뇌를 MRI로 촬영함으로써 정확히 '어떤 과학적 질문에 대한 답을 얻길 바라는지' 그걸 구체화해야 했다.

14.

수신호 기법

새로운 턱 받침대 제작 이후 캘리와 매켄지의 훈련은 순탄하게 흘러갔다. 훈련할 때마다 MRI 기기 소음을 90데시벨로 올려도 귀마개를 착용하고 있으면 그 소음에 크게 신경 쓰지 않는 것 같았다. 이제 촬영 날이 2주 앞으로 다가왔다. 앤드류는 실험실 벽면에 붙은 달력에 빨간색 글씨로 '도그 데이'라고 크게 써뒀다.

아무도 첫 시도에서 완벽한 과학 실험을 진행할 수 있으리라고 기대하지 않았다. 오히려 너무 들뜨지 않으려고 노력했다. 촬영을 통해 가장 먼저 달성해야 할 중요한 목적은 바로 움직임으로 인한 잡음이 없는 fMRI 이미지 시퀀스를 얻는 것이었다. 개가 움직이지 않는 상태로 연달아 이미지 10장만 촬영할 수 있어도 성공이라고 할 수 있었다. 그러려면 기기 안에서 개가 20초 동안 꼼짝하지 않고 가만히 있어야 했는데 훈련을 잘 따라오고 있는 걸 보니 그 정도면 충분히 해낼 수 있겠다고 생각했다.

혹시라도 기적처럼 기대보다 훨씬 잘해줘서 몇 분간 가만히 있어 줄 수만 있다면, 도그 프로젝트의 가능성을 입증하는 것을 넘어 충분한 데이터를 수집할 수 있을 것이다. 개의 뇌 기능에 대한 과학적 질문에 답을 내놓는 것도 가능할 것이다. 결국 이 목적을 위해 도그 프로젝트를 진행하는 것이긴 하지만 아까도 말했듯 첫 시도에 가능하리라고는 생각하지 않았다. 그럼에도 마음 한편에는 희망을 품었다.

도그 프로젝트의 핵심 팀원인 앤드류와 마크만 불러 회의를 하려고 하다가 연구실 팀원 전원이 이 프로젝트를 무척 응원하고 있었기 때문에 전체 연구실 회의가 되어 버렸다.

"도그 데이까지는 이제 2주밖에 남지 않았네요. 그런데 아직 개들이 어떤 실험 과제를 수행할지 결정하지 못했어요." 내가 말했다.

MRI 기기 소리가 무척 크기 때문에 음성으로 명령을 내려도 개들이 잘 들을 수 없다. 그래서 기기 안에서는 수신호로 의사소통을 할 수밖에 없다. 그때까지만 해도 훈련에 수신호를 사용하는 걸 피해 왔다. 어떤 수신호를 사용해야 할지 몰랐거니와 개들이 그 신호를 잘 받아들일 수 있을지도 확실하지 않았기 때문이다. 하지만 이제는 정할 타이밍이었다.

"개 뇌의 기능적 구조에 대해서는 아는 바가 거의 없어요. 시각과 청각 같은 기본적인 기능을 어떤 부위에서 담당하는지조차 모르잖아요"라고 앤드류가 말했다. 개의 뇌에 대해 알고 있는 미미한 정보는 100년도 더 된 아주 비도덕적인 실험에서 비롯되었다.

1807년에 두 명의 독일 과학자가 당시 새로운 기술이었던 전기 에너지로 동물의 뇌를 직접 자극하는 실험을 진행했다. 뇌의 여러 부위에 전극을 꽂으면 전기를 통해 동물의 팔다리가 움직인다는 사실을 발견했다.

안타까운 것은 실험에 개, 심지어는 강아지들까지 사용했으며, 이 잔인한 실험은 1970년대까지 이어졌다는 점이다. 개의 뇌에서 어떤 부위가 운동을 제어하는지 알게 되었다. 하지만 도그 프로젝트는 이와 반대로 움직임을 제한하는 상태에서 진행되었기 때문에 운동을 제어하는 뇌 부위를 알 수는 없었다.

"잘하는 걸로 가보죠. 지난 10년 동안 사람의 보상 시스템을 연구해 왔잖아요. 이미 이 시스템에 대해서는 우리가 전문가죠. 그리고 개의 보상 시스템이 사람의 보상 시스템과 다를 이유는 없다고 봅니다." 내가 말했다.

"보상 예측 오류 실험 말씀하시는 거예요?" 앤드류가 물었다.

모든 동물의 뇌는 예측 엔진처럼 작동한다. 결국 예측이라는 건 생존의 핵심 기술이다. 다음에 어떤 일이 일어날지 예측하지 못한다면 길을 건너다가도 차에 치이기가 십상일 것이다. 예측이 적용되는 대부분의 경우는 주변 환경이나 자동차, 다른 사람이 하는 행동과 관련이 있다. 그리고 뇌에서 예측을 담당하는 부위는 선조체 내에 위치한 꼬리핵(미상핵)과 그 주변 부위다.

1990년대 초반, 스위스의 신경과학자인 볼프람 슐츠[Wolfram Schultz]는 원숭이들이 간단한 고전적 조건 형성 과제를 수행하도록 훈련되는 동안 뇌 속 뉴런 활동을 살펴봤다. 원숭이 우리 안에서 불이 켜지면 원숭이 입안으로 과일 주스가 분사되었다.

파블로프의 개처럼 원숭이들도 불이 켜지면 주스가 나올 거로 예측하기 시작했다. 슐츠는 뇌의 특정한 부위 속 뉴런이 일정한 패턴으로 활동한다는 사실을 알아냈다. 처음에는 뉴런이 주스에 대한 반응으로 발화했지만, 원숭이들이 빛과 주스를 연관 짓고 나서는 뉴런은 주스가 아닌 빛에 반응해 발화하기 시작했다. 이러한 패턴을 보인 뉴런은 보상 시스템의 핵심이라고 할 수 있는 꼬리핵[caudate]에서 발견되었다.

슐츠의 발견을 바탕으로 신경과학자들은 뉴런들이 단순히 긍정적인 요인에 반응해서 발화하는 것이 아니라, 긍정적인 일이 일어날 것이라는 예상치 못한 신호가 주어졌을 때 반응 후 발화한다는 사실을 알게 되었다. 예상치 못한 일이 발생한다는 것은 뇌가 그 일을 예측하지 못했다는 의미고, '오류'를 범했다는 말이다. 이런 이유로 과학자들은 예상치 못한 사건을 '보상 예측 오류[reward-prediction errors]'라고 부른다.

원숭이와 사람의 뇌에서는 보상 예측 오류가 어디에서 발생하는지는 이미 알고 있다. 개라고 크게 다르지 않을 것이다. 꼬리핵은 해부학적으로 명확하게 구분된 구조이기 때문에 개의 뇌에서도 이 부위를 쉽게 파악할 수 있으리라 생각했다. 물론 개가 MRI 촬영 중 머리를 가만히 들고 있다는 전제하에 말이다.

"핫도그를 줄 거라는 수신호로 훈련해 보면 될 것 같아요." 내가 말했다.
"수신호와 간식 사이의 연관성을 학습한다면 수신호에 반응해 활동하는 꼬리핵이 나타나야 해요." 앤드류가 내 말에 동의했다.
"맞아요, 슐츠의 원숭이들처럼요."
그때 리사가 이 논리의 한 가지 결함을 지적했다.
"개가 수신호를 학습했다는 사실을 어떻게 알 수 있죠? 학습했다고 해서 어떤 특정한 행동을 하는 것도 아닐 텐데요."
일리가 있는 말이었다. 모든 행동주의 학습 이론은 동물이 실제로 무언가를 학습했을 때 침을 흘린다든가 하는 신체적 반응에 달렸는데, 그런 반응이 없었다.
"개의 꼬리핵밖에 없죠. 꼬리핵의 반응은 무언가를 배웠다는 증거가 될 거예요. 아니면 간식에 대한 기대감으로 확장된 동공 같은 다른 신호도 찾아볼 수 있을 거예요." 나는 대답했다.

다른 문제도 있었다. fMRI 촬영을 통해서는 뇌의 활동을 간접적으로밖에 볼 수 없다. 결국 fMRI가 측정하는 것은 뇌 속 작은 혈관에 있는 '산소 함량의 변화'다. 뉴런이 발화할 때 주변 혈관이 약간 팽창하면서 신선한 혈액이 더 많이 공급되는데, 이는 뉴런이 에너지 보충이 필요하기 때문이다.
문제는 뇌는 항상 활동하고 있다는 것이다. 뇌에서 작은 일부분만 사용한다는 말은 잘못된 통념이다. 동시에 모두 활동하는 게 아닐 뿐 실제로는 뇌 전체가 활동하고 있다. 항상 활동하고 있고 혈류가 항상 흐르기 때문에 fMRI는 오직 '변화된 활동'을 측정하는 것이다. 따라서 fMRI 실험을 설계할 때는 항상 비교 조건 또는 기준선 조건이 필요하다.

캘리는 MRI 기기 안에서 머리를 고정한 채 나를 바라보고 있을 것이다. 그 순간 캘리의 뇌 속에서는 너무나도 많은 일이 일어나고 있어 fMRI 측정을 해석할 방법이 아예 없을지도 모른다. 수신호로 훈련을 하더라도 뇌의 반응을 비교할 조건이 필요했다. 가장 이상적인 것은 비교 조건을 수신호와 동일하게 설정하는 것이다. 실험 조건과 비교 조건에서 달라지는 수신호를 제외하고는 나머지 조건을 모두 똑같이 유지하는 것이 좋다.

수신호에 대한 반응을 측정하려면 비교 조건으로 또 다른 종류의 수신호를 만들어야 했다. 수신호 외 머리를 들고 움직이지 않은 채 앉아 있는 자세, 실험을 진행하는 사람을 바라보는 시선 그리고 심지어 움직임은 모두 동일하게 유지한 채 수신호의 의미만 다르게 설정하면 된다.

"다른 의미를 가진 수신호를 하나 더 만들면 어때요?" 내가 제안했다.
"어떤 게 있을까요?" 앤드류가 물었다.
"다른 종류의 음식이 될 수 있겠죠. 단 핫도그만큼 좋아하지 않는 음식이요."
"그런 게 있을까요? 저희 개는 음식이면 다 좋아해요." 리사가 말했다.
신중해야 했다. 단순히 맛없는 음식이 아니라 핫도그보다 덜 좋아하면서 먹을 만한 무언가를 찾아야 했다.
"완두콩은 어떨까요?"
개는 육식동물에 가깝기 때문에 고기만큼 채소를 좋아하지는 않는다.

모두가 고개를 끄덕였다. '멈춰'라는 의미의 제스처로 왼손을 들었다.

"이 신호가 핫도그라고 생각해 봅시다." 그러다가 '완두콩'의 의미로 오른손을 들까 생각하다가 개가 왼손과 오른손을 구별할 수 있을지 의문이 들었다. 그래서 두 손이 서로를 향하도록 가슴 앞에 모았다. "그리고 이게 '완두콩'을 의미하는 신호라고 할까요?"

마크가 끄덕였다.

"그 정도면 개들이 쉽게 구별할 것 같아요." 나머지 팀원도 동의했다.

그렇게 정해졌다. 첫 번째 fMRI 실험은 '완두콩 아니면 핫도그' 질문을 다루게 될 것이다.

일주일간 앤드류와 함께 실험의 세부 사항을 설계했다. 이 과정은 어떤 면에서 시나리오를 작성하는 것과 비슷하다. 작은 세부 사항도 미리 계획해야 한다. 실험실 벽을 스토리보드 삼아 완두콩과 핫도그를 몇 번 줄 것인지 그리고 어떤 순서로 줄 것인지 등을 결정했다.

개는 순서를 학습하는 능력이 뛰어나기 때문에 완두콩 다음 핫도그를 주고, 그 순서를 반복하는 식의 단순한 시퀀스로 진행하고 싶지 않았다. 단순한 시퀀스로 실험을 진행하면 완두콩을 준 다음 바로 핫도그를 줄 거라는 사실을 금세 알아차릴 것이고 수신호는 무의미해진다. 이를 방지하기 위해 완두콩과 핫도그를 무작위 순서로 주기로 했다.

하지만 그보다 중요한 것은 실험을 구성하는 각 요소의 타이밍이었다. 실험은 크게 네 가지 요소로 구성된다. 첫 번째, 개가 턱 받침대에 머리를 올린다. 이때 발생하는 움직임 때문에 그 순간 촬영한 이미지에는 잡음이 생길 수 있다. 따라서 다음 촬영까지 적어도 2초를 기다려야 한다.

개가 턱 받침대에 머리를 올리고 나서 잡음이 사라지기까지 기다리고 나서 두 번째 요소인 수신호로 넘어간다. 나와 멜리사가 캘리와 매켄지에게 신호를 주기로 했는데 실험 당일에 캘리와 매켄지에게 신경을 온전히 쏟아야 하는 상황에서 어떤 수신호를 줄지 그 자리에서 즉흥적으로 결정하는 것은 너무 부담스러울 것 같았다. 그래서 앤드류가 미리 작성한 수신호 순서 목록을 들고 옆에 서 있기로 했다. 핫도그 수신호 순서에는 손가락 하나를, 완두콩 수신호 순서에는 손가락 두 개를 들기로 했다. 그리고 나 또는 멜리사가 MRI 기기 안에 들어가 있는 개를 마주 보고 서서 그에 맞는 수신호를 주기로 했다. 중요한 건 타이밍이었다.

fMRI 촬영 중에 개에게 주어지는 자극으로부터의 반응이 관찰되기까지는 시간이 다소 소요된다. 뉴런을 둘러싼 혈관이 확장되는 데 몇 초가 걸리고, 뉴런 발화가 정점에 이르기까지는 6초 그리고 기준선으로 돌아가기까지는 다시 20초가 걸린다. 이 시간차의 특성을 함수 형태로 표현한 것을 혈류역학적 반응함수Hemodynamic response function, HRF라고 한다. 그리고 HRF는 fMRI의 골칫거리 중 하나다. 반응이 지연되면 개는 그만큼 HRF가 정점에 이르고 사라질 때까지 완벽하게 자세를 유지해야 한다. 이 지연 시간이 바로 세 번째 요소다. 20초간 가만히 자세를 유지할 수 있다면 가장 좋겠지만 10초만으로도 충분하다고 생각했다. 10초만 해도 HRF의 정점을 포착하기에 충분했다.

마크, 앤드류와 나는 수신호를 1초 동안 보여주고 나서 10초를 기다린 후 보상을 줄지 아니면 대기 시간 내내 수신호를 줄지 고민했다. 결국 후자를 선택했다. 수신호를 잠깐만 보여주면 개가 신호가 나타나는 것에 주목하는지 아니면 신호가 사라지는 것에 주목하는지 알 수 없다고 생각했기 때문이다. 둘 다 개의 주목을 끌 만한 요소이기 때문에 판단이 쉽지 않을 것이다. 확실히 신호의 등장에 관심을 끌기 위해 간식을 줄 때까지 수신호를 계속 유지하는 것이 현명하다고 판단했다. 이것이 네 번째 요소이자 시퀀스의 끝이다.

핫도그를 보상으로 줄 때는 어렵지 않았다. 왼손을 들어 신호를 주고 오른손으로 핫도그를 주면 된다. 하지만 완두콩 신호에는 양손이 필요했기 때문에 오른손 손바닥으로 콩을 쥔 채로 신호를 줘야 했다.

촬영 당일 모든 것이 순조롭게 진행되도록 멜리사와 나는 모든 요소를 몇 번이고 반복해서 연습했다. 미묘하게 보디랭귀지가 달라져서 개들이 이 변화를 감지할 수도 있지만 대비하기 위해서는 연습 외에는 할 수 있는 게 많지 않았다.

집에서는 계속해서 시뮬레이터로 훈련했다. 어느덧 훈련에 너무 익숙해졌는지 MRI 기기 소리를 95데시벨 수준으로 재생해도 슬슬 훈련을 지루해하는 정도가 되었다. 여전히 핫도그를 좋아했지만 헤드 코일 안에만 들어가면 프로페셔널하게 모든 과정을 척척 해냈다. 더 이상 꼬리도 흔들지 않고서는 가만히 앉아 '이제 간식을 줘'하는 차분한 눈빛으로 나를 바라봤다. 촬영 전날에는 훈련을 10분도 넘기지 않았다. 미리 캘리를 지치게 하고 싶지 않았다.

캘리는 준비되었다. 그 어느 때보다 침착하고 차분해 보였다.

반면에 나는 초조함에 전전긍긍했다. 최종 연습 이후 많은 진전을 이루었다. 턱 받침대를 다시 설계하고, MRI 기기 변수를 변경하고, 실험의 시퀀스까지 결정했다. 그래도 여전히 걸리는 점이 많았다. 내일이면 도그 프로젝트가 성공할지 확실히 알 수 있을 것이다.

헬렌 역시 내일만을 기다렸다. 공부 습관을 개선하는 데 열을 올려 플래시 카드를 만들어가며 열심히 공부했다. MRI 촬영 전날, 잠자리에 들려는 헬렌에게 잘 자라고 볼에 뽀뽀를 해줬다.

"아빠, 저도 데려갈 거예요?" 헬렌이 물었다.

"그럼, 열심히 공부해서 너무 대견해. 학교에서 배우는 과학은 어렵겠지만 내일이면 과학이 얼마나 재미있는 건지 직접 보게 될 거야."

그 말에 헬렌은 미소를 지으며 꽉 안아줬다.

그날 밤 아무리 잠들려고 해도 잠이 오지 않았다. 눈을 말똥말똥하게 뜬 채로 그저 누워 있었고 캘리는 캣과 내 사이에 몸을 둥글게 말고 누워 있었다. 캘리의 부드러운 털에 손을 얹자마자 호흡에 따라 캘리의 가슴이 천천히 올라갔다가 내려가기를 반복했고, 그것만으로 나는 안정감을 느꼈다. 뉴턴 역시 그렇게 진정시켜 주곤 했다. 뉴턴의 잔잔한 코 고는 소리가 그 진정 효과를 더해줬다.

그렇게 누워서 할 수 있는 거라곤 상상의 나래를 펼치는 것뿐이었다. 그때, 에드워드 제너$^{Edward\ Jenner}$가 떠올랐다. 제너는 1796년에 천연두 백신을 발명한 과학자로 소젖 짜는 여성들은 천연두에 걸리지 않는다는 것을 발견했다. 제너는 여성들이 천연두와 비슷한 질병인 우두를 앓고 나서 생기는 물집에 면역력을 유도하는 물질이 포함되어 있다고 추측했다.

제너는 정원사의 8살 된 아들인 제임스 핍스$^{James\ Phipps}$를 대상으로 이론을 실험했다. 제임스에게 우두를 앓는 여성의 물집에서 나온 고름을 주입한 후 진짜 천연두 바이러스에 노출시켰다. 예상대로 제임스는 천연두에 걸리지 않았고, 이 대단한 발견 덕분에 오늘날 전 세계가 천연두에서 해방되었다.

하지만 제너의 실험은 오늘날 재현하기에는 무리가 있다. 상당한 리스크를 감수하고 진행한 실험이었다. 만약 그의 이론이 틀렸다면 제임스는 천연두에 걸려 사망했을 것이다. 정원사는 고용주가 아들을 대상으로 실험을 진행한다고 한들 거절할 수도 없었을 것이다. 그럼에도 자기에게 가까운 누구에게 이론을 실험해 볼 그 용기만은 존경한다. 만약 오늘날 생의학 연구자들이 자기가 아는 사람에게 이론을 가장 먼저 실험해야 한다면 과학계에서 쓸데없는 연구는 훨씬 줄어들었을 것이다.

캘리도 가족이다. 그리고 제너처럼 가족과 같은 대상에게 실험을 앞두고 있었다. 나 자신이 MRI에 들어가는 것에는 아무런 거리낌이 없었다. 주기적으로 연구실에서 진행하는 실험에 참여하기도 한다. 하지만 캘리는 사람도 아니고 우리는 아직 개에 대해 모르는 영역이 너무 많았다.

마크는 수천 킬로미터 떨어진 곳에서 길을 잃은 후 집을 찾아온 개들에 관한 이야기를 들려준 적이 있다. '어떻게 그게 가능할까? 비둘기처럼 뇌에 어떤 원시적인 자기력이 있는 걸까? 그렇다면 혹시 MRI 촬영 중 나오는 자기장 때문에 그 기능이 망가지면 어떡하지?' 하는 온갖 생각이 꼬리에 꼬리를 물었다.

우리는 지금 미지의 세계 문턱에 서 있었다. 대체 이게 무슨 실험인지 의아해하는 사람도 있을 것이다. 어떤 사람은 동물 학대라고 할지도 모르겠다. 물론 내 입장에서는 개들의 권리를 사람과 같은 수준으로 존중하도록 최선을 다하고 있지만 말이다.

그럼에도 이게 유일한 방법이었다. 실험을 할 거라면 내 가족, 내 식구여야만 했다.

3장

뇌과학으로 본 사실

15.

뇌 절편 영상

드디어 그날이 다가왔다. 헬렌은 내가 차에 짐을 싣는 걸 도와주었다. 정말 실험을 보게 되어서 신이 난 건지 아니면 그냥 학교 수업을 빼먹는 게 그리도 좋았는지 알 수는 없지만 어쨌든 함께 할 수 있어서 기뻤다.

가져가야 할 물건을 하나라도 빠뜨릴까 혹시나 해서 미리 목록을 작성해 뒀다. 귀마개, 턱 받침대, 핫도그, 완두콩, 나일론 소재의 목걸이와 목줄 그리고 플라스틱 계단을 실었다. MRI실 안으로는 금속을 가지고 갈 수 없기 때문에 캘리의 목걸이와 목줄에서 금속 소재를 모두 제거했다. 캘리 모르게 필요한 물품을 차에 실으려고 했지만 턱 받침대를 보자마자 들떠서 껑충껑충 뛰기 시작했다. 차고 문까지 따라와 내 다리 사이에 머리를 비집고 먼저 차로 달려갔다.

그렇게 셋은 정오가 되기 직전에 연구실에 도착했는데 이미 사람들로 가득 차 있었다. 다시는 하지 못할 실험일 수도 있기에 모든 과정을 기록으로 남기려고 사진사도 섭외했다. 그리고 IACUC 프로토콜을 준수하고 개들의 복지를 위해 수의 기술자도 불렀다. 사실 누가 올지도 전혀 몰랐고 도그 프로젝트에 대해 어떻게 생각할지도 더더욱 몰랐다.

하지만 수의 기술자인 레베카 헌터[Rebeccah Hunter]와 이야기를 나누자마자 마음속 걱정이 눈 녹듯 사라졌다. 레베카는 젊고 열정 넘치며, 무엇보

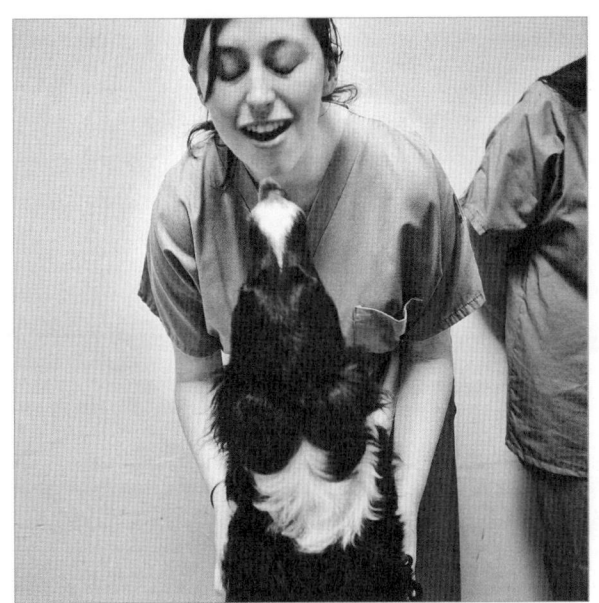

사진 13. 매켄지를 반기는 레베카 (출처: 브라이언 멜츠)

다 개를 좋아했다. 캘리는 곧장 달려가 점프해 그녀의 얼굴을 핥았다. 자, 개를 키우거나 좋아하는 사람이라면 알 테다. 저 사람이 개를 좋아하는지 판단할 수 있는 아주 중요한 순간이다. 캘리처럼 행동할 때 기겁하며 뒷걸음치는지 아니면 맞장구쳐주며 개와 뽀뽀를 하는지를 보면 알 수 있다.

레베카는 캘리 쪽으로 몸을 숙였다. 그리고 아예 눈높이에 맞게 무릎을 꿇고서는 "우와 정말 착한 아이구나!"라고 말해줬다. 그 말에 캘리는 레베카의 입술을 넙죽 핥았다.

단 몇 시간 뒤 레베카와 개들 사이의 라포르는 상당히 큰 역할을 했다. 마크와 멜리사도 매켄지를 데리고 곧 도착했다. 긴장을 풀고 에너지를 좀 발산할 수 있도록 연구실 안에서 개들을 좀 뛰어다니게 했다. 캘리와 매켄지는 이 사람 저 사람 쏘다니며 한 명도 빠뜨리지 않고 냄새를 맡았

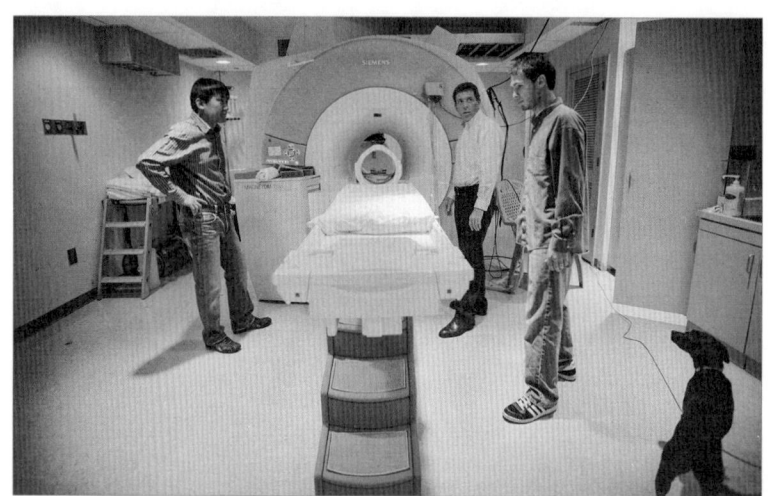

사진 14. 신엽, 앤드류, 캘리 그리고 내가 MRI 기기 안을 들여다보는 모습 (출처: 브라이언 멜츠)

다. 그 와중에 캘리는 잠시도 쉬지 않고 꼬리를 흔들어 댔다. 심지어 바닥에 누워 있으면서도 누가 근처에 오기라도 하면 흔들어 대는 꼬리가 바닥에 부딪히며 철썩철썩 소리가 났다. 그렇게 10분 동안 신나게 논 뒤 조금 지쳤는지 두 마리 모두 진정된 상태가 되었다. 이제 앞으로의 일을 위해 최대한 차분함을 유지하길 바랐다. 조금 피곤한 편이 오히려 MRI 기기 안에서 가만히 있는 데 도움이 되리라 생각했다.

개 목줄도 나일론 소재의 목줄로 모두 바꾸고 목줄에 달린 D자 모양의 고리와 클립도 플라스틱으로 교체했다. 팀원들도 주머니에 열쇠나 휴대폰과 같은 금속 소재의 물건이 없는지 재차 확인했다. 신용카드 한 장이라도 주머니에 넣어뒀다가는 MRI 기기의 자기력 때문에 카드를 아예 쓸 수 없게 되니까 말이다. 보통 MRI 제어실에서 금속 검사를 진행하지만 개들을 데리고 병원 복도를 지나가 소란을 피우고 싶지 않았기 때문에 외부와 연결된 옆문을 통해 MRI실로 바로 들어가기로 했다. 그래서 MRI실에 들어가는 모두가 한 명도 빠짐없이 안전 기준을 충족하는지 철저히 확인해야 했다.

MRI실에 들어서자 MRI 기술자이자 최종 연습에도 함께했던 로버트 스미스가 맞이했다. 중국에서 온 자기공명 물리학자인 안신엽$^{Sinyeob\ Ahn}$도 있었는데 신엽은 실시간으로 기기의 설정을 조정해 줄 중요한 인물이었다. 이들은 캘리와 매켄지를 보고 미소를 지었지만 그들의 표정에서 이 실험이 성공할 리 없다는 불신을 읽을 수 있었다.

금고에 달려 있을 법한 두터운 철문을 힘겹게 닫았다. 이제 이 방은 전기도, 전파도 들어올 수 없는 상태가 되었다. 문이 완전히 닫힌 것을 확인한 후에 캘리와 매켄지의 목줄을 풀어줬다. 이곳에 와본 적이 있던 캘리는 바닥에 음식 조각이 떨어져 있다는 것을 알고서는 어김없이 바닥에 킁킁거리며 다녔다. 음식을 찾느라 바닥에 코를 박고 다니다가도 MRI 기기를 힐끔 쳐다보고 말았다.

반면에 매켄지는 보더 콜리처럼 MRI 기기를 열렬히 주시하기만 했다. 냉각 펌프 소리를 들으면 언뜻 살아 있는 생명체라고 생각할 수도 있었겠지만, 매켄지는 이내 MRI 기기는 기계에 불과하다는 사실을 깨달은 듯했다.

매켄지가 기기에 조금 익숙해지도록 멜리사가 돌보는 동안 로버트와 신엽과 함께 오후에 있을 촬영에 대해 이야기를 나눴다. 지난번 최종 연습의 피드백을 바탕으로 촬영 프로토콜의 몇 가지 사항을 변경했다.

제어실에서 멜리사가 매켄지를 MRI 기기에 넣으려고 달래는 모습이 보였다. 처음에는 망설이다가 매켄지는 조심스럽게 계단을 올라가 테이블 위에 털썩하고 누웠다. 그다음에는 어떤 행동을 해야 할지 몰라 당황한 듯 보였다. 멜리사는 기기 반대편으로 가 매켄지가 기기 안으로 들어올 수 있도록 핫도그로 유인했다. 그 모습을 보자마자 캘리가 계단으로 달려 올라가 매켄지를 넘어 MRI 기기 안에 자리를 잡으려고 몸을 들썩였다.

그 모습에 신엽은 웃기 시작했다.

"두 마리 모두 한 방에 가능하겠는데요?"

매켄지는 이 상황이 불편해 보였다.

"캘리 좀 데리고 나와서 차례가 될 때까지 좀 데리고 있을 수 있겠니?"

나는 헬렌에게 부탁했다. 이 실험에서 할 일이 생겨 기쁜 듯 헬렌은 눈을 반짝이며 밝게 웃었다.

최종 연습 때처럼 신엽은 세 가지 종류의 촬영을 프로그래밍했다. 첫 번째는 개의 뇌 위치를 파악하는 로컬라이저 촬영이다. 이 촬영을 통해 다음 촬영을 위한 영상 영역을 설정하게 된다. 그다음은 기능적 영상 촬영이다.

"얼마나 오래 촬영할 예정이에요?" 로버트가 물었다.

보통 사람을 대상으로 촬영을 진행할 때는 약 10분 단위로 촬영한다. 기기 안에서 한 가지 과제를 수행할 수 있는 최대 시간이다. 10분 후 몇 분간 쉬는 시간을 주고 다시 10분간 수행하는 식으로 촬영을 진행한다. 하지만 개에게 이 방식을 적용할 수는 없었다.

"5분으로 해보죠." 내가 말했다. 뇌 전체를 촬영하는 데 2초가 걸리니까 그동안 약 150장의 이미지를 얻을 수 있다. 목표는 그 시간 내 움직임 없이 연속적으로 10장의 이미지를 얻는 것이었다.

두 번째 촬영 후에도 시간이 충분하고 개들도 컨디션이 괜찮다면 마지막으로 구조적 영상 촬영을 하기로 했다. 비교적 빠르게 촬영할 수 있지만 그래도 개들이 30초간은 움직이지 않고 가만히 있어 줘야 촬영이 가능했다.

나는 앤드류를 보며 물었다. "준비됐나요?" "가보죠!"

캘리를 보며 말했다. "캘리! 훈련 좀 해볼까?"

그 말에 캘리는 내 얼굴을 핥으며 신나게 뛰어올랐다.

멜리사는 매켄지가 촬영이 없을 때 쉴 수 있도록 강아지 텐트를 가져와 제어실 한구석에 세팅했다.

캘리와 나를 뒤따라 레베카가 MRI실로 들어왔다. 레베카는 캘리가 불편한지, 스트레스를 받는지 등 상태를 자세히 확인할 수 있도록 테이블 끝쪽에 섰다. 캘리 머리 위로 귀마개를 씌우고 나서 기기 안으로 들어가라는 신호를 보냈다. 안으로 몸을 넣을 때 캘리를 마주 볼 수 있도록 나는 얼른 반대편으로 달려갔다. 캘리는 헤드 코일 안으로 몸을 비집고 들어가 턱 받침대 위에 머리를 올렸다. "잘했어!"라고 말한 뒤 핫도그를 하나 줬다. 캘리는 기대에 찬 눈빛으로 바라보며 꼬리를 흔들었다. 그때 앤드류는 바로 왼쪽에 서 있었고, 나는 그를 바라보며 "시작합시다"라고 말했다.

앤드류는 손을 들어 제어실 유리창 너머로 관찰하고 있던 로버트에게 신호를 보냈다. 기기가 작동하기 시작했다. 딸깍, 딸깍, 딸깍 소리에 이어 수백만 마리의 벌들이 윙윙거리는 소리가 들렸다. 소프트웨어가 기기 안에 들어가 있는 것이 개라는 사실을 인식하지 못했기 때문에 캘리의 몸이 자석장에 초래한 왜곡을 보정하기 위해 쉬밍이 시작되었다.

그 소리에 캘리는 겁이 났는지 눈을 게슴츠레 떴다. 관심을 끌기 위해 핫도그 하나를 들어 올렸지만 이미 늦었다. 뒷걸음질 치기 시작했다. 캘리가 나간 탓에 기기는 몇 초 동안 윙윙거리다가 결국 작동을 멈추고 말았다. 레베카는 캘리를 달래려고 가슴을 쓰다듬었다.

캘리가 쓰고 있던 귀마개는 아예 머리 뒤로 넘어가 버려 목에 덜렁덜렁 매달려 있었다. 핫도그 조각을 조금 더 주고 나서 귀마개를 다시 제대로 씌웠다. 캘리는 다시 기기 안으로 들어가 헤드 코일 안에서 스핑크스 자세로 누웠다. 하지만 이번에도 기기가 쉬밍을 시작하자마자 역시나 겁을 먹고 뒷걸음질 쳐 기기 밖으로 나왔다.

이후로도 두 번 더 시도했지만 실패하자 초조해지기 시작했다. 캘리가 밟고 올라간 플라스틱 계단에 앉아 캘리의 머리를 쓰다듬었는데 눈빛은 마치 '나도 노력하고 있어요'라고 말하는 것 같았다.

소음에 대비해 많이 훈련했지만 실제 소음은 예상보다 심했다. 설상가상으로 귀마개는 자꾸만 뒤로 떨어졌다. 귀마개를 조금 더 단단하게 고정시킬 수 있다면 소음이 지금보다는 덜 거슬릴 수 있겠다고 생각했다.

레베카 역시 비슷한 생각을 했다. 레베카는 온갖 수의 기술 도구가 담긴 가방을 뒤지더니 거즈 패드와 비접착성 테이프를 꺼냈다. 캘리의 입에 쉴 틈 없이 핫도그 조각을 넣어주는 동안 그녀는 아주 신중하게 귀와 귀마개 사이에 거즈 패드를 하나씩 끼워 넣었다. 그리고 모든 것이 잘 고정되도록 캘리의 머리 전체를 테이프로 감았다. 예상외로 캘리는 가만히 있었다. 머리 전체를 테이프로 칭칭 감은 탓에 머리에 심각한 부상을 입은 개처럼 보이긴 했지만 적어도 이제는 귀마개가 떨어질 일은 없었다.

"다시 해보자"라고 말했지만 캘리는 듣지 못했다. 다행이었다. 다시 MRI 기기 안으로 들어가라는 신호를 보냈고 캘리는 가볍게 들어갔다.

기기는 다시 클릭 소리 이후 윙 소리를 냈다. 캘리에게 핫도그를 주면서 기다렸지만 윙 소리는 멈출 기미를 보이지 않았다. 다행히 이번에는 캘리는 잠자코 있었다. 그렇게 영원 같았던 30초간의 윙 소리가 끝나고 로컬라이저 촬영을 알리는 세 번의 짧은 경고음이 들렸다. 기기가 자기장의 왜곡을 성공적으로 보정하고 이미지를 촬영했다는 신호였다. 나는 캘리에게 핫도그를 몇 개 더 주고 난 뒤 얼른 제어실로 들어갔다.

로버트와 신엽은 미소를 지으며 엄지손가락을 치켜세웠다.

콘솔 화면에는 캘리의 측면 이미지가 떠 있었다. 흐릿하긴 했지만 누가

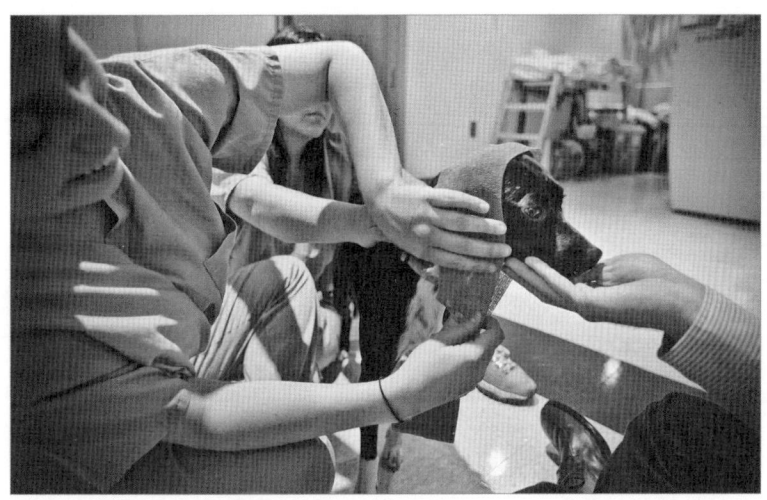

사진 16. 머리에 테이프를 감은 캘리 (출처: 브라이언 멜츠)

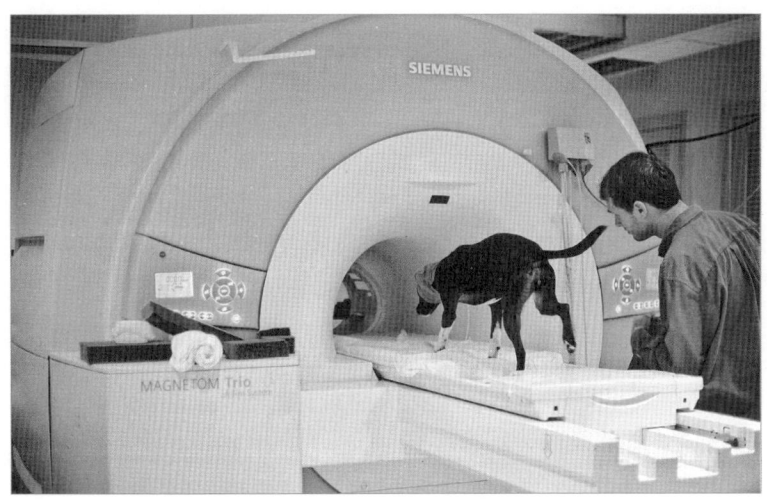

사진 17. 다시 기기 안으로 들어가는 캘리 (출처: 브라이언 멜츠)

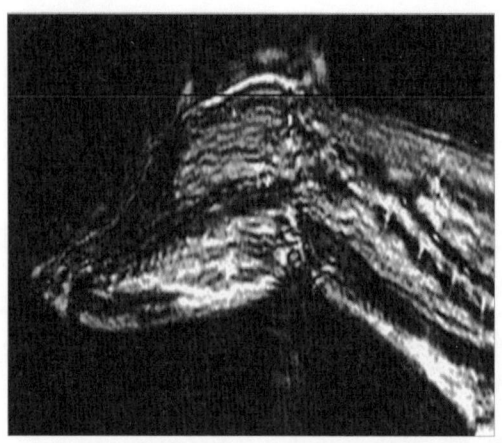

사진 18. 캘리의 첫 로컬라이저 이미지 (출처: 그레고리 번스)

봐도 캘리의 뇌와 척수라고 확실히 알아볼 수 있을 정도였다. 마취제 없이 의식이 있는 상태에서 자연스러운 자세로 촬영된 최초의 개 MRI 이미지를 보며 모두가 감탄했다. 전신마취 후 기관 내 삽관을 한 상태에서 촬영해 목이 비정상적으로 뒤로 젖혀진 이미지와는 전혀 달랐다. 캘리의 뇌가 척수로 이어지고 기도 쪽으로 쭉 이어지는 이미지를 보고 있자니 조금 소름이 돋기도 했다.

다음은 기능적 영상 촬영을 진행했다. 로버트는 컴퓨터 화면에서 창을 하나 열어 영상 영역을 지정했다. 캘리의 얼굴이 정면으로 향한 채 뇌를 앞뒤로 나누는 관상면^{coronal}으로 촬영해 각 절편을 3.5mm 두께로 총 25개의 절편의 이미지를 얻기로 했다. 즉, 영상 영역의 길이는 87.5mm도 채 안 되었기 때문에 약간의 오차도 허용할 수 없었다. 캘리가 조금이라도 다른 위치에 머리를 두게 되면 촬영 내내 움직이지 않더라도 영상 영역 내에 뇌가 들어오지 않게 된다. 부디 턱 받침대가 제 역할을 해주길 바랄 수밖에 없었다.

시계를 보니 어느덧 오후 3시였다. 이미 촬영을 시작한 지 두 시간이 훌쩍 지난 시점이었는데도 매켄지 촬영은 시작도 못 했다. 적어도 3시 30분에는 촬영을 시작해야겠다고 마음먹었다. 캘리도 눈에 띄게 피곤해 보였다. 계단을 올라 기기 안으로 들어가긴 했지만 처음보다 꼬리를 흔드는 정도가 확연히 줄어들었다. 사실 이점만큼은 다행이었다. 기기 안에서 꼬리를 흔들면 어쩔 수 없이 머리까지 흔들릴 수밖에 없었다.

앤드류는 네 개의 버튼이 든 작은 상자를 들고 기기 뒤쪽에 자리를 잡았다. 버튼 상자는 제어실의 컴퓨터와 연결되어 있었다. 버튼을 누르면 컴퓨터가 촬영 시작 후 정확한 시간을 기록했다. 각 실험이 시작될 때, 즉 캘리가 턱 받침대에 머리를 올리면 앤드류가 첫 번째 버튼을 눌렀다. 그리고 핫도그를 준다는 수신호를 주면 두 번째 버튼을, 완두콩을 준다는 수신호를 주면 세 번째 버튼을 눌렀다. 그리고 실제 핫도그나 완두콩 중 하나를 주고 나면 네 번째 버튼을 눌렀다. 이벤트와 이미지 번호를 매칭할 수 있도록 각각의 이벤트에 대한 정확한 시간을 기록했다.

캘리는 자세를 잡고 기대 가득 찬 눈으로 바라봤다. 캘리에게 핫도그를 주고 나서 "잘했어!"라고 외친 후, 촬영을 시작해도 된다는 의미로 앤드류를 향해 고개를 끄덕였다.

기기는 몇 번 딸깍거리는 소리를 내더니 곧바로 드릴 소리가 나기 시작했다. 지난 한 달간 이 소음에도 대비한 훈련을 했지만, 로컬라이저 촬영할 때보다 훨씬 컸다. 결국 캘리는 턱 받침대에서 머리를 들더니 뒷걸음질 치다가 어중간하게 몸의 반은 기기 안에 있고 반은 밖으로 나와 있는 상태에서 나를 쳐다봤다. 내가 핫도그를 들자 캘리는 잠시 생각하더니 다시 달려와 손에 있던 핫도그를 잽싸게 먹어버렸다. 나쁜 일이 일어나지 않을 거라고 확신한 듯, 캘리는 다시 턱 받침대에 머리를 올리고 편안히 자세를 잡았다.

곁눈질로 앤드류가 첫 번째 버튼을 누르는 것을 봤다. 이어 손가락 하나를 들어 올렸다. 핫도그를 주라는 신호였다. 머릿속으로 1초, 2초를 세고 핫도그를 의미하는 수신호를 캘리에게 줬더니 눈이 커졌다. 그리고 다시 6초를 세고 나서 캘리에게 핫도그를 줬다. 집에서 연습한 그대로 차근차근 잘 진행했다.

이런 식으로 계속 반복했다. 물론 매번 성공하지는 못했다. 한 번은 캘리에게 음식을 주려고 손을 뻗다가 테이블을 치고 말았다. 약간의 충격에 캘리는 겁을 먹고서 뒷걸음질 쳤지만 완전히 기기 밖으로 나가지는 않았고 음식을 들어 올리자 이내 스스로 기기 안으로 다시 들어왔다. 끝날 것 같지 않던 촬영이 마침내 끝났고 기기도 작동을 멈췄다.

캘리는 어느새 테이블 밖으로 나와 기다리고 있었다. 그런 캘리를 꽉 안아준 다음에 핫도그를 실컷 먹게 해주고 같이 제어실로 갔다. 로버트는 컴퓨터 화면을 보며 스크롤을 내리며 촬영 이미지를 확인하고 있었다. 대부분의 이미지가 뿌옇게 흐려 보였다. 개처럼 보이는 이미지가 간혹 보이긴 했지만 많지 않았다.

건질 수 있는 이미지를 찾지 못했다.

"영상 영역에 들어오지 않았어요." 로버트가 말했다.

가슴이 철렁 내려앉았다. 알고 보니 로컬라이저 촬영 시의 자세가 달랐는데 그 사실을 알지 못하고 잘못된 위치로 MRI 기기를 프로그래밍한 것이다. 캘리의 뇌가 하나도 찍히지 않았다. 하지만 포기하기에는 이미 우리는 여기까지 왔고, 캘리도 해낼 수 있다는 가능성을 충분히 보여줬기에 도무지 멈출 수 없었다.

"배측부 방향으로 바꿔서 다시 촬영해 보죠." 내가 말했다.

로컬라이저 이미지를 보다가 한 가지 놓친 사실을 깨달았다. 개의 뇌는 위아래 방향보다 앞뒤 방향이 더 길다. 평평한 형태에 맞춰 절편을 위에서 아래로 나누는 것이 더 합당했다.

그리고 이 방향을 배측부dorsal 방향이라고 한다. 절편을 아주 두껍게 설정하거나 많이 찍지 않는 이상 영상 영역은 큰 직사각형 블록 형태로 나타나는데 이 형태가 절편의 면보다 더 크게 나타난다. 영상 영역을 캘리의 평평한 머리 형태에 맞게 회전시키면 머리의 위치와 크게 관계없이 뇌를 훨씬 더 잘 촬영할 수 있을 것이다.

로버트가 커서를 사용해 영상 영역을 90도 회전시켰더니 캘리의 뇌와 평행하게 정렬되었다. 영상 영역을 조정하느라 30분을 허비했다. 원래는 매켄지 촬영에 들어갔어야 하는 시간인데 아까 혼자 마음속으로 세운 계획을 조금 미루고 한 번만 더 캘리 촬영을 진행해 보기로 했다. 옆에 누워 있던 캘리는 피곤해 보였지만 쓰다듬으려고 손을 아래로 뻗자 흔들리는 꼬리가 바닥에 닿으며 철썩하는 소리가 났다. 아직 완전히 방전되지는 않았다는 의미였다.

이제 팀원들의 손발도 척척 맞았다. 레베카는 캘리의 머리에 귀마개를 고정시켰고 앤드류는 스캐너 뒤쪽에 자리를 잡았다. 이 모든 게 이제 지루해졌는지 아니면 에너지가 고갈되어서 그런 건지 모르겠지만 캘리가 기기 안으로 들어가는 속도가 확연히 느려졌다. 기기가 작동될 때도 이전만큼 놀라지 않았다. 다시 완두콩과 핫도그 수신호가 등장했다.

훨씬 순조롭게 수신호를 주고 간식을 줬다. 각 음식을 약 10번 정도 반복해서 주고 난 뒤 앤드류에게 말했다.

"이번에도 캘리가 정말 잘 한 것 같아요. 새로운 방법이 효과가 있었는지 한번 확인해 봅시다." 앤드류는 고개를 끄덕여 로버트에게 촬영을 중단한다는 신호를 보냈다. 캘리와 나는 거의 제어실로 달려가다시피 했다. 모두가 콘솔 주위로 모여들어 컴퓨터 모니터를 쳐다보고 있었다.

뇌였다. 캘리의 뇌가 찍혔다.

로버트가 이미지 시퀀스를 스크롤로 내리자 캘리의 뇌 절편 이미지가 명확하게 보였다. 총 60장의 이미지를 얻었고, 그중 절반 이상에서 뇌가 보였다.

날아갈 것 같았다. 10장만 얻어도 성공이라고 생각했었는데 그보다 훨씬 많은 이미지를 얻었다. 모두가 환호하며 하이파이브를 하느라 정신이 없었다. 리사는 몸을 숙여 캘리를 안았다. "네가 해냈구나!"

캘리는 보답이라도 하듯 리사의 얼굴을 핥았다. 신엽은 믿을 수 없다는 듯 아무 말 없이 고개만 절레절레 저었고, 앤드류는 이 상황을 한마디로 표현했다. "와우!"

모두가 이렇게 들떠 있는 가운데 완전히 지치고 긴장이 풀려 의자에 앉았다. 지난 몇 시간 얼마나 집중했는지 이제서야 체감되었다. 촬영할 때 그토록 솟구치던 아드레날린이 한순간에 모조리 빠져나간 것 같았다. 완전히 탈진 상태였다. 캘리도 마찬가지였다. 어느새 멜리사가 가져온 강아지 텐트에 가 혼자 쉬다가 곤히 잠들어 있었다.

하지만 끝난 게 아니었다. 매켄지 촬영도 시작해야 했는데 캘리가 길을 잘 닦아놓은 셈이었다. MRI 기기 소음 정도도 알았고 귀마개 문제도 해결했으니 매켄지 촬영은 곧장 시작할 수 있었다.

레베카가 다시 한번 귀마개 작업을 했다. 캘리는 스몰 사이즈 귀마개를 착용했지만 매켄지는 한 단계 큰 미디엄 사이즈를 착용했다. 귀마개를 완

사진 19. 귀마개를 테이프로 감은 매켄지 (출처: 브라이언 멜츠)

전히 테이프로 래핑하고 나니 터번을 쓴 것처럼 보였다. 매켄지는 캘리와 몸의 크기도 형태도 달랐기 때문에 다시 쉬밍과 로컬라이저 시퀀스 작업을 거쳐야 했다. 멜리사와 마크는 자리를 잡고 엄지손가락을 들어 올렸다. 촬영을 시작해도 된다는 의미였다.

매켄지는 캘리와 똑같이 반응했다. 윙윙거리는 소리가 시작되자마자 기기에서 얼른 빠져 나왔다. 서너 번을 반복했지만, 귀마개를 써도 매켄지는 소음에 익숙해지지 못했다.

"어떻게 해야 할까요?" 마크에게 물었다.

"기기가 갑작스럽게 시작해서 그런 것 같아요. 조용할 때는 기기 안에 들어가 있어도 편해하는데 갑자기 시작하고 소리가 나기 시작하면 그때부터 겁을 먹는 것 같네요."

이번에는 신엽에게 물었다. "매켄지가 기기 안에 들어가기 전에 먼저 작동시키고 그다음에 들어가게 할 수 있을까요?" 신엽은 고개를 저으며 말했다. "안 돼요. 안에 아무것도 없으면 기기는 아예 작동하지 않아요."

"그렇다면 조금 속임수를 써볼까요? 기기가 작동하기 전에 직접 소음을 내서 매켄지의 주의를 분산시켜 볼게요." 마크가 제안했다.

다섯 번째 시도였다. 멜리사의 신호에 매켄지는 다시 MRI 기기 안으로 들어갔고 마크가 매켄지를 향해 함성을 질렀다. 그때, 쉬밍이 시작되었다. 마크 덕분인지 아니면 이제 적응해서 그런지 드디어 매켄지는 도망가지 않고 자세를 잡았다. 로컬라이저의 경고음이 울리기 전까지 말이다. 너무 아까웠다.

"쉬밍은 끝났나요?"

"네, 그런데 로컬라이저 시작 전에 움직였어요." 신엽이 대답했다.

벌써 5시였다. MRI 기기를 예약한 시간이 거의 끝나갔다.

"그럼 로컬라이저는 건너뛰고 기능적 영상 촬영으로 바로 넘어가죠. 턱 받침대가 있으니 매켄지도 똑같은 위치에 머리를 둘 거예요. 캘리 때와 같은 방향과 영상 영역을 사용하죠." 내가 말했다.

앤드류는 다시 기기 뒤쪽에 자리를 잡고 멜리사에게 핫도그 또는 완두콩 수신호를 줄 준비를 했다. 마크는 다시 기기 소음에 매켄지가 놀라지 않도록 온갖 소리를 내기 시작했다. 로버트는 시작 버튼을 눌렀다.

매켄지가 뒷걸음질 치며 기기 밖으로 나와 엉덩이가 빼꼼 나올 거라고 생각했지만 예상외로 움직이지 않았다. 마크도 소리 내는 것을 멈췄다. 콘솔에 이미지가 뜨기 시작했다. 처음에는 코가 나타나더니 그다음에는 뇌의 일부가 나타났다. 뇌가 조금 더 보였다가, 사라졌다가, 몇 초 뒤 다시 조금 나타났다.

매켄지는 기기 안에 얌전히 있었다. 멜리사는 수신호를 준 다음 완두콩과 핫도그를 줬다. 밖에서 보기에는 매켄지는 기능적 영상 촬영만큼은 캘리보다 훨씬 잘 해내고 있었다. 컴퓨터 화면에는 명확하게 뇌의 이미지가 여러 장을 떴다. 전혀 움직임이 없는 이미지였다. 그만큼 매켄지는 머리를 전혀 움직이지 않고 있다는 의미였다.

하지만 문제가 하나 있었는데, 매켄지의 머리가 영상 영역 가장자리에 있다는 것이었다. 움직이지는 않았지만, 뇌의 앞부분만 촬영되고 있었다. 로컬라이저 이미지 없이 영상 영역을 설정한 탓이었다. 딱 몇 센티미터 차이로 중요한 부분을 놓친 거였다.

그렇게 5분간 기능적 영상 촬영을 진행했다. 이번에는 매켄지의 이미지를 활용할 수 없겠지만 훌륭한 시도였다. 촬영이 끝난 후, 나는 상황을 정리해서 발표했다.

"좋은 소식은 매켄지가 머리를 움직이지 않고 아주 잘 들고 있었다는 거예요. 하지만 나쁜 소식도 있는데 뇌의 절반만 촬영했다는 거예요."

사진 20. 마크, 멜리사, 신엽, 로버트, 리사, 크리스티나 그리고
내가 첫 번째 기능적 영상 촬영 이미지를 들여다보는 모습 (출처 : 브라이언 멜츠)

"매켄지는 컨디션이 나쁘지 않아요. 다시 해 볼게요." 멜리사가 말했다.

"머리를 조금만 앞으로 움직여줄 수 있으면 좋을 것 같아요."

다시 모두가 각자의 위치로 돌아간 뒤 촬영을 시작했다. 체감상 백 번 정도는 한 것 같았다. 이번에는 매켄지의 머리가 영상 영역의 중앙 쪽에 더욱 가깝게 촬영되었다. 일부 이미지에서는 여전히 머리의 위치가 틀어졌지만, 전반적으로 상당히 양호했다.

캘리와 매켄지 덕분에 목표로 했던 기능적 촬영 이미지 10장을 얻어냈다. 매켄지의 경우, 뇌의 일부분만 촬영된 이미지도 많았지만 두 마리 합쳐서 약 100장 정도의 이미지를 쓸 수 있었고, 이 정도면 완두콩과 핫도그에 대한 수신호를 비교해 뇌 활성화를 분석하기에는 충분했다.

집으로 돌아오자마자 캘리는 곧장 부엌으로 달려갔다. 하루 종일 핫도그와 완두콩을 실컷 먹어도 배가 차지 않은 모양이었다. 밥그릇 옆에 서서는 '내 저녁은요?'라는 눈빛으로 사료를 기다렸다.

낯선 병원 냄새를 맡은 라이라는 머리부터 꼬리까지 꼼꼼히 캘리의 냄새를 맡았다. 냄새가 조금 이상하긴 해도 여전히 캘리라는 것을 확인하고 나서는 꼬리를 흔들면서 반갑다는 의미로 몇 번 짖었다. 헬렌도 피곤한 듯 소파에 풀썩 앉았다.

"그래, 오늘 보니까 어땠어?" 내가 물었다.

"꽤 멋졌어요."

"학교에서 배우는 과학이 전부가 아니야. 과학이란 어떤 일이 일어날지 절대 알 수 없는 거거든" 나는 말을 멈췄다.

"네가 오늘 와서 정말 다행이야. 헬렌이 와서 아빠도 좋았거든."

그 말에 헬렌을 고개를 끄덕였고 나는 그런 헬렌을 꽉 안았다.

16.

꼬리핵 활동

그날 밤에도 캘리는 침대 위로 올라와 몸을 웅크리고 나와 캣 사이에 누웠다. 촬영 때문에 피곤했던 탓인지 곧장 깊은 잠에 빠졌다. 약간 코를 골기도 했다. 반면에 나는 오히려 긴장이 풀려 잠을 잘 수 없었다. 이틀 연속으로 뜬눈으로 밤을 지새웠다. 눈을 감으면 캘리의 뇌 이미지가 둥둥 떠다녔다. 그런데 그 이미지로 실제 어떤 일을 할 건지는 전혀 알지 못했다. 촬영으로 새로운 세계에 발을 들였지만 지도 한 장도 없이 무모하게 발을 들인 느낌이었다.

개의 뇌는 사람의 뇌와는 전혀 딴판이었다. 크기도 크기지만 사람의 뇌에서 익숙하게 봐왔던 많은 부위가 개의 뇌에서는 아예 찾아볼 수 없거나 알아볼 수 없는 형태로 존재했다. 개의 뇌를 촬영했으니 이제 앤드류와 이 모든 데이터를 해석하는 문제와 씨름할 차례였다.

개와 사람의 뇌는 두 가지 중요한 측면에서 다르다. 바로 구조와 기능이다. 뇌의 구조란 그 형태를 의미한다. 신경과학자가 아니더라도 사람과 개의 뇌는 모양이 다르다는 것은 쉽게 알 수 있다. 뇌의 구조는 뇌의 다양한 부위와 그 부위의 상대적인 위치를 의미한다. 신경과학 용어로 뇌의 주요 부위를 '랜드마크'라고 부른다. 모든 뇌에서 명확하게 구별할 수 있는 랜드마크로는 뇌간과 척수, 소뇌, 뇌척수액을 생성하는 뇌실, 좌우 뇌를 연

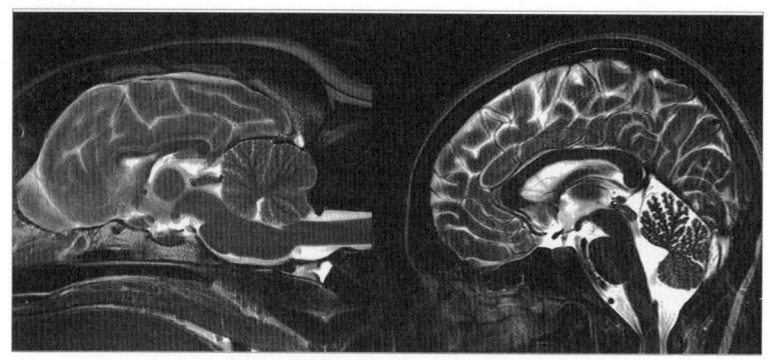

사진 21. 개의 뇌(좌측)와 사람의 뇌(우측) (비율은 실제와 다름)
(출처: 개의 뇌 이미지는 토마스 플레처 제공, 사람의 뇌 이미지는 그레고리 번스 제공)

결하는 뇌량 그리고 맥클린MacLean의 '파충류 뇌'의 일부인 기저핵에 포함된 몇 가지 부위가 있다.

위와 같은 몇 가지 공통적인 랜드마크가 있지만 뇌에서 가장 큰 부위인 대뇌 피질은 사람의 뇌와 개의 뇌에서 확연히 다르게 나타난다. 아마 사람과 개가 다른 가장 큰 이유는 이 대뇌 피질cerebral cortex 때문일 것이다.

미국과 프랑스의 지도를 비교해 본다고 생각해 보자. 지도만으로 이 두 국가에 대해서 어떤 점을 알 수 있을까? 일단 크기가 명백히 다르다. 하지만 이것만으로는 큰 의미는 없고 도로의 배치를 보면 활동의 중심지가 어딘지 알 수 있다. 많은 도로가 파리로 이어지기 때문에 프랑스의 중심지가 파리라는 것을 알 수 있다. 마르세유나 보르도와 같은 항구 도시도 무역의 중심지라는 것을 유추할 수 있다.

이에 비해 미국의 경우, 지도를 봐도 프랑스처럼 명확한 중심지를 파악하기는 쉽지 않다. 그래도 워싱턴 D.C.에서 뉴욕까지 이어지는 북동 회랑(미국의 워싱턴 D.C.에서 보스턴까지 이어지는 중요한 교통 및 경제 중심지로, 특히 철도와 도로망이 밀집된 지역)이 눈에 띄며, 이 지역이 행정과 경제 활동의 중심지라는 것을 알 수 있다. 마찬가지로, 보스턴, 휴스턴, 로스앤젤레스, 샌프란시스코와 같은 해안 도시도 무역의 중심지다.

개와 사람의 뇌도 마찬가지다. 개의 뇌에 존재하는 각 부위가 정확하게 어떤 기능을 하는지는 모르지만 다른 동물의 뇌에 대한 정보를 바탕으로 합리적으로 추론해 볼 수 있다. 두 가지 뇌에 공통으로 존재하는 랜드마크를 바탕으로 개의 뇌 기능 지도를 더욱 정밀하게 구축해 볼 수 있다는 뜻이다. 하지만 어디서부터 시작해야 할까?

언뜻 봐도 개의 뇌는 사람과 너무나도 달랐기 때문에 사람의 뇌에 관한 방대한 신경과학적 데이터 중 얼마를 활용할 수 있을지조차 알 수 없었다. 그렇게 모두가 잠든 가운데 정신이 말짱한 채로 사람 뇌의 다양한 부위를 구별하는 '기본적인 구획'을 떠올리며 개의 뇌에서는 이 구획이 어떻게 생겼을지를 상상해 보려 했다. 완전히 처음 가본 낯선 나라의 지도를 들여다보는 느낌이었다.

뇌를 거대한 컴퓨터에 비유해 보자. 정보가 들어가면 뇌가 그것을 처리한 후 행동, 즉 신체적 움직임으로 나타난다. 이러한 입력과 출력은 뇌의 가장 주요 기능 중 하나다.

입력은 이해하기 비교적 쉬운 개념이다. 뇌로 들어오는 모든 정보는 시각, 청각, 촉각, 후각, 미각이라는 다섯 가지 감각을 통해 전달된다. 과학자의 관점에서 입력은 실험에서 컨트롤할 수 있는 요소다. 캘리와 매켄지와의 실험의 경우, 수신호를 통해 시각적인 자극을 컨트롤했고, 완두콩과 핫도그를 주면서 후각과 미각을 컨트롤했다.

출력 역시 이해하기 어렵지 않다. 뇌의 주요 출력을 움직임이라고 생각하면 된다. 최초의 fMRI 실험에서는 인간 피험자에게 MRI 기기 안에 누워 30초 동안 손가락을 움직이도록 했다. 피험자가 손가락을 움직일 때 손을 제어하는 뇌의 부위에서 활동이 명확하게 포착되었다.

중심고랑central sulcus은 사람의 뇌에서 각 반구를 바깥쪽을 거의 수직으로 가로지르는 깊은 고랑이다. 중심고랑 뒤쪽은 주로 입력, 앞쪽은 주로 출력과 관련된 기능을 담당하며 앞쪽의 전두엽과 뒤쪽의 두정엽을 가르는 주요한 랜드마크다. 특히 중요한 점은, 중심고랑 앞쪽 부분에는 신체의 모든 부분의 움직임을 제어하는 뉴런이 자리 잡고 있다. 이 고랑의 아래쪽, 귀 위쪽에는 손과 입을 제어하는 뉴런이, 머리의 정수리 쪽으로 올라갈수록 다리를 제어하는 뉴런이 있다. 중심고랑을 따라 위치한 뉴런은 신체의 반대쪽을 제어한다. 오른손을 움직이면 왼쪽 중심고랑의 일부가 활성화되며, 이 활동은 fMRI를 통해 쉽게 관찰할 수 있다.

반면에 중심고랑 뒤쪽의 뉴런은 특정 부위에서 접촉이 일어날 때 반응한다. 이것이 바로 기본적인 감각 정보를 처리하는 뉴런이다. 머리 뒤쪽으로 갈수록 뉴런은 여러 감각 입력을 통합하는 멀티모달multimodal 기능을 갖게 된다. 그리고 머리의 가장 뒤쪽에는 눈으로부터 입력을 받는 주요 시각 영역이 자리 잡고 있다.

사람의 뇌에서 눈에 띄는 또 다른 랜드마크는 귀 바로 위쪽, 뇌의 측면에 위치한 돌출부다. 이 부분을 측두엽temporal lobe이라고도 한다. 귀와 인접한 위치에 있는 측두엽의 일부는 청각 기능을 담당한다. 또 다른 부위, 특히 뇌의 나머지 부분과 맞닿아 있는 내부 주름 부근에는 기억에 중요한 구조가 포함되어 있다.

개의 뇌를 보면 사람보다 크기가 작다는 점 외에도 주름이 훨씬 적다는 점이 가장 두드러진다. 사람의 뇌에는 주름이 상당히 많은데 더 많은 뇌세

포를 작은 공간에 욱여넣기 위해 고안된 진화론적 해결책이다. 모든 주름을 평평하게 펴보면 모든 뉴런이 불과 몇 밀리미터 두께의 얇은 층에 있다. 매우 큰 종이 한 장을 마구 구겨서 작은 공으로 만든 것이다. 종이를 구기면 넓은 면적을 작은 공간, 즉 두개골 안에 맞출 수 있기 때문이다.

주름이 확연히 적다는 것은 사람의 뇌에서 볼 수 있는 중심고랑과 같은 주요 랜드마크가 개의 뇌에는 존재하지 않는다는 것을 의미한다. 뇌의 앞쪽과 뒤쪽을 가리킬 수 있을 뿐이고, 측두엽이 어디 있는지 대략적으로만 파악할 수 있다.

또 하나 눈에 띄는 점은, 개의 뇌에는 전두엽이 거의 없다. 전두엽은 사람이 다른 영장류와 구별되는 중요한 부위다. 전두엽이 사람의 뇌에 큰 부분을 차지하게 된 이유는 주로 출력, 즉 행동과 관련이 있으므로 우리는 이 부위가 고차원적인 인지 기능을 수행하기 위해 인간에게서 크게 발달했다고 유추한다. 전두엽 때문에 사람은 다른 동물과는 달리 언어를 구사하고, 상징적으로 생각하고, 미래와 과거에 대해 추상적으로 생각하고 (즉, 계획을 세우는 능력), 다른 사람이 어떤 생각을 하고 있는지 추론하는 정신화 능력이 있다.

얼핏 보면 개의 뇌는 그저 사람 뇌의 축소판처럼 보일 수 있으나 반대로 개의 뇌에서만 두드러지게 나타나는 부위도 하나 있다. 바로 후각과 관련된 '후각 망울 olfactory bulb'이다. 개의 뇌 눈높이에서 등 쪽 측면 dorsal plane 으로 보면 후각 망울은 로켓처럼 생겼다. 사람의 뇌에는 이에 해당하는 부위가 없다. 개의 '후각 망울'과 그 주변의 부위는 뇌의 약 10분의 1을 차지한다. 개에게 후각은 매우 중요한 감각이지만 이를 담당하는 뇌의 부위가 실제로 어떻게 작동하는지는 알려진 바가 거의 없다.

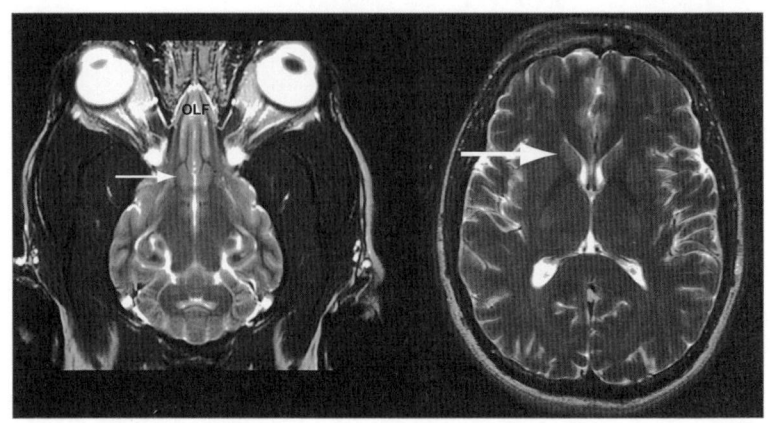

사진 22. 개 뇌의 등 쪽 평면에서 보이는 후각 망울(좌측)과 사람의 뇌(우측). 화살표는 모두 꼬리핵을 가리키고 있음 (출처: 개의 뇌 이미지는 토마스 플레처 제공, 사람의 뇌 이미지는 그레고리 번스 제공)

두 마리의 개를 촬영해 기능적 영상 이미지를 얻어낸 것은 도그 프로젝트에 있어서 첫 번째 마일스톤이었다. 추후 며칠간 실험에서 얻은 타이밍 데이터와 이미지를 연결하는 작업을 하고, 이 작업이 계획대로 진행된다면 완두콩과 핫도그 수신호에 반응하는 개의 뇌 부위를 곧 찾아볼 예정이었다.

그렇다면 그 결과로부터 알 수 있는 것은 무엇일까?

도그 프로젝트의 핵심은 '개가 무슨 생각을 하는지 알아내는 것'이었다. 각기 다른 수신호에 반응하는 뇌의 부위를 파악한다고 한들 그 정보만으로는 개가 어떤 생각을 하는지 알 수는 없는 노릇이었다. 개의 생각이라는 심오한 질문에 대한 답을 도출하려면 사람에게서 유사하게 나타나는 활성화 패턴을 바탕으로 개의 활성화 패턴을 해석해야 했다. 만약 개의 뇌에서 특정 부위의 활동을 확인할 수 있고 그 부위가 사람의 뇌에서 어떤 기능을 담당하는지 파악할 수 있다면, 개의 뇌에 대한 기능적 지도를 구축해 볼 수 있다. 상동성^{homology} 개념을 통해 사람의 뇌 기능과 대응되는 정보를 통해 개의 사고 과정을 추론하는 것이다. 물론 이 전제는 리스크가 컸다.

최근 몇 년간 신경 영상 기술에 대한 과학계의 반발이 흔해졌다. fMRI의 도입으로 제대로 통제되지 않은 실험을 수행하고 준비도 되지 않은 학부생을 대상으로 MRI를 촬영하는 일이 빈번하게 일어났다. 하루라도 빨리 저명한 학술지에 논문을 게재하려는 욕심에 사로잡힌 많은 과학자는 사람의 뇌에서 발견한 활성화 패턴을 과도하게 해석했다. 특정 뇌 부위에서의 활동을 보고 이를 어떤 감정이나 인지 기능의 증거로 섣불리 해석해 버리는 것이다.

예를 들어, 뇌의 특정 부위가 담당하는 기능을 바탕으로 그 부위가 활성화되면 그저 피험자가 기쁨, 슬픔 또는 두려움과 같은 감정을 느낀다고 쉽사리 단정해 버렸다. 결국 이러한 추론 방식을 역추론$^{reverse\ inference}$이라고 부르게 되었고, fMRI를 다룬 많은 논문이 거절되는 주요 원인이 되었다.

역추론을 마치 쓰레기를 보듯 경멸하는 태도로 바라보는 이들이 많았는데 나는 그 정도로 비난하는 것은 과하다고 느껴왔다. 데이터를 과도하게 해석한다고 해서 마냥 과학자를 탓할 수는 없다고 생각한다. 그 데이터에 의심이 든다면 결과를 보고서는 자기만의 결론을 내릴 수 있고, 그 결과를 믿지 않는다면 논문에 그 데이터를 인용하지 않으면 그만이다. 어차피 옳고 타당한 데이터는 시간이 흘러도 옳고 타당하지만 그렇지 않은 데이터는 서서히 잊히다가 결국 사라지기 마련이다.

도그 프로젝트는 단순히 역추론에 의존하는 것뿐만 아니라 개의 뇌를 마치 사람의 뇌에 빗대어 한 걸음 더 나아가 해석하는 역추론을 사용한다.

굳이 이름을 붙이자면 '종 간의 역추론$^{\text{interspecies reverse inference}}$'이라고 할 수 있겠다. 과학계 동료들의 비난이 귓가에 선명하게 울려 퍼졌다.

다행히 앤드류와 나는 이미 잘 알고 있는 보상 시스템에 집중하기로 했다. 개의 뇌에서 각 부위가 어떤 기능을 담당하는지 해독하는 과정은 훨씬 쉬울 것이다. 복잡하게 얽혀 있는 대뇌 피질과 달리 보상 시스템은 진화론 측면에서 더 오래된 파충류 뇌의 일부에 해당한다. 보상 시스템의 핵심은 '꼬리핵'이다. 포유류라면 꼬리핵을 모두 가지고 있을 정도로 역사가 오래된 부위고, 다행히 개와 사람의 뇌에서 모양이 거의 같다.

물론 어떤 이들은 대뇌 피질의 기능과 관련해서 역추론을 하는 것에 대해 불만을 표할 수도 있겠지만 꼬리핵의 역추론을 분석한 결과, 이 부위의 활동이 거의 항상 '긍정적인 무언가를 기대하는 것'과 연관되어 있다는 사실을 발견했다. 꼬리핵에만 집중한다면 개의 뇌에서도 이 부위의 활성화를 긍정적인 감정 신호와 관련되어 있다고 해석해도 안전할 것이다. 물론 그 외 다른 부위와 발견은 신중하게 해석해야겠지만 말이다.

꼬리핵의 활동을 바탕으로 개가 긍정적인 감정을 느끼는지에 대한 간단한 질문만 다뤄본다고 해도 뇌 영상을 통해 많은 것을 알 수 있다. 개의 감정을 파악할 때 꼬리 흔들기와 같은 불확실한 요소에만 의존하지 않아도 된다. 보통 개는 행복할 때 꼬리를 흔든다. 하지만 불안할 때도 흔든다. 여전히 내가 개를 사랑하는 것만큼 개도 그 사랑을 돌려주는지 알고 싶었다. 사랑은 사람에게도 복잡한 감정이지만 사랑으로 인한 긍정적인 측면 역시 꼬리핵의 활성화와 연관이 있다.

첫 번째 실험은 '개념의 증명'이다. 사랑과 같은 복잡한 문제를 다루기 전에 먼저 개의 꼬리핵 활성화를 측정할 수 있다는 사실을 증명해야 한다. 그것만으로도 충분하지는 않다. 더 나아가 꼬리핵의 활성화 정도가 개가 '어떤 것을 얼마나 좋아하는가를 반영하는지'까지 살펴봐야 한다. 완두콩보다는 핫도그를 훨씬 좋아하기 때문에 핫도그를 나타내는 수신호를 볼 때 완두콩을 나타내는 수신호를 볼 때보다 꼬리핵의 활성화 정도가 훨씬 증가한다는 것을 증명해야 한다.

말로 하니 간단해 보이지만 도그 프로젝트의 모든 면이 그랬듯 결국 이것도 완전히 틀린 전제였다.

17.

보상 시스템

첫 번째 촬영을 성공적으로 마친 후, 앤드류는 곧바로 데이터 분석을 시작했다. 개의 뇌가 찍힌 이미지를 얻었을 뿐만 아니라 기능적 영상까지 촬영했다는 사실에 모두가 들떠 있었다. 기능적 영상은 2분에서 5분 내외로 촬영했다. 촬영 전 목표를 10장의 이미지 시퀀스를 얻는 것으로 잡았는데 그 목표를 훨씬 능가했다고도 할 수 있다. 매켄지의 경우, 한 번의 촬영으로 120장의 이미지를 얻기도 했다. 하지만 촬영에서 끝나는 것이 아니라 촬영 결과물을 해석하고 분석하는 과정이 훨씬 어렵다는 사실을 곧 깨달았다.

마냥 들떠 있던 마음이 서서히 진정되자 개들이 머리를 정확히 같은 위치에 유지하지 않았다는 사실이 눈에 들어오기 시작했다. 약 10초 정도 동안은 사람의 뇌를 촬영한 만큼 영상이 안정적이었지만 그 이후에는 영상 영역에 벗어난 경우도 있었다. 그렇게 몇 초간은 뇌가 아예 보이지 않다가 또다시 영역으로 들어왔다. 하지만 뇌가 들어오고 나서도 그 위치가 이전과는 살짝 달라져 있었다.

중간중간 머리가 영상 영역에서 벗어난 이유는 멜리사와 내가 간식을 주느라 그랬던 것이다. 보통 사람이 MRI 촬영을 할 때는 코가 헤드 코일 내부에 닿을 듯 말 듯 등을 바닥에 두고 눕는다. 하지만 개는 헤드 코일 내에 스핑크스 자세로 누워 있어서 몸이 기기의 반대편을 향하고 있었고, 멜리사와 나는 개들을 바라보면서 수신호를 주면서 간식을 줬다. 수신호가 끝날 때마다 완두콩이나 핫도그 조각을 쥔 손을 뻗어 캘리와 매켄지가 손에서 간식을 집어 먹을 수 있도록 했다. 당연히 간식을 먹으러 몸을 살짝 이동하게 되면서 머리 역시 살짝 움직이게 되었다. 먹고 나서 꽤 빠르게 원래대로 자세를 취해서 문제가 없으리라 생각했지만, 촬영 결과물을 보고 나니 간식을 먹기 전후로 머리의 위치 변화는 생각보다 컸다.

머리 위치의 변경을 보정할 방법을 찾아야 했다. fMRI 데이터 처리 용어로 표현하자면 이를 움직임 보정$^{\text{motion correction}}$이라고 한다. 보통 모든 데이터를 수집한 후 특수 컴퓨터 소프트웨어를 통해 디지털로 보정 작업을 거치는데 소프트웨어는 모든 이미지를 첫 번째 이미지와 정확히 겹치도록 보정해 움직임 문제를 해결한다.

사람을 촬영한 결과물의 경우, 촬영 중에 거의 움직이지 않기 때문에 비교적 간단하고 보정 범위도 몇 밀리미터 이하로 크지 않다. 하지만 캘리와 매켄지는 간식을 먹고 나서 동일한 위치로 돌아오지 않았고 그 오차 범위가 너무 넓어서 소프트웨어로도 보정이 어려울 정도였다.

그래서 뇌의 랜드마크를 디지털로 구현하는 정통법을 선택했다. 먼저 영상 영역 내 위치와 관계없이 개의 머리가 일정하게 위치한 여러 개의 이미지를 블록으로 설정했다. 고정된 자세를 유지하고 있는 구간만을 골라낸 것이다. 그리고 각 블록에서 네 개의 디지털 마커를 식별 가능한 랜드마크에 배치했다. 뇌 앞쪽에 있는 후각 망울, 좌우 양측 뇌, 그리고 아래쪽의 뇌간에 마커를 뒀다. 그런 다음 소프트웨어를 사용해 이 네 개의 랜드마크가 모두 정렬되도록 이미지를 이동시켰다.

이미지의 이동에는 두 가지 방식이 있다. 하나는 좌우, 상하로 이미지를 이동시키는 평행이동^{translation} 그리고 아예 이미지를 돌리는 회전^{rotation}이다. 개가 머리를 왼쪽으로 움직였다면 디지털상으로 이미지를 오른쪽으로 이동해 중심을 맞췄다. 그리고 코를 약간 위로 들었다면 이미지를 회전시켜 코가 수평이 되도록 조정했다.

놀랍게도 효과가 있었다. 이미지를 빠르게 반복 재생하니 머리가 한 위치에 일관되게 나타났다. 매켄지보다 머리의 움직임이 많았던 캘리의 촬영본도 보정본에서는 머리의 위치가 일관되게 보였다. 이제 본격적으로 뇌의 활동 패턴을 분석할 수 있게 되었다.

당연히 핫도그를 의미하는 수신호가 완두콩 수신호에 더 큰 반응을 보여 이 차이가 뇌에서도 다르게 나타날 것으로 생각했다. 개의 뇌가 이 수신호를 어떻게 처리하는지 파악하려면 캘리와 매켄지 각각 핫도그 수신호와 완두콩 수신호에 뇌가 어떻게 다르게 반응하는지 비교해야 했다. 뇌 영상에서 사용하는 표준 기법을 통해 수신호 이후 촬영된 모든 이미지를 핫도그와 완두콩 그룹으로 분류했다.

그리고 각 신호에 대한 평균적인 뇌 반응을 계산하고 평균적인 완두콩 반응을 평균적인 핫도그 반응에서 차감했다. 내 가설이 맞는다면, 이 차이는 보상에 반응하는 뇌의 특정 부분에서 나타날 것이다. 하지만 아무것도 나타나지 않았다. 아무리 다양한 방법으로 뇌 반응을 분석해 봐도 캘리와 매켄지는 두 개의 수신호를 전혀 구별하지 못한 것 같았다.

멜리사는 도그 프로젝트 초기부터 매켄지는 음식보다 장난감을 더 좋아한다고 언급한 적이 있었다. 하지만 MRI 기기 안에서 장난감을 주는 것은 불가능했다. 장난감 때문에 신나서 머리를 앞뒤로 얼마나 흔들어 댈지 생각하면 장난감은 절대 사용할 수 없었다. 유일하게 남은 선택지는 음식이었다. 다행히 캘리에게 충분히 동기 부여의 요소가 되었다. 사실 음식으로 과하게 동기 부여가 된 면이 없지 않다.

캘리는 음식을 심하게 좋아했기 때문에 훈련 내용을 그토록 빠르게 습득할 수 있었다. 언제라도 팽 튀어 나갈 것 같이 몸속에는 에너지가 늘 가득했지만, 핫도그를 먹을 수 있다는 생각에 1분 정도는 잠자코 있을 수 있었다. 누가 봐도 캘리는 핫도그를 좋아했으므로 훈련에 사용하지 않을 이유는 더더욱 없었다.

어떤 브랜드를 줘도 좋아했다. 처음에는 코셔(유대교의 율법에 따라 준비되고 조리된 음식) 소고기 핫도그를 주다가 점점 다양한 종류의 브랜드를 시도했다. 칠면조 핫도그도 준 적이 있다. 특히 한 브랜드의 훈제 핫도그는 유난히 깊은 맛이 났고 캘리는 이걸 유난히 좋아했다. 훈제 향이 얼마나 강했던지 그 핫도그만 만지고 나면 아무리 손을 씻어도 냄새가 쉽사리 지워지지 않았다.

그래도 캘리는 저 멀리서도 그 핫도그 봉지를 여는 소리만 들어도 핫도그를 완전히 꺼내기도 전에 이미 내 발 근처에 와 엉덩이를 흔들며 기다렸다. 핫도그를 먹을 수 있다는 기대와 기쁨에 캘리의 긴 꼬리는 와이퍼처럼 바닥을 휩쓸었다. 그런데 어떻게 핫도그 말고 다른 보상 요소를 사용할 생각을 할 수 있었겠는가?

그런데 한편으로는 캘리는 똥도 먹을 만큼 식욕이 좋았다. 그렇다면 정말 완두콩보다 핫도그를 좋아한다고 단언할 수 있을까? 음식이라면 가리지 않고 그냥 무엇이든 먹어대는 취향이라면 이야기가 달라진다.

달라지는 정도가 아니라 문제가 된다. 핫도그를 먹든, 완두콩을 먹든 개에게는 전혀 상관이 없는 것이라면 수신호는 무의미해진다. 머리를 턱 받침대에 올리면 간식이 온다는 것을 알지만 그 간식이 핫도그든, 완두콩이든, 또 다른 어떤 음식이든 전혀 상관이 없다면 수신호에 집중할 이유가 없기 때문이다. 첫 번째 촬영을 시작하기 전에 이 문제를 미리 생각해 봤다면 좋았겠지만 과학에는 절대 완벽이란 없고 그 누구도 실험이 어떤 방향으로 흘러갈지 예상할 수 없다.

도그 프로젝트를 더 진행하기 전에 캘리가 핫도그와 완두콩을 구별하는지 테스트하는 것이 옳다고 생각했다. 캘리가 사람이었다면 그냥 물어보면 간단하게 해결될 문제일 테지만 사람처럼 의사소통을 할 수 없기에 캘리의 행동을 바탕으로 마음을 유추해야 한다는 원론적인 문제에 다시 부딪혔다. 핫도그와 완두콩 중 어떤 것을 더 좋아하는지 파악할 수 있는 여러 테스트를 만드는 것이 다음 과제가 되었다.

가장 먼저 떠오른 아이디어는 캘리에게 핫도그와 완두콩 중 하나를 선택하게 하는 것이었다. 순전히 사람의 입장에서 생각했을 때, 그릇에 핫도그와 완두콩 두 개를 올려놓고 캘리가 먼저 먹는 것이 더 좋아하는 음식일 것이라고 생각했다.

이 실험에는 두 명의 사람이 필요했다. 음식 봉지를 열 때마다 캘리는 내 발에 딱 붙어 있다가 음식을 주고 나서야 제 갈 길을 갔다. 그래서 내가 이 실험을 준비하는 동안 캘리를 붙잡고 있을 누군가가 필요했다. 그 역할은 캣이 맡기로 했다. 거실 한쪽에서 캘리를 붙잡고 있는 동안 나는 거실 반대쪽에서 접시에 완두콩과 핫도그 조각을 조심스레 놓았다.

"가!" 내가 캘리에게 소리쳤다.

그러자 캣이 캘리를 놓아줬고 캘리는 접시로 쏜살같이 달려갔다. 전혀 주저하는 기미 없이 캘리는 핫도그를 먼저 먹고 나서 완두콩을 먹었다.

"역시 핫도그네!" 내가 외쳤다.

이 실험을 생각해 낸 내 창의성에 감탄했다. 이번에는 핫도그와 완두콩의 위치를 바꿔놓고 캣에게 사인을 보냈다. 다시 한번 캘리는 곧장 접시로 달려갔다. 이번에는 완두콩이 먼저였다.

'그래, 단번에 완벽하길 바랄 수는 없지. 그냥 너무 들떠서 그런 걸지도 몰라'라고 생각했다.

"이번에는 완두콩을 먹었어. 다시 해보자!" 이 말에 캣은 한심하다는 듯이 눈을 굴렸지만 어쨌든 내 말을 따라줬다.

이 실험을 열 번 반복했다. 그리고 열 번 모두 캘리는 접시의 왼쪽에 있는 음식을 먼저 먹었다. 첫 번째 실험에서 핫도그는 접시의 왼쪽에 있었다. "완두콩도 핫도그도 둘 다 먹을 수 있다는 걸 알아서 매번 같은 쪽에 있는 음식을 먹는 걸 수도 있잖아." 캣이 말했다. 그렇다. 캘리는 개다. 그러니 개처럼 생각해야 한다. 내가 캘리라면 가까운 것부터 먹고 남은 것을 먹을 거다. 어차피 두 개 다 먹을 수 있다는 걸 아니까.

"그럼 캘리가 먼저 고르지 않은 음식을 치워보면 어떨까? 그럼 둘 중 하나를 선택해야 하잖아." 접시를 다시 채우고, 캘리는 접시로 달려갔다. 그리고 이번에도 접시의 왼쪽에 놓인 완두콩을 먹었다. 하지만 이번에는 캘리가 핫도그로 향하려고 할 때 내가 핫도그를 잽싸게 낚아챘다.

캘리는 머쓱하게 캣에게 돌아가 다음 실험을 기다렸다. 하지만 결국 별 차이는 없었다. 캘리는 계속해서 접시 왼쪽에 있는 음식, 완두콩을 먼저 먹었다. 어떻게 핫도그보다 완두콩을 좋아할 수 있단 말인가? 육식파인 캘리가 좋아할 법한 음식은 완두콩이 아닌 핫도그인데 말이다.

완두콩을 접시 왼쪽에 둔 채로 실험을 약 열 번 진행하고 나서야 캘리는 드디어 멈칫하더니 오른쪽에 핫도그가 있다는 점을 눈치챘다. 캘리와 살면서 코앞에 음식을 두고 멈칫하는 모습을 본 건 그때가 처음이었다. 마치 '어라? 갑자기 이건 어디서 나타난 거지?'라는 표정을 짓더니 망설임을 멈추고 핫도그를 먹었다.

그리고 나서는 계속해서 접시 오른쪽에 있는 음식을 먼저 먹었다. 핫도그든 완두콩이든 의미가 없었다. 몇 번이곤 완두콩을 접시 오른쪽에 둬도 핫도그는 거들떠보지도 않았다. 캣은 고개를 절레절레 저으며 말했다.

"아직도 내가 있어야 해?"

"아니. 다른 아이디어가 떠올랐어."

옆에서 실험을 지켜보던 라이라를 쳐다봤다. 캘리가 간식을 얻기 위해 훈련을 하는 모습을 꽤 오랫동안 지켜봤었다. 자기 또한 충분히 기다리면 그냥 얌전히만 앉아 있어도 간식을 얻어먹을 수 있다는 것을 알고 있었다. 그래서인지 라이라 쪽으로 몸을 돌리자 라이라는 귀를 쫑긋 세웠다.

"라이라, 이리 와 봐!"

캘리, 라이라와 나는 부엌으로 발걸음을 옮겼다.

카운터 위에 접시를 올려두고 왼쪽에는 완두콩 그리고 오른쪽에는 핫도그를 뒀다. 캘리와 라이라 두 마리 모두 간식을 먹는다는 생각에 기뻐 날뛰었다. 접시에 음식을 올려둔 뒤 재빨리 바닥으로 접시를 옮겼다.

예상한 대로 캘리는 곧장 오른쪽으로 향했다. 하지만 캘리가 핫도그를 먹기 전에 낚아채서 라이라에게 먹여줬다. 표정이 순간적으로 굳어지더니 당황스러운 기색으로 변했다. 반면에 라이라는 마냥 기쁜 표정으로 침을 흘리고 있었다.

이제 캘리가 선택을 내리기 전에 생각이라는 걸 좀 하리라고 생각했다. 하지만 내 생각은 이번에도 틀렸다. 평소의 식탐을 억누르고 계속해서 접시의 한쪽에만 집착했다. 정말 핫도그를 먹든 완두콩을 먹든 신경을 쓰지 않거나 단순한 규칙에 따라 뇌가 작동하는 것 같았다. '접시에 놓여 있는 것이 먹지 못할 음식이 아니라면 계속 같은 쪽을 공략하라'라는 식의 규칙 같은 것 말이다.

다음 날 나는 마크에게 연락해 이런 캘리의 집착에 대해 질문했다.

"흔한 일이에요. 어떤 개는 원래 오른쪽이나 왼쪽, 한쪽에만 집착하는 경향이 있어요. 또 어떤 개는 처음에 끌렸던 쪽을 고수하기도 하고 어떤 개는 마지막으로 보상을 받았던 쪽을 고수하기도 하죠. 또 긴장을 풀고 인지 능력을 사용해 상황을 판단하거나 주인의 신호를 기다리는 개도 있어요. 한 마디로 개마다 달라요."

실제로 한쪽을 선호하는 경향은 2007년 개를 대상으로 한 인지 실험에서 증명된 바 있다. 미시간 대학교의 연구원은 개가 음식의 '양'이라는 개념을 가졌는지 알아내고자 실험을 수행했다. 개가 정말 음식 두 조각을 먹는 것이 한 조각을 먹는 것보다 좋은 것인지 파악하는 것이다.

사람에게는 답이 상당히 당연한 질문일지도 모르겠지만 사실 생각해 보면 '양'이라는 것은 굉장히 고차원적인 인지 능력이다. 세상의 물리적 지식을 어느 정도 이해해야 한다. 양이 더 크면 그 안에 더 많은 것이 담기며, 더 많은 것은 더 좋다는 인식이 필요하다. 영아도 물체가 하나 있는 것과 두 개 있는 것의 기본적인 차이를 구별할 수 있다는 증거가 있기는 하지만 수리력이라는 인지 능력은 유아기가 되어서야 완전히 발달한다.

연구원들은 개가 사람과 비슷한 수준의 인지력을 가졌는지 알아보고자 29마리의 개를 대상으로 실험을 진행했다. 내가 부엌에서 했던 실험과 비슷한 실험이었다. 여러 접시에 각각 다른 양의 음식을 두고 개들이 어떤 접시를 선택하는지 관찰했다.

대부분이 개가 음식이 더 많이 놓인 접시를 선택했지만 항상 그렇지는 않았다. 개가 실제로 '양'을 인지하고 선택한 건지, 아니면 단순히 음식이 더 많이 쌓여 있다는 지각적인 신호에 반응한 것인지 확신할 수 없었다. 어쨌든 연구자들은 여덟 마리의 개가 음식의 양과는 상관없이 그저 특정한 쪽을 선호하는 경향을 보인다는 사실을 발견했으며 이들은 분석에서 제외했다.

캘리는 그저 특정한 쪽을 선호하는 개였다. 개에게서는 흔히 볼 수 있는 특징이었다. 캘리가 아인슈타인급으로 뛰어나게 똑똑한 개가 아니라는 생각에 어딘가 씁쓸했다. 매켄지는 어떤 성향을 지녔는지 몰랐지만 적어도 둘 중 하나는 완두콩과 핫도그의 차이를 구별하지 못한다는 사실을 알게 되었으니 실험에도 변화가 필요했다.

다음날 나는 연구실 팀원과 이 사실을 공유했다. 앤드류는 실망 가득한 목소리로 물었다.

"완두콩이든 핫도그든 상관이 없다면 이 실험은 어떻게 되는 거죠?"

"뭔가 바꿔야죠. 완두콩이든 핫도그든 개에게 그냥 똑같은 음식일 뿐이라면 수신호는 아무런 의미가 없어요. 지금은 턱 받침대에 머리를 두기만 하면 간식이 오는데 둘 중 뭘 줘도 괜찮은 거니까요." 캘리가 대체 왜 핫도그와 완두콩을 구별하지 못하는지 아무도 쉽게 이해하지 못했다. 다들 사람의 입장에서 생각하고 있었다. 개의 마음으로 생각해야 했다.

"완두콩을 그냥 없애버리면 어떨까요?" 생각에 깊게 잠긴 채 내가 먼저 말을 꺼냈다.

"보상 대 비보상 실험 말씀하시는 거예요?" 앤드류가 물었다.

"맞아요. 핫도그든 완두콩이든 구별하지 못한다고 해도 핫도그랑 핫도그 없음은 구별하겠죠."

앤드류가 고개를 끄덕였다.

훈련을 새로 할 필요도 없었다. 이미 수신호 두 개를 습득한 상태로 이전처럼 왼손을 들면 '핫도그'를 의미하고 원래 완두콩을 의미하던 수신호는 '핫도그 없음'을 의미하게 만들면 된다.

"그런데 그렇게 수신호를 번갈아 주면 짜증이 나서 실험을 중단하는 일은 없을까요?" 앤드류가 물었다.

생각해 볼 법한 질문이었다. MRI 시뮬레이터 안에 있는데 매번 음식을 주는 게 아니라는 사실을 깨닫는 순간 나라면 시뮬레이터에서 바로 뛰쳐나갈 것이다. 심리학 용어로 이를 '소거^{extinction}'라고 한다. 이전에 학습된 행동에 보상을 중단하면 결국 그 행동은 사라지는 것이다.

하지만 개들의 경우 다를지도 모른다. 반대로 매번 보상을 주지 않으면 오히려 동기 부여에 도움이 될지도 모른다. 이를 '가변적 보상$^{\text{variable reinforcement}}$'이라고 하며 줄여서 VR이라고 한다. VR은 동물 실험에서 흔히 사용되는 방법이다. 예를 들어 VR10 스케줄이라고 하면 피실험자에게 보상을 주지만 평균적으로 10번 중 한 번만 준다는 것을 의미한다. VR 시행 시, 보상이 언제 올지 예측할 수 없으므로 오히려 동물은 더 집중해서 보상을 얻기 위해 노력하는 경향이 있다.

하지만 VR10과 같은 극단적인 방식은 도그 프로젝트에서는 적합하지 않았다. 캘리가 고작 핫도그 한 조각을 위해 수신호 열 번을 기다릴 리가 없었다. 내가 캘리였다면 세 번째 정도에 의심하기 시작하고, 다섯 번째 수신호 이후에도 보상을 주지 않으면 완전히 포기해 버릴 거다. 더 중요한 문제는 이 방식으로는 MRI 기기 안에서 수집하는 데이터 수에 불균형이 생겨 버린다. 보상을 주지 않는 열 번에 보상을 주는 수신호가 한 번씩 나온다면 두 수신호 간의 비교가 어려워진다. 보상을 주지 않는 수신호와 보상을 주는 수신호 수가 동일해야 했다. 그렇다면 VR10이 아닌 VR2 방식을 채택해야 한다.

VR2는 총 두 번의 시도 중 한 번은 보상이 주어지는 방식으로 진행되기 때문에 두 가지 수신호를 관찰할 수 있는 수가 동일해진다. 두 가지 수신호를 단순하게 번갈아 줘서 예측할 수 있게만 만들지 않는다면 동기 부여에도 영향을 미치지 않게 된다.

그날 저녁, 캘리에게 VR2 방식을 시도했다. 평소처럼 핫도그 봉지가 바스락거리는 소리에 캘리는 부엌으로 달려왔다. "훈련 좀 해볼까?"

캘리는 긍정의 의미로 머리를 살짝 들더니 먼저 거실로 잽싸게 달려갔다. 내가 거실에 들어섰을 때 캘리는 이미 턱 받침대 위에 머리를 두고 있었다. 몸을 푸는 차원에서 평소대로 훈련을 가볍게 몇 번 진행했다. 왼손을 10초간 들어 올렸다가 보상을 줬다. 몸이 좀 풀린 기미가 보이자 이전에는 완두콩을 의미했던 수신호를 10초간 보여줬다. 원래대로 완두콩을 주는 대신 이번에는 캘리의 이마를 가볍게 터치했다. 완두콩을 주는 줄 알고 내 손을 핥았지만 손에 아무것도 없는 걸 보고 캘리는 고개를 갸우뚱했다.

나는 턱 받침대를 가리키며 "터치"라고 했다.

캘리는 얼른 턱 받침대로 가 머리를 뒀다. 캘리가 너무 혼란스럽지 않도록 나는 바로 핫도그 수신호를 보여줬다. 이번에는 10초를 기다리지 않고 즉시 핫도그를 줬다. 다음 시도에서는 '보상을 주지 않는다'는 의미의 양손 수신호를 보여주고 바로 가볍게 머리를 터치했다.

이 과정을 약 5분간 진행했는데 다행히 캘리는 지루해 보이지도 않았고 시뮬레이터 밖을 나가지도 않았다. 오히려 자세도, 집중력도 좋아졌다. 매번 머리를 더 일관된 위치에 뒀고 시선을 내 손에서 떼지 않았다. 이제 보상 수신호를 보여주자 캘리의 동공이 커지는 게 보였다. 긍정적인 각성이 높아지고 있다는 신호였다. 그럼에도 몸은 움직이지 않고 자세를 유지했다.

VR2는 성공이었다! 캘리가 이렇게 빠르게 터득할 수 있다면 매켄지는 더 빠르게 터득할 거라고 생각했다. 그리고 보상 수신호에 캘리의 동공이 커지는 걸 보니 정말 수신호에 집중하고 그 차이를 구별한다는 사실을 확실히 알 수 있었다. 이것마저 효과가 없었다면 도무지 다른 방법이 없었을 텐데 얼마나 다행인지 가슴을 쓸어내렸다.

18.

마음 이론

새로운 실험에 대비해 훈련할 시간은 많지 않았다. 물론 훈련 일정을 더 늘릴 수도 있었지만 마크, 멜리사, 레베카 세 사람의 시간을 맞추고 MRI 기기까지 예약이 가능한 날을 찾다 보니 모두가 다시 모일 수 있는 시간까지는 단 2주밖에 남지 않았다. 그 2주 안에 다음 촬영 준비를 마치지 못하면 다음 MRI 기기 예약은 한 달 후에나 가능했다. 부담감이 상당했다.

그래도 캘리와 매켄지가 해내리라는 믿음은 있었다. 촬영할 때마다 예상했던 것보다 더 많은 성과를 이뤘고 다음 촬영도 그러리라고 확신했다. 개들은 자기가 무엇을 해야 하는지 정확하게 알고 있었다. 하지만 촬영 후 데이터를 얼마나 많이 수집할 수 있을지 그리고 수집한 데이터를 바탕으로 꼬리핵 활동 여부를 밝혀낼 수 있을지는 확신할 수 없었다.

fMRI 신호는 매우 약하다. 특정한 기준치가 되는 지표에서 신호 강도가 상대적으로 얼마나 변하는지를 통해 활동을 측정한다. 최상의 상황에서도 강도가 증가하는 수준은 1% 미만에 불과하다. 심지어 fMRI 신호에는 잡음이 많다. 심박수 변동, 호흡, 심지어 기기의 전자 장치에서도 잡음이 발생하며 이 잡음은 실제 파악하고자 하는 뇌 활동 신호보다 무려 10배나 강하다. 따라서 fMRI의 경우, 신호대 잡음비$^{signal-to-noise,\ SNR}$가 상당히 낮은 편이다. 그나마 다행인 것은 잡음이 무작위적이라는 점이다. 실험을 반복적으로 수행해 데이터를 수집하면, 각 실험에서 얻은 fMRI 신호의 평균을 낼 수 있고 잡음의 효과를 줄일 수 있다.

실험을 처음으로 시도할 때는 그 잡음이 얼마나 큰지 알 수 없기 때문에 잡음 감지를 위해 얼마나 많은 반복이 필요한지 그저 추측할 수밖에 없다. 도그 프로젝트는 한낱 개들을 데리고 하는 장난이 아니라 진정한 과학의 영역에 발을 들이려는 단계에 놓여 있었다. 하지만 정말 두 발을 들여놓으려면 우선 얼마나 많이 실험을 반복해야 하는지 파악해야 했다.

앤드류와 나는 첫 번째 촬영에서 얻은 데이터를 면밀히 분석했다. 완두콩과 핫도그 수신호 사이의 차이는 여전히 발견할 수 없었지만 그래도 활용할 수 있는 데이터가 꽤 있었다. 개의 뇌에서 SNR을 추정할 수 있었고, 이를 통해 다음 촬영에서는 몇 번의 반복이 필요한지 파악할 수 있었다.

앤드류는 매켄지의 뇌에서 꼬리핵 부위를 확대했다. 그리고 각 촬영에서 꼬리핵의 활동 수준을 나타내는 그래프를 모니터에 띄웠다. 처음 몇 번의 촬영에서는 신호가 없었는데 이는 매켄지가 한 20번째가 되어서야 머리를 헤드 코일 안에 넣어서 그런 것이었다. 그 이후에는 신호가 잡혔지만 잡음 같았다. 이 잡음이 일반적인 원인 때문인지 아니면 매켄지가 촬영 중에 움직였기 때문에 잡힌 것인지 판단하기란 쉽지 않았다. 신호의 변동 크기는 전체 신호의 약 15% 정도였고, 이는 일반적으로 사람을 대상으로 한 촬영에서 나타나는 것보다 훨씬 높은 수치였다.

나는 한숨을 쉬며 말했다.

"SNR을 적절한 수준으로 높이려면 천 번은 반복해야 할 것 같은데요."

하지만 사람도 똑같은 촬영을 천 번 반복하기란 쉽지 않을 것이다.

"움직여서 잡음이 생겼을 거예요."

"그런 것 같아요. 이것 좀 보세요." 앤드류는 매켄지의 촬영 이미지 시퀀스를 스크롤 하며 내렸다. 그러자 매켄지의 뇌가 영상처럼 움직이는 것 같았다. 5분간의 촬영본이 30초로 압축되어 보였다. 촬영된 것은 뇌 절반뿐이었지만 영상화해서 보니 매켄지가 촬영 내내 헤드 코일 안에 있기는 했지만 움직이고 있다는 사실이 명백했다.

움직임이 크지는 않았지만 잡음을 일으키기에는 충분한 정도였다. 캘리의 뇌 이미지를 영상화해서 봐도 결론은 같았다. 그래도 캘리와 매켄지를 탓할 수 없었다. 아이들은 요구한 것을 충분히 잘 해냈다. 여기서 움직임이란 불과 몇 밀리미터에 불과했다. 촬영 중에 멜리사도 나도 알아채지 못할 정도로 미미했다. 그리고 알아챘다고 하더라도 그 순간 할 수 있는 일은 없었을 것이다.

"그래도 아예 움직이지 않도록 훈련할 시간이 2주 남았네요." 내 말에 앤드류는 그게 가능하겠냐는 회의적인 표정을 지었다.

개들이 움직일 수 있는 범위는 2mm 이내였지만 움직임을 최소화해야 하는 기간은 턱 받침대에 머리를 올린 후 수신호가 지속되는 동안이었다. 핫도그를 입에 넣은 후에는 천천히 삼키고 다시 턱 받침대에 머리를 올려둬도 괜찮았다. fMRI 신호가 정점에 도달하고 감쇠하기 시작할 시간, 즉 10~15초 정도만 버티면 되는 것이다. 그동안만 움직이지 않을 수 있다면 20번만 반복해도 SNR을 적절한 수준으로 끌어올릴 수 있다고 계산했다. 구조적 영상 촬영도 문제였다. 아직 캘리도, 매켄지도 구조적 영상 촬영은 시도조차 못했고 하더라도 30초 동안 움직이지 않고 있어야 했다.

30은 꿈의 숫자가 되었다. 수신호와 보상 사이의 시간을 점차 늘려서 궁극적으로는 개들이 30초 동안 꼼짝하지 않고 가만히 있을 수 있도록 훈련해야 했다. 이것이 가능하다면 구조적 촬영도 가능하고, 기능적 촬영도 여러 번 반복해서 활용할 수 있는 데이터를 충분히 얻을 수 있을 것이다.

훈련 방식이 조금 바뀌었지만 캘리는 크게 신경 쓰지 않는 것 같았다. 처음에는 '핫도그 없음' 수신호를 줄 때마다 약간의 죄책감을 느꼈다. 시뮬레이터의 헤드 코일에서 무표정으로 쳐다보는 캘리를 보면 죄책감을 느낄 수밖에 없었다. '나 헤드 코일 안에 들어가 있잖아요. 내 핫도그는요?'라는 눈빛이었다. 다시 해보자는 의미로 가끔 캘리의 머리를 가볍게 터치하기도 했는데 곧 이런 터치도 필요 없을 정도로 캘리는 새로운 훈련에 열심히 임했다.

아무런 보상을 주지 않는 것이 너무 매정하게 느껴질 때도 있었지만 마크의 조언을 믿고 VR2 방식으로 훈련을 계속했다. 결국 마크의 말이 옳았다. 가변적 보상 방식으로 실험 방식을 변경하자 캘리는 정말 집중하기 시작했다. 다른 선택지가 없어서 그랬을 것이다. 완두콩과 핫도그 중 하나를 줬을 때는 반복할 때마다 매번 어쨌든 음식을 받았다. 그래서 내가 무엇을 하는지 관심을 가질 필요가 크지 않았다.

지금은 보상이 없을 때도 있으니 나의 작은 움직임에도 세세하게 주의를 기울였다. 내가 어깨를 약간만 움찔하기만 해도 캘리의 눈은 재빠르게 어깨로 움직였다. 캘리를 정면으로 바라보고 있지 않았더라면 그렇게 반응이 빠른지 전혀 눈치채지 못했을 정도였다.

지금까지 모든 훈련은 영상으로 기록하고 있었다. 내 왼쪽 어깨 너머로의 모습이 보이도록 삼각대에 카메라를 세팅하고 촬영해 왔다. 훈련 중에 캘리와 마주 보고 서 있었지만 영상을 보면 그 당시에는 알아채지 못한 것들을 다시금 발견할 수 있었다. 마크와 나는 중요한 풋볼 경기 후 코치들이 경기 영상을 분석하듯 훈련 영상을 세세하게 분석했다.

마크는 훈련 중에는 나 역시 모든 움직임과 말을 제한해야 한다고 조언했다. 캘리가 수신호에만 온전히 집중할 수 있도록 말이다. 캘리도 움직이지 않는 법을 연습해야 했지만 나도 수신호를 제외하고는 불필요하게 몸을 움직이지 않는 법을 연습해야 했다. 소음 훈련도 강화했다. 캘리와 매켄지 둘 다 갑작스러운 쉬밍과 로컬라이저 시퀀스 소리에 부정적으로 반응했기 때문에 귀에 익도록 이 소음을 녹음해 훈련할 때마다 재생했다.

이후에는 아예 캘리가 소음을 긍정적으로 인식하도록 훈련을 진행했다. 스피커로 기기 소음을 재생하고 캘리를 거실로 불렀다. 스피커로 소음이 크게 재생되는 동안 캘리와 레슬링도 하고 장난감으로 줄다리기도 하면서 신나게 놀았다. 그러다 보면 어느새 라이라도 같이 놀고 있었다. 며칠 지나지 않아 소음 소리를 재생하자마자 캘리는 거실로 달려왔다. 그러면 나는 캘리에게 귀마개를 씌우고 마치 진짜 MRI실에 있는 것처럼 스피커 소리를 95데시벨까지 올렸다. 그래도 캘리는 전혀 개의치 않았다. 그저 계단 위로 올라가 튜브 안으로 들어가 헤드 코일 안에 머리를 두고 입맛을 다시며 핫도그를 기다렸다.

이런 강도 높은 훈련을 하는 동안 캘리와 나의 관계가 조금씩 변하기 시작했다고 생각한다. 그저 견주와 반려견, 위계질서가 있는 관계에서 비로소 한 팀이 되었다. 마치 야구에서 투수와 포수와 같은 사이 말이다. 친밀함이라는 단어가 어울리는 관계가 되었다.

누군가의 눈을 바라볼 수 있다는 것은 그 상대와 정말 깊은 관계임을 의미한다. 사람의 눈은 다른 동물의 눈에 비해 흰자가 많아서 어디를 보고 있는지 상당히 정확하게 알 수 있다.

이런 점에서 사람의 눈은 독특하다고 할 수 있다. 한 이론에 따르면 사람의 눈이 이렇게 진화한 이유는 눈을 비언어적 소통 수단으로 사용하기 위해서다. 눈의 움직임만으로도 상대가 어디에 집중해야 하는지 알려줄 수 있다. 반대로 상대가 시선을 어디에 두는지만으로도 그 사람이 어떤 생각을 하는지 유추할 수 있다. 상대가 나와 눈을 맞추고 있다면 관심이 확실히 있다는 의미. 눈을 피하거나 시선을 한곳에 두지 못하고 이리저리 눈을 돌린다면 그다지 관심이 없다고 할 수 있다.

보통 동물의 눈을 바라볼 때, 심지어 사랑하는 반려동물의 눈을 바라봐도 강력한 유대감을 느끼지는 못했다. 서로의 눈을 쳐다봐도 너와 나는 다른 종이라는 그 간극은 생각보다 컸다. 저 커다란 갈색 눈동자 너머에 무엇이 숨어 있는지 전혀 알 수 없는 깊은 심연을 바라보는 느낌이었다.

캘리의 코앞에서 눈을 바라보니 눈동자에 비치는 내 모습이 보였다. 당연히 핫도그를 기다리고 있었지만 그게 다가 아니었다. 캘리는 내내 나와 대화를 나누고 있었다. 알아차리지 못했을 뿐이었다. 그렇게 몇 분간 서로의 눈을 바라봤다. 이제 모든 것이 확실하게 보였다. 캘리가 눈썹을 어떻게 움직이는지, 긴장하면 귀의 형태가 어떻게 바뀌는지, 입술이 어떤 방향으로 올라가거나 쳐지는지 그리고 시선을 어디로 옮기는지, 이 모든 것이 캘리가 나와 소통하는 방식이었다. 그리고 그제야 뉴턴도 분명히 그랬을 것이라는 사실을 깨닫게 되었다.

개 조련사라면 이미 오랫동안 알고 있었을 사실이지만 개는 매우 예민하게 주변 환경에서 신호를 포착한다. 개는 행동 이론에 따라 행동하는데, 과학적으로 설명하자면 특정 행동이 특정 결과를 초래한다는 것을 학습한다는 의미다. 그리고 이것이 바로 긍정적 강화의 기초다. 하지만 캘리의 눈을 쳐다보고 캘리 역시 나를 바라보는 모습에서 단순히 행동 이론에 따라 행동하는 것은 아니라는 사실을 깨달았다. 캘리는 내가 어디에 집중하는지 주의 깊게 관찰하고 있었다.

상대가 어디에 관심을 두고 있는지 파악하는 개의 능력이 주목받기 시작한 것은 비교적 최근이다.

2004년, 헝가리의 연구자들은 개가 사람의 주의집중신호[attentional cue]를 어느 정도 활용하는지에 대한 실험을 수행했다. 개들에게 물건을 가져오라고 시켰는데, 이때 매번 사람의 얼굴과 몸의 자세를 바꿨을 때 그 변화가 행동에 어떤 영향을 미치는지 살펴봤다.

개가 사람을 마주 보고 있을 때, 등지고 있을 때 그리고 사람의 눈이 보이는지 여부에 따라 어떻게 반응하는지 알아봤다. 개에게 사람의 눈이 보이지 않도록 할 때는 사람이 눈가리개를 착용했다.

연구 결과, 개는 사람의 주의력에 민감하게 반응했지만 상황에 따라 반응하는 정도는 달랐다. 놀이에 가까운 과제를 수행할 때는 사람이 개를 보고 있는지 크게 신경 쓰지 않았지만, 직접 명령을 내리는 과제에서는 사람의 시선에 크게 주의를 기울였다.

이 주제에 대한 연구가 많아질수록 개는 사람이 어디에 주의를 두고 있는지에 민감하게 반응할 뿐만 아니라 사회적 맥락에도 민감하다는 증거가 점점 많아지고 있다. 맥락에 따라 사람이 주의를 두고 있는 것에 언제 관심을 가져야 하는지 알고 있다는 것이다. 단순한 행동 이론을 넘어서서 마음 이론[Theory of Mind, ToM]에 따라 행동한다는 의미다.

사람에게 마음 이론은 '상대가 어떤 생각을 하는지 상상할 수 있는 능력'을 의미한다. 사람이 살아가는 데 있어서 사회성은 중요한 역할을 한다. 그리고 뇌에서 큰 부분을 차지하는 전두엽의 대부분이 이 사회성과 관련된 기능을 담당한다. 사람은 사회적 관계를 통해 형성된 복잡한 사회적 구조를 탐색하는 데 엄청난 정신적 에너지를 소비한다.

다른 사람의 마음을 읽고 다양한 사회적 환경에서 행동하는 방법을 아는 것은 사회의 일원으로서 살아가는 데 매우 중요하다. 다소 극단적인 예시이기는 하지만 자폐증은 뇌에서 마음 이론이 제대로 작동하지 않아 발생하는 것으로 이해할 수 있다.

개에게도 이런 마음 이론 능력이 있다고 하더라도 아마 훨씬 단순화된 형태로 나타날 것이다. 개의 경우, 전두엽이 확실히 작다. 하지만 아무리 단순화되고 기초적이라고 하더라도 마음 이론 능력이 있다면 단순히 파블로프의 개처럼 자판기처럼 자극을 주면 그에 해당하는 반응을 하는 생물체가 아니라는 것을 의미한다. 아마 이 마음 이론을 정말 가지고 있다면 유아와 비슷한 수준이 아닐지 생각했다.

캘리와 한 팀이 되어 훈련하면 할수록 서로의 마음을 읽기 시작했다는 느낌이 더욱 강해졌다. 물론 이 느낌을 증명할 방법은 없다. 이 말을 하면 누가 정신 나갔다고 할까 봐 연구실 팀원에게조차 말을 꺼내지 않았다. 하지만 이내 이 느낌이 마냥 정신 나간 생각이 아니라는 사실을 알게 되었다.

비가 부슬부슬 내리는 2월의 어느 오후에 두 번째 촬영을 시작했다. 모두가 우산을 쓰고 다시 연구실을 나와 병원으로 향했다. 이미 한 번 해봤던 일이라 예전만큼 들뜬 느낌은 사라졌다. 합류한 팀원의 수도 이전보다 적었다. 전체적인 분위기가 한층 가라앉은 상태에서 다시 로버트와 신엽이 MRI실에서 맞이했다. 이번에는 그들의 표정에서 의심 서린 웃음기도 찾아볼 수 없었다. 캘리와 매켄지가 해낼 수 있다는 사실을 모두 알고 있었고 진정한 과학 실험에 돌입할 준비를 했다.

MRI 기기 설정에도 크게 시간을 들일 필요가 없었다. 로버트는 지난번 실험 때 적용했던 설정을 그대로 적용했다. 이번 촬영은 쉬밍과 로컬라이저 촬영 후 '핫도그 대 핫도그 없음' 수신호로 5분간 기능적 영상 촬영을 두 번 진행하고 마지막으로 30초간 구조적 영상 촬영 순서대로 진행하기로 했다. 아무런 문제가 없다면 이 모든 순서를 진행하는 데 한 마리당 30

분 내외가 걸릴 것이다.

우리 모두의 손발이 척척 맞아 촬영 시작부터 순조로웠다. 이번에도 레베카는 캘리의 머리에 귀마개를 씌우고 테이프로 래핑하는 작업을 시작했다. 앤드류도 저번처럼 기기의 뒤쪽에 자리를 잡고 내게 '핫도그 또는 핫도그 없음' 두 가지 신호 중 하나를 줄 준비를 마쳤다. 멜리사와 마크는 매켄지의 차례가 될 때까지 매켄지가 쉴 수 있도록 텐트를 준비했다. 모든 준비가 끝나고 나는 캘리에게 기기 안으로 들어가라는 신호를 보냈다.

갑작스러운 버징 소리 때문에 개들이 놀라지 않도록 마크는 탁월한 아이디어를 떠올렸다. 실제 기기가 작동될 때 훈련에 사용했던 녹음 파일을 재생하는 것이다. 모든 MRI 기기에는 환자가 기술자와 소통하도록 인터

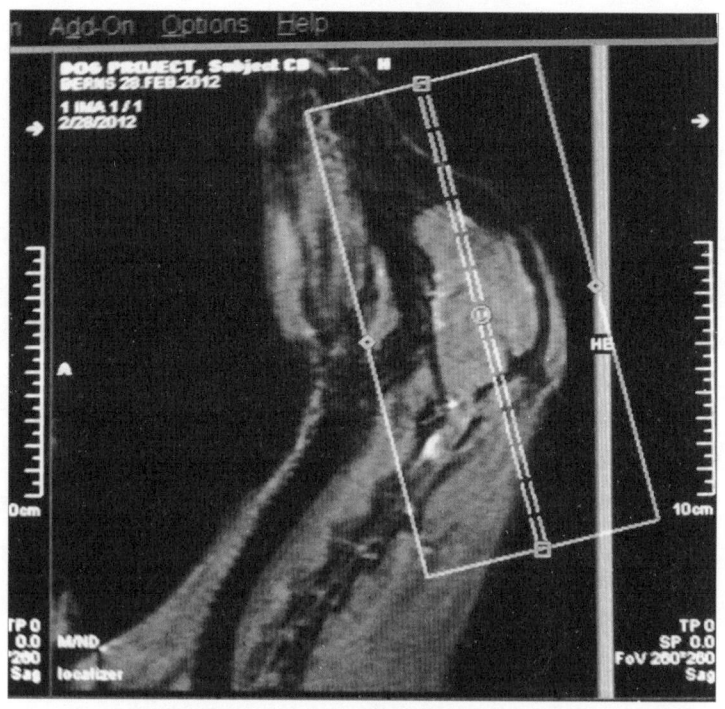

사진 23. 캘리의 로컬라이저 이미지(영상 영역이 네모 칸으로 표시되어 있음)
(출처: 그레고리 번스)

콤이 부착되어 있다. 캘리가 턱 받침대에 머리를 올리고 자세를 잡자 제어실에 있는 팀원이 인터콤에 MP3 플레이어를 대고 녹음 파일을 재생했다. 처음에는 볼륨을 낮게 재생했다가 점점 볼륨을 높였다. 곧 기기 안에서 벌 떼 소리가 나기 시작했다. 하지만 캘리는 자세를 가만히 유지했다.

나는 앤드류를 향해 고개를 끄덕였다. 그런데 윙윙 소리가 갑자기 멈췄다. "뭐지?" 내가 물었다. 앤드류도 무슨 영문인지 몰라 어깨를 으쓱했다. 캘리와 함께 제어실로 들어가 로버트에게 물었다. "촬영을 왜 중단한 거예요?" 로버트는 머쓱하게 말했다. "중단한 게 아니에요. 이것 좀 봐요."

컴퓨터 화면에는 완벽한 캘리의 측면이 담겨 있었다. 측면으로 보이는 머리 이미지는 정중앙으로 정확하게 잘려 뇌와 척수가 완벽하게 보였다. 로버트는 이미 영상 영역을 내 바운딩 박스(촬영 영역을 정밀하게 지정하기 위해 사용하는 상자 표시)를 설정해 뒀다. 인터콤을 통해 녹음 소리를 재생했던 것이 너무 실제와 비슷해서 캘리도, 나도 촬영이 시작되었는지 전혀 눈치채지 못했던 것이다.

영상 영역 설정 후 기능적 영상 촬영을 시작했다. 캘리에게 핫도그가 가득 담긴 상자를 보여주자 눈이 휘둥그레졌다. 이제 기기를 손가락으로 가리키기만 해도 알아서 들어가는 수준에 다다랐다. 이번에도 인터콤으로 녹음 소리를 재생했고 볼륨을 서서히 높였다.

몇 초 후, 실제 촬영이 시작되었다. 녹음 소리와 실제 촬영 시 기기에서 나는 소리는 거의 똑같았다. 캘리의 시선은 오로지 나를 향해 있었고 자세도 움직이지 않고 잘 유지했다. 왼손을 들어 잘했다고 신호를 보낸 후 핫도그 한 조각을 줬다.

그렇게 기능적 영상 촬영을 본격적으로 시작했다. '핫도그와 핫도그 없음' 수신호를 번갈아 반복했다. 하지만 캘리가 순서를 예측할 수 없도록 동일한 시퀀스를 두세 번 연달아 진행했다. 캘리는 전혀 동요하지 않고 침착하게 자세를 유지했다. '핫도그 없음' 수신호를 줄 때마다 그저 나를 바라보며 '핫도그' 수신호를 줄 때까지 기다렸다. 어느 순간 '핫도그 없음' 수신호에 캘리가 실망하는 것이 아니라 그 신호는 아무런 의미가 없다는 사실을 깨달았다. '핫도그 없음' 수신호를 통해서는 핫도그를 언제 받을 수 있을지에 대한 정보를 전혀 받을 수 없었기 때문이다. 내 해석이 맞는지는 촬영이 끝나고 뇌 활성화 데이터를 봐야만 확인할 수 있었다.

이전 촬영과는 달리 모든 것이 훨씬 효율적으로 진행되었다. 빠른 시간 내에 5분짜리 기능적 영상 촬영을 두 번 진행했고, 거의 400장의 이미지를 얻어냈다. 이제 남은 것은 30초짜리 구조적 영상 촬영이었다. 기능적 영상 촬영이 끝나고 캘리는 지루해 보이기도 피곤해 보이기도 했지만, 여전히 아무 저항 없이 스스로 기기 안으로 들어갔다. 구조적 영상 촬영 시에 나는 소음이 인터콤을 통해 울려 퍼졌다. 로컬라이저 촬영 때 나는 소음과 상당히 비슷했고 이번에도 역시나 캘리는 얌전히 기기 안에 머물렀다.

구조적 영상 촬영도 성공적으로 해냈다. 전혀 미동 없이 끝까지 촬영을 진행했다. 촬영이 끝나자마자 나는 캘리 쪽으로 달려가 핫도그를 한 움큼 줬다. "정말 잘했어!"

촬영 결과물이 벌써 컴퓨터 화면에 띄워져 있었다. 놀랍도록 선명한 이미지였다. 동물이 완전히 의식이 있는 상태에서 촬영한 최초의 구조적 영상 이미지였다. 정말 입이 떡 벌어졌다. 사람을 촬영해도 이 정도로 선명하고 정밀하게 나오기는 어려울 정도였다.

이 정도면 목표를 달성했다고 할 수 있어 혹시라도 매켄지가 촬영에 실패하더라도 크게 상관이 없었다.

"각각 수신호에 대한 이미지는 몇 개씩 나왔어요?"

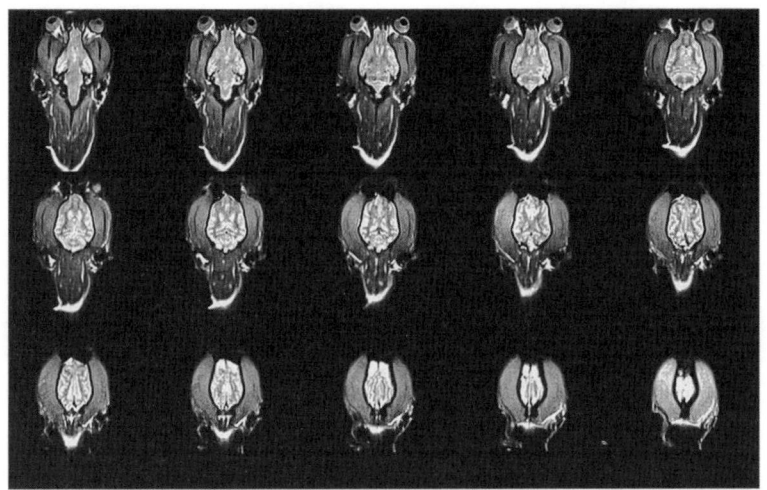

사진 24. 최초로 개의 뇌를 촬영한 구조적 영상 이미지 (출처: 그레고리 번스)

"핫도그 수신호는 20번, 핫도그 없음 수신호는 19번 했어요." 앤드류가 대답했다.

"대단하네요. 그 정도면 데이터는 충분해요. SNR이 높기를 바라야죠."

내 옆에 자리를 잡고 앉은 캘리의 눈을 보니 어떤 생각을 하는지 단번에 알 수 있었다. 캘리 스스로도 알았다. 자기가 정말 잘 해냈다는 것을 말이다.

매켄지 촬영까지 걱정이 무색할 만큼 순조로웠다. 마찬가지로 인터콤을 통해 소음을 재생하는 방법은 통했다. 이번에는 매켄지도 로컬라이저 촬영을 성공적으로 해내서 저번처럼 뇌의 반쪽이 사라진 이미지가 나올 걱정도 없어졌다. 기능적 영상 촬영을 할 때는 멜리사가 나보다 더 침착했다. 시퀀스 사이에 내가 캘리에게 10초 기다리게 했던 것보다 더 길게 그녀는 매켄지를 15초 기다리게 했다.

매켄지는 바위가 된 듯 자세를 꼿꼿이 유지했고 로버트와 함께 제어실에서 실시간으로 컴퓨터 화면에 이미지가 뜨는 것을 확인했다. 정말 한 치의 움직임도 없었다. 기능적 영상 촬영을 두 번 진행하고 구조적 영상 촬영까지 성공적으로 마쳤다.

두 마리 다 모든 촬영을 해냈다. 성공이라는 말도 부족할 정도였다. 이 모든 촬영을 단 두 시간 만에 해냈다. 그래도 지치지 않는 건 아니었다. 바닥을 드릴로 뚫는 듯한 소음이 가득한 공간에서 개에게 온전히 신경을 집중하는 일은 사람에게도, 개에게도 상당한 정신력과 체력을 요구했다. 캘리와 나는 집에 도착하자마자 곧장 소파에 쓰러졌다. 서로를 한 번 바라본 후, 둘 다 눈을 감고 쉬었다.

19.

보정 작업

앤드류는 촬영 바로 다음 날부터 캘리와 매켄지의 데이터 분석을 시작했다. 핫도그와 완두콩 수신호를 비교했을 때와 마찬가지로 먼저 제일 까다로운 '움직임 보정 작업'을 진행했다. 뇌가 잘 나온 이미지와 움직임이 과도하게 많아 분석에 사용하지 못하는 이미지를 골라낸 후 이미지를 영상화했다. 작업을 마친 앤드류가 그 결과물을 보여줬다.

"이것 좀 보세요."

앤드류가 가리킨 컴퓨터 화면에는 캘리의 뇌가 픽셀화된 이미지로 나타났다. 몇십 초간 촬영된 이미지가 영상으로 이어져 나오는 동안에도 뇌는 일관된 위치에 나왔다. 눈알만 좌우로 왔다 갔다 했을 뿐 나머지 부분은 완벽하게 일치했다.

"캘리가 정말 잘해줬어요. 움직임이 많아서 못 쓰는 이미지를 제외하더라도 전체 촬영본의 62%를 분석에 사용할 수 있어요." 앤드류의 말에 캘리가 너무 자랑스러워 가슴이 벅차올랐다.

"정말 대단하네요. 저번 촬영보다 다섯 배나 데이터가 많아진 셈이네요. 매켄지 촬영본은 어때요?"

"비슷해요. 58% 사용할 수 있어요. 핫도그 수신호는 16번, 핫도그 없음 수신호는 11번 진행했어요."

"매켄지가 한자리에 가만히 있도록 멜리사가 정말 고생했네요."

"맞아요. 그 덕에 각 수신호에 대한 이미지를 많이 확보할 수 있었어요." 앤드류가 말했다.

그 후로 이틀간 앤드류와 나는 꼼꼼하게 데이터를 분석하고 혹시 잘못된 부분은 없는지 재검토하는 과정을 거쳤다. 움직임으로 인한 인공물 artifact을 뇌 활성화로 착각하지 않기 위해 분석에 포함하는 이미지를 결정하는 기준을 점점 높였다. 동시에 영상화된 이미지를 보면서 미세한 움직임을 찾았다. 대부분의 경우, 개에게 핫도그를 줄 때 머리가 살짝 움직였다. 이미 예상한 일이었다.

하지만 알고 싶었던 것은 핫도그에 대한 뇌의 반응보다는 수신호에 대한 뇌의 반응이었다. 조금이라도 움직임이 있는 이미지를 확실히 골라낸 후, 남은 이미지를 분석하니 수신호가 주어지는 동안 움직임은 불과 1mm도 되지 않았다. 캘리와 매켄지는 거의 사람만큼이나 기기 안에서 움직이지 않고 촬영을 잘 해줬다는 것이다. 이제 마지막 단계만 남았다. 두 가지 수신호 간의 뇌 활성화 패턴을 비교하는 일이었다.

모든 fMRI 실험은 서로 다른 조건에서 발생하는 뇌 활동의 상대적인 변화를 측정한다. 이번 실험에는 조건이 단 두 개였다. '핫도그' 수신호와 '핫도그 없음' 수신호. 그래서 한 조건에서의 뇌 활동은 다른 조건에서의 뇌 활동을 제하기만 하면 되는데 비교적 간단한 과정이었다. 그 차이를 통해 개의 뇌에서 어떤 부위가 수신호의 의미를 처리하는지 파악할 수 있다.

뇌의 모든 부위에서 발생하는 활동의 차이를 계산하고, 그 결과가 실제인지 아니면 단순하게 우연에 의한 MRI 신호의 무작위적 변동인지 판단하기 위해 통계적 검정을 수행했다. 그런 다음, 이 분석 결과를 바탕으로 지도를 만들고 구조적 영상 이미지 위에 겹쳐지도록 올렸다. 일반적으로 신경과학자들은 약한 활성화는 노란색, 강한 활성화는 빨간색으로 표기한다.

앤드류가 캘리의 뇌 분석을 끝냈다는 소식을 듣고 연구실 모두가 이 순간을 기다렸다는 듯이 컴퓨터 화면 주위로 몰려들었다. 노란색과 빨간색으로 표시된 점들이 나타났다. 이걸 보고도 캘리의 뇌 대부분의 부위가 어떤 활동을 하는지 파악하기란 쉽지 않았다. 그래서 이미 잘 알고 있는 한 부위만 파고들기로 했다.

"꼬리핵을 확대해 보세요." 내가 말했다. 주황색 점이 꼬리핵의 오른쪽 윗부분에 뚜렷하게 표시되었다. 확실한 증거였다. 모두가 이 주황색 점을 쳐다보며 믿을 수 없다는 듯이 감탄했다.

매켄지의 뇌 활성화 지도는 심지어 더 뚜렷하게 나타났다. 두 마리 모두 '핫도그' 수신호에는 꼬리핵의 반응이 확실하게 나타났지만 '핫도그 없음' 수신호에 대해서는 반응이 전혀 없었다. 두 마리 중 한 마리에서만 꼬리핵 활동이 나타났다면 우연의 일치라고 생각했을 수도 있었겠지만 두 마리 모두 꼬리핵에서 활동이 나타났다. 이런 일이 우연히 일어날 확률은 100분의 1이었다.

"두 마리 모두 꼬리핵에서 활동이 있다는 건 절대 우연이 아니에요. 진짜 활동이 있었다는 말이에요." 내가 말했다.

"도그 프로젝트는 성공이야." 그날 저녁 퇴근하고 아이들에게 이 소식을 당당하게 전했다.

"무슨 말이야?" 캣이 먼저 물었다.

"캘리와 매켄지 두 마리 모두 보상 시스템에서 활동이 나타났어."

"그러니까 개가 핫도그를 좋아한다는 사실을 밝혀냈다는 말이야?"

"아니, 개들이 수신호의 의미를 이해한다는 사실을 알아낸 거지."

개가 핫도그를 좋아한다는 것과 '핫도그' 수신호의 의미를 이해한다는 것은 엄연히 달랐다. 이건 굉장히 중요한 차이였다. 실제로 앤드류와 나는 핫도그 자체에도 꼬리핵이 활성화되는 것을 관찰했었다. 하지만 촬영할 때 핫도그를 주면 캘리와 매켄지가 핫도그를 삼키고 입술을 핥느라 머리가 움직였기 때문에 그 부분의 이미지는 모두 잡음으로 제외해야 했다. 그럼에도 꼬리핵에서 분명한 활성화가 나타났다. 하지만 캣이 말한 것처럼, 어쩌면 모두가 예상할 수 있는 결과였다. 개는 음식을 좋아하니까 말이다. 하지만 정말 유의미한 발견은 '핫도그' 수신호에 대해서는 꼬리핵 활동이 반응했고, '핫도그 없음' 수신호에 대해서는 전혀 나타나지 않았다는 것이다.

파블로프식 행동주의자들은 이렇게 말할 수도 있다. "아, 그건 수신호라는 중립적인 자극과 음식이라는 무조건 반응 간의 연관성을 학습한 것입니다. 뇌에서 수신호의 의미를 이해했다는 증거는 아무것도 없어요." 파블로프처럼 수신호 대신 종소리를 울리거나 불을 켜는 방법을 사용했다면 그 말에도 일리가 있을 것이다. 하지만 도그 프로젝트 실험에서는 수신호를 사용했다. 사람의 경우, 손을 이용한 제스처를 통해 눈빛 또는 시선만큼이나 풍부한 정보를 전달한다. 그렇다면 개도 사람처럼 손짓을 중요한 의사소통의 수단으로 생각할까? 개들도 손 신호의 의미를 이해한다는 쪽으로 점점 더 많은 증거가 나오고 있다.

듀크 대학교의 인류학자인 브라이언 헤어Brian Hare는 개가 인간의 사회적 신호를 얼마나 잘 이해하는지, '개의 사회적 인지'에 대한 연구의 길을 연 사람이다. 초기 실험에서 방 안의 여러 장소에 음식을 숨기고 개를 들어오게 한 다음, 사람 한 명이 그 방 안에 서서 음식을 숨긴 장소를 손가락으로 가리켰다. 개는 사람의 손가락 신호를 통해 음식을 재빨리 찾아냈다.

많은 개가 첫 시도에 바로 신호를 알아차리고 음식을 찾아낸 것을 보고 행동주의자들이 말한 것과는 달리 단순한 연관 학습만으로는 개가 사람이 보내는 사회적 신호의 '의미'를 직관적으로 이해하는 능력이 설명되지 않는다는 사실을 알게 되었다. 헤어는 늑대와 침팬지를 대상으로도 동일한 실험을 진행했지만, 두 동물 모두 개만큼 사람의 사회적 신호를 이해하지 못했다. 개만 유난히 이 신호를 읽는 데 탁월한 능력을 보였다.

집에서 모두 모여 저녁 식사를 할 때도 캘리는 유난히 사람과의 사회적 상호작용에 예민하게 반응했다. 반면에 라이라는 캘리만큼 예민하지 않았다. 캘리는 자세는 편하게 취했지만 식구 중 누군가가 말하기 시작하면 그 사람 쪽으로 고개를 돌려 쳐다봤다. 마치 대화를 이해하는 것처럼 말이다. 물론 정말 대화의 모든 단어를 이해한 것은 아니겠지만 간혹 '산책'과 같이 자기가 아는 단어가 나오면 그 단어를 말한 사람에게 달려가 꼬리를 아주 격렬히 흔들었다. 단어 자체보다 수신호를 더 잘 이해한다는 사실도 알고 있었다. 촬영할 때 내가 손가락으로 MRI 기기를 가리키기만 해도 곧장 들어갔으니 말이다.

이제 역추론이라는 난제와 마주하게 되었다. 사람을 대상으로 한 실험이었다면 꼬리핵 활동을 분석하는 것은 꽤 간단했을 것이다. 실제로 10년 전에 연구실에서 상당히 비슷한 실험을 한 적이 있다. 그때는 핫도그가 아니라 쿨에이드Kool-Aid(물에 섞어 마시는 가루 형태의 믹스)를 사용했을 뿐이다. 피험자들은 입에 튜브를 연결한 채 MRI 기기 안에 들어갔다.

기기 안에 누워서 보이는 컴퓨터 화면에서 초록색 불빛이 나타나면 버튼을 누르도록 했고, 버튼을 누르고 몇 초 후에는 혀에 쿨에이드 한 방울이 떨어졌다. 캘리와 매켄지와 마찬가지로 피험자의 꼬리핵도 쿨에이드가 곧 나올 거라는 신호에 반응해 활성화되기 시작했다. 당연히 그 실험에서는 피험자들에게 신호에 대해 어떤 생각과 느낌이 들었는지 물어볼 수라도 있었으니 훨씬 간단했다.

사람은 당연히 신호에 의미를 부여한다. 어떤 이들에게는 신호가 기대감을 의미한다. 강한 기대감, 특히 좋은 일이 일어날 거라는 기대감은 실제로 꼬리핵 활성화와 연관된 가장 보편화된 감정이다. 이 기대감은 사람이 원하는 것을 얻기 위해 행동하는 원동력이 된다. 기대감이 강해져 극단으로 치닫게 되면 갈망으로 나타난다. 그리고 이런 갈망이 강하게 반복되면, 꼬리핵의 기능이 과도하게 활발해질 수 있는데 과한 활동은 중독과 관련이 있다고 여겨진다. 그리고 불빛, 삐 소리 또는 컴퓨터 화면에 나타나는 이미지와 같은 기본적인 신호가 제스처, 표정, 언어 등과 같이 '더 인간적인 사회적 단서'로 대체되면 꼬리핵에서의 활동은 더욱 강하게 나타난다. 사람의 경우, 동일한 정보를 전달한다고 하더라도 비사회적 신호보다 사회적 신호에 대해 꼬리핵의 반응이 훨씬 더 크게 나타난다.

개라고 크게 다를 바가 있을까? 오히려 연구 결과는 개가 사람이 보내는 신호의 '의미'에 큰 관심을 가진다는 사실을 보여준다. 헤어의 연구 결과를 고려해 보면 캘리는 나의 수신호를 보고 내가 무슨 생각을 하는지 아니면 적어도 그 손짓의 의도가 무엇인지 해석했을 가능성이 높다. 이게 바로 '개의 마음 이론 Dog theory of mind'이다.

캘리는 내가 무슨 생각을 하고 있는지 이해하려고 노력한다면 나 역시 그래야만 했다. 단둘이 MRI실에서 서로의 눈을 바라보았을 때 서로의 생각을 직접적으로 소통하고 있다는 강렬한 느낌을 받았다. 꼬리핵 활성화는 내 의도가 캘리의 뇌에 전달되었고, 캘리가 내 생각을 이해했다는 첫 번째 증거에 불과했다.

개도 사람과 마찬가지로 이해받길 원한다. 하지만 개가 정말로 '상대의 마음을 읽을 수 있다'는 사실을 증명하려면 꼬리핵 외 다른 부위에서도 활성화 패턴이 일어나는지 더 조사해 볼 필요가 있었다.

사실 캘리는 단순히 사람의 생각을 파악하는 것 넘어서서 자기 생각을 표현할 수 있다는 사실을 이미 보여줬다. 저녁 시간이 되면 캘리는 부엌에서 뒷마당으로 나가는 유리문 앞에 서서 고개를 돌려 나를 쳐다봤다. 그리고선 다시 어딘가 애절한 눈빛으로 창밖을 바라봤다. 그러다가 다시 시선을 내게로 옮겼다. '나 나가고 싶어'라는 말이었다. 짖지도 발톱으로 문을 긁지도 않고서 그저 눈, 눈빛 하나로 자기의 생각을 전달했다. 사람과 같이 말이다. 그런 생각을 이해한 나는 문을 열어줬고 그러면 캘리는 무언가를 따라 단번에 담쟁이덩굴 속을 파헤치며 쫓아다녔다.

어쩌면 나는 이런 캘리의 모습에 익숙해져 있었던 것이다. 캘리의 눈빛이나 미묘한 행동 방식에 크게 신경을 쓰지 않았을 뿐 식구가 된 이래로 아마 이런 행동을 계속해 왔을 것이다. 도그 프로젝트의 데이터를 바탕으로 이제 과학적으로 해석할 수 있게 되었다. 두 가지 결론을 내릴 수 있다.

캘리는 그저 파블로프의 개처럼 여러 사건 간의 연관성을 잘 파악해 학습에 탁월한 개든지 아니면 행동을 통해 자기의 생각을 전달할 수 있는 지각력이 있는 개든지, 둘 중 하나일 것이다. 후자라고 생각했지만 fMRI 데이터를 통해 입증해야 했다. 아직 그 증거가 fMRI 데이터 속에 숨겨져 있었기에 그걸 찾아내야 했다.

무언가 쫓느라 뒷마당을 정신없이 뛰어다니던 캘리는 이내 포기하고서는 다시 집으로 들어왔다. 캘리는 이미 오래전에 문 여는 법을 터득했다. 우연히 알게 되었는지 사람이 문을 여는 모습을 보고 배웠는지는 모르지만, 전속력으로 달려와 점프를 한 뒤 문고리를 탁 밀어서 문을 열었다. 그렇게 문을 열고서는 엄청난 에너지를 발산하며 주방 안으로 돌진했다. 곧장 헬렌에게로 가 허벅지에 자기 머리를 올렸다.

"이것 봐요! '터치' 신호를 보내고 있어요." 헬렌이 말했다.

"뭔가 말하려는 것 같은데?"

"먹을 걸 달라는 말인가요?"

"맞아."

헬렌은 웃으며 자기 그릇에서 음식 한 조각을 떼어 캘리의 입에 넣어줬다. 캘리의 의도를 파악한 헬렌도, 헬렌을 통해 원하던 음식을 얻어먹은 캘리도 만족스러워 보였다.

"저도 좋은 소식이 있어요." 헬렌이 말했다.

"정말? 뭐야?"

극적인 효과를 주려는지 헬렌은 쉽사리 입을 열지 않았다.

"뭔데, 말해봐!" 캣이 재촉했다.

"과학 시험에서 A 받았어요!"

"정말이야?"

"대단한데? 너무 잘했어. 엄청 열심히 공부하더니 정말 자랑스러워."

내 말에 헬렌은 환하게 웃었다. 어쩌면 가끔 학교를 빼먹는 것도 그 나름의 효과가 있을지도 모른다.

20.

너도 날 사랑하니?

도그 프로젝트 첫 단계의 끝이 보였다. 캘리는 세 번, 매켄지는 네 번 촬영을 진행했고, 촬영을 통해 마취제의 힘을 빌리지 않고도 개도 MRI 기기 안에 들어가 촬영하고 흔들림 없는 깨끗한 뇌 이미지를 얻을 수 있다는 것을 보여줬다. 그리고 더 자랑스러운 일은 '개의 뇌 보상 시스템이 특정한 수신호에 활성화된다'는 사실을 입증해 낸 것이다.

전 세계에서 MRI 기기 안에 들어갈 수 있는 개는 단 두 마리, 캘리와 매켄지뿐이었고, 모두가 정신 나간 일이라고 했던 그 실험이 결코 불가능이 아니라는 사실을 증명했다. 이 결과를 바탕으로 첫 번째 논문을 작성해 보내고 출간을 기다리는 중이었다. 그 사이에 첫 단계의 결과를 반추하고 다음 단계를 계획할 시간이 생겼다.

도그 프로젝트의 성공으로 연구실 분위기는 흥분 그 자체였다. fMRI가 처음 도입된 이래로 사람의 뇌를 촬영하는 프로젝트를 수없이 진행해 왔다. 하지만 그 어떤 실험도 이 정도의 전율을 일으키지는 못했다. 뇌 영상 기법이 처음 도입되었을 때도 이 정도는 아니었을 것이다. 지난 한 세기간 과학자들은 사람의 뇌를 다양한 방식으로 연구해 왔기 때문에 우리가 사람의 뇌에 대해서는 이미 많은 것을 알고 있었다. 대부분의 경우, 뇌 영상 기법은 뇌에 대해 이미 알고 있는 사실을 입증하는 용도로 사용되었고 뇌 영상 기법을 통해 기존의 지식에 대한 큰 변화가 일어나는 일은 드물었다. 도그 프로젝트는 정반대였다.

마치 신대륙을 발견한 콜럼버스가 된 느낌이었다. 개의 뇌라는 광활한 미지의 땅을 눈앞에 두고 있었다. 우리는 아직 개의 뇌가 정확히 어떤 식으로 작동하는지에 대해서는 아는 바가 거의 없었다. 하지만 이를 알아낼 수 있는 촬영본과 훌륭한 피험자가 두 마리나 내게는 있었다. 이제 그 미지의 땅에 발을 들여놓고 탐험을 시작하는 것뿐이었다.

리사의 컴퓨터 스크린세이버는 두 살이 된 쉐리프의 사진이었다. 리사는 에모리 대학교를 졸업하고 연구실에서 일하기 시작하면서 쉐리프를 입양했고 쉐리프를 끔찍이도 아꼈다.

"정말 쉐리프를 사랑하죠?" 내가 리사에게 물었다.

"당연하죠. 쉐리프도 그만큼 절 사랑할걸요?"

이 대화를 흥미롭게 옆에서 듣고 있던 개빈은 리사를 놀렸다.

"사랑을 어떻게 정의하느냐에 따라 다르지 않을까?"

연구실에서 현실주의자이자 실용주의자로 소문난 리사도 황당하다는 듯 답했다. "사랑? 사랑보다는 상호 의존적인 관계에 가깝지 않을까?"

"관계에서 얻을 수 있는 최선은 결국 서로가 서로에게 의존하는 관계 아닐까? 그게 잘못된 것도 아니고 말이야." 리사의 표정은 사뭇 진지했다.

그녀의 예상치 못한 답변에 개빈은 말문이 막힌 듯 입을 꾹 닫았다. 리사는 아랑곳하지 않고 말을 이어갔다. "쉐리프가 나를 사랑하는 이유가 단지 내가 음식을 주고 배를 긁어준다고 한들 상관없어. 그만큼 내게 애정을 주고 나와 시간을 함께 보내 주니까. 인간관계도 쉐리프와 나의 관계처럼 단순했다면 더 많은 사람들이 훨씬 행복할지도 몰라"

"그런데 쉐리프가 정말 리사를 사랑한다는 사실을 증명할 수 있다면 어떨까요?" 내가 끼어들어 물었다.

"음식을 주거나 배를 긁어주는 것 이상의 사랑 말이에요?" 개빈은 눈을 굴리며 말했다. "그건 말도 안 돼요."

사랑에 관한 논쟁에 끼어들고 싶지 않았던 앤드류는 그저 컴퓨터 화면만 뚫어지게 쳐다보다가 마침내 고개를 돌려 말했다. "이것 좀 봐요."

화면에는 캘리의 뇌 구조적 영상 이미지가 나와 있었다. 그 이미지는 백 번도 넘게 봐서 조금 과장하면 나의 뇌보다 더 잘 알고 있을 정도였다. 이미지 위에는 활성화 지도가 겹쳐 보였다. 지난 몇 주간 이런 이미지와 영상을 주야장천 봐왔기 때문에 꼬리핵 어디에 빨간색, 주황색, 노란색 활성화 지점이 겹쳐진 모습에도 익숙해졌다.

하지만 이번에는 뭔가 달랐다.

앤드류는 매켄지와 캘리의 뇌가 서로 일치하도록 디지털 보정 기법을 사용했다. 사람의 fMRI 데이터를 분석할 때 일반적으로 사용하는 기법이다. 많은 피험자의 데이터를 수집하면 많은 사람의 뇌에서 발생하는 활성화 패턴을 비교할 수 있기 때문이다. 사람마다 뇌가 생긴 모양이나 물리적 구조가 다르므로 디지털로 왜곡해서 각자의 뇌를 동일한 크기와 형태로 변형시킨다. 이렇게 하면 여러 사람의 활성화 패턴을 평균화하고 뇌 기능의 공통점을 찾아낸다.

사람의 경우, 뇌 크기의 차이는 약 1~2퍼센트밖에 되지 않는다. 사람마다 머리의 모양은 둥근 모양이나 타원형 모양 등으로 다르지만 기본적인 해부학적 구조는 거의 동일하다. 그렇기에 크게 보정이 필요하지 않다.

개의 경우에는 그렇지 않다. 지구상의 모든 종 중 개의 뇌는 크기 측면에서 가장 큰 차이를 보인다. 2kg짜리 치와와에서 70kg짜리 그레이트데인까지 무게는 천차만별이지만 종만큼은 똑같이 개로 분류된다. 무게의 차이만큼 뇌의 크기도 어마어마하다.

  도그 프로젝트 데이터 분석을 시작할 때 캘리와 매켄지의 데이터를 따로 분리해서 분석했다. 매켄지는 캘리보다 몸집이 50% 정도 컸기 때문에 뇌의 크기도 다르다는 사실을 이미 알고 있었다. 크기의 차이 때문에 기존의 컴퓨터 알고리즘을 적용해도 효과가 없을 것으로 생각하고 이 기법을 적용해 볼 생각조차 하지 않았다. 앤드류가 해보기 전까지는 말이다.

  앤드류는 두 마리의 개 뇌에 있는 주요 랜드마크를 선정해 정렬한 후, 두 마리에 대한 데이터를 결합해 분석했다. 둘이 하나보다 낫다는 말이 괜히 있는 게 아니었다. 캘리와 매켄지가 예상보다 훨씬 촬영을 잘했음에도 불구하고, 여전히 분석하는 데는 한계가 있었다. 두 마리 모두 MRI 기기 안에 10분 동안 머물면서 촬영을 진행했지만 후반부로 갈수록 시끄러운 기기 안에 갇혀 있어 지쳤는지 지친 기색을 보였다. 캘리는 실험을 40회 정도, 매켄지는 30회 정도 해내긴 했지만 이 정도만으로도 개의 fMRI 연구의 가능성을 입증하기에는 충분했다. 하지만 그다음 단계, 개의 뇌가 정말 어떻게 작동하는지 알아내기 위해서는 더 많은 반복 실험과 가능하다면 더 많은 개가 필요했다.

  캘리와 매켄지의 데이터를 결합한 것은 바로 이 방향으로 나아가기 위한 첫걸음이었다. 데이터가 더 많으면 희미한 신호라도 감지할 가능성이 커졌다. 두 마리의 데이터를 한꺼번에 보니 한 마리씩 따로 분석할 때 보지 못했던 결과가 화면에 나타났다. 앤드류는 뇌 측면에서 활성화된 부위를 가리켰다. 이 부위는 보상 시스템 부위보다 약 1cm 위에 대뇌 피질의 중앙에 자리 잡고 있었다. 사람의 뇌에서 볼 수 있는 랜드마크를 그대로 적용할 수는 없었기 때문에 화면에 나오는 부위가 정확히 개 뇌의 어느 부분인지 추측할 수밖에 없었다.

"저 부위가 운동 피질motor cortex인가요?" 개의 뇌 해부학 자료와 컴퓨터 화면을 번갈아 쳐다보며 물었다.

앤드류는 어깨를 으쓱하며 말했다. "대뇌 피질의 중앙에 있네요. 사람의 뇌에서 중심구가 있는 곳이에요."

그런데 촬영 중에 개들이 움직이지도 않았는데 그 운동을 담당하는 부위에서 왜 활동이 보이는 걸까?

"거울 뉴런이네요." 내가 말했다.

거울 뉴런mirror neuron은 동물이 특정한 움직임을 실행할 때뿐만 아니라 다른 누군가가 그 행동을 하는 것을 관찰할 때도 활성화되는 뉴런이다. 1990년대 초에 원숭이의 뇌를 연구하던 과학자들이 처음 발견한 뉴런으로 운동 시스템이 어떻게 작동하는지, 더 자세하게는 원숭이가 물건을 잡으려고 할 때 뇌에서 어떤 일이 발생하는지 알아보고자 했다.

과학자들은 뇌의 중심구 바로 앞에 위치한 뇌의 전운동premotor area 부위에 전극을 심었다. 그랬더니 실제로 그 부위의 뉴런이 원숭이가 손을 움직이기 직전에 활성화했다. 하지만 우연인지는 모르겠으나 원숭이가 움직이지 않고 있을 때 과학자가 원숭이가 잡으려는 물체를 교체하려고 우리 안으로 손을 뻗었을 때, 동일한 뉴런이 활성화되었다. 이 뉴런은 신체를 움직이는 행동을 직접 할 때도, 다른 누군가가 비슷한 행동을 할 때도 활성화되었으며, 그 대상이 원숭이든 사람이든 상관없이 동일하게 활성화되는 현상이 나타났다.

이내 과학자들은 사람의 뇌에도 이 거울 뉴런이 존재하는지 알아보기 시작했다. fMRI를 사용한 여러 실험을 통해 사람의 뇌 전운동 부위를 포함한 다른 여러 부위에서 유사한 매커니즘이 발생한다는 사실을 알아냈다. 거울 뉴런은 신체의 특정한 부위의 움직임을 제어하기보다는 행동의 '

목표'를 통제하는 것처럼 보였다. 예를 들어, 야구 투수가 스트라이크 존에 공을 던지려고 할 때, 투수의 뇌에 있는 거울 뉴런은 팔의 근육을 직접적으로 제어하지 않는다. 대신, 일종의 유도 시스템처럼 작동해 모든 신체의 근육이 협력해 야구공을 포수의 글러브에 도달하게 만든다. 투수가 다른 사람이 동일한 행동을 하는 모습을 봐도 거울 뉴런은 똑같이 활성화된다. 마치 뇌가 투구 행동을 시뮬레이션하는 것처럼 뉴런이 작동하는 것이다.

이후로 거울 뉴런에 대한 연구는 급물살을 타기 시작했다. 기초적인 과학 수준에서 볼 때, 거울 뉴런은 행동 유발과 관찰을 연결하는 데 중요한 역할을 한다. 그리고 동물이 같은 종인 다른 구성원의 행동을 자기 자신의 관점에서 이해할 수 있도록 도움을 준다. 많은 연구자에 의하면 거울 뉴런 덕분에 마음속으로 타인의 행동을 마치 내가 직접 경험하듯이 내적으로 시뮬레이션해 보고 그 감정에 공감할 수 있다고 한다.

하지만 이것이 정말 사실인지에 대해서는 여전히 논란이 있다. 그럼에도 '모방은 공감으로 이어진다'는 증거는 계속해서 나오고 있다. 다양한 동물 중 특히 사람은 타인의 행동을 모방하려는 경향이 선천적으로 강하다. 누군가가 나를 향해 미소를 지으면 나도 미소를 지을 수밖에 없다. 이런 식으로 타인의 행동을 모방하는 경향은 타고난 것으로 보인다. 영아는 어른이 자기를 보고 미소를 지으면 그에 반응해 웃음을 보이고, 부모를 웃게 만들기 위해 먼저 미소를 짓기도 한다. 거울 뉴런 시스템은 관찰과 행동을 연결해 이런 모방 행동을 조절하기도 한다.

모방은 타인의 감정을 이해할 수 있는 시작점이다. 여러 실험 결과, 서로를 더 많이 모방할수록 공감 능력이 늘어났다. 정말 공감 능력이 거울 뉴런에서 비롯되는지에 대해서는 더 많은 연구가 필요하지만 공감과의 연관성만큼은 확실하다. 거울 뉴런 시스템이 없다면 아마 타인의 감정에 공감하기란 아예 불가능할 것이다.

　지금까지 '종(種) 간 거울 뉴런 활동'을 입증한 실험은 일전에 언급한 원숭이 실험 외에는 아직 없다. 원숭이의 경우, 사람과 손 형태가 상당히 비슷하다. 원숭이도, 사람도 네 개의 손가락과 서로 마주 보는 엄지손가락이 있다. 하지만 개는 손가락은커녕 손 자체가 없다.
　그런데도 캘리와 매켄지의 운동피질은 나와 멜리사의 수신호에 반응했다. 캘리와 매켄지가 실제로 움직인 것은 아니기 때문에 이들 뇌에서도 거울 뉴런의 활동이 있었다는 의미가 될 수 있다. 하지만 정말 그렇다면 이것은 사람의 손을 보고 거울 뉴런이 활성화되었던 원숭이보다 훨씬 복잡한 기전이다. MRI 촬영을 통해 발견한 뇌의 활동이 거울 뉴런에서 비롯된 것이라면 캘리와 매켄지는 사람 손의 움직임을 자기 앞발에 대입해 행동을 매핑했다는 의미가 된다. 과연 이것이 무엇을 의미할지 머릿속이 복잡해졌다.
　개는 앞다리를 사용해 걷는다. 하지만 걷는 데만 앞다리를 사용하는 건 아니다. 앞다리를 사용해 땅을 파기도 하고, 문을 열기도 하고, 부엌 카운터 위의 음식을 집어 내리기도 한다. 앞발로 장난감도, 뼈다귀를 잡는다. 어쩌면 캘리와 매켄지가 수신호를 볼 때 뇌에서는 자기 앞발로 그 행동을 시뮬레이션할 수도 있다는 생각은 어쩌면 가능성이 다분할지도 모른다. 이것은 개의 뇌가 인간의 행동을 '개에게 해당하는 행동'으로 치환하는 방식일 수 있다.
　개가 사람이 뛰는 모습을 볼 때 어쩌면 개의 뇌 안에는 달리기 기능을 담당하는 부위의 뉴런이 발화되는 것일 수도 있다. 개가 사람이 음식을 먹는 모습을 볼 때 어쩌면 입의 움직임을 담당하는 부위의 뉴런이 발화될지도 모른다. 이것만큼은 사실이라고 단언할 수 있다. 내 입에 음식이 들어가는 모습을 바라보면서 캘리가 입맛을 다시는 모습을 본 게 한두 번이 아니다. 마치 자기도 음식을 먹었고, 나처럼 그 맛을 느끼는 것처럼 입술을 핥아댔다.

개에게 사람의 행동에 반응하는 거울 뉴런이 있다면 반대로 사람에게도 개의 행동에 반응하는 거울 뉴런이 있을까? 말도 안 되는 소리 같지만 있다. 2010년 한 fMRI 연구에 따르면 개가 짖는 모습이 나오는 무성 영화를 볼 때 사람의 뇌에서 소리에 반응하는 부분이 활성화되었다. 다시 한번 말하지만 소리가 나지 않는 무성 영화였다. 개가 짖는 모습을 보기만 해도 소리가 들리는 것처럼 뇌가 반응한 것이다.

캘리와 매켄지에게서 이런 거울 뉴런 활동의 가능성을 보면서 어쩌면 사람과 개 간의 관계가 정말 진실할지도 모른다고 느꼈다. 사람의 행동을 보고 그것을 개의 행동으로 치환해서 해석할 능력이 개에게 있다면 정말 사람의 감정도 그대로 느낄 수 있지 않을까? 개 나름의 감정으로 말이다.

꼬리핵의 활성화는 우리가 개의 뇌에서 일어나는 활동을 파악하고 해석할 가능성을 입증했다. 캘리와 매켄지가 좋아하는 핫도그에 대한 수신호를 이해했다는 것을 보여줬다. 하지만 운동피질의 활성화는 개들은 단순히 파블로프식으로 기계적으로 학습하는 것이 아니라는 사실을 시사했다. 우리가 추측한 대로 운동피질의 활성화가 거울 뉴런에서 비롯된 것이라면 개도 사람처럼 타인의 생각을 추론하는 정신화 능력이 있다는 것을 보여주는 최초의 증거가 된다. 어쩌면 수신호를 해석하는 것을 넘어서 사람의 손을 자기의 앞발에 대응해 생각하고 행동하고 있을지도 모른다.

개의 마음 이론에 한 걸음 다가섰음을 보여주는 흥미로운 증거였다.

그날 저녁, 나는 소파에 앉아 있었고 캘리는 평소처럼 집 안 곳곳과 마당을 순찰하고 있었다. 캣과 나는 부엌에서 마당으로 나가는 문의 방충망을 아예 열어두기 시작했다. 모기가 들어온다는 단점이 있긴 했지만 매번 캘리를 내보내고 들여오는 게 더 귀찮았기 때문이다. 멀리서 코요테가 울부짖는 소리가 들렸다. 원래 캘리는 이 소리에 반응해 온 집안이 쩌렁쩌렁하게 울리도록 짖어대곤 했다. 그러나 그날 밤은 아니었다.

마당 몇 바퀴를 돌고 나서 집으로 들어와 내 무릎 위에 앉았다. 이것도 처음 있는 일이었다. 사람에게 붙는 것 자체를 좋아하지 않았기에 무릎에 올라와 앉는 일은 정말 손에 꼽았다. 보통 라이라에게 붙어 누워 있곤 했는데, 이 모습을 보고는 다른 종보다는 같은 종끼리 붙어 있는 걸 좋아하는 편이라고 생각했다. 하지만 그날 밤에는 내 다리 사이에 자리를 잡더니 허벅지에 머리를 올려뒀다. 그런 캘리가 고마웠다.

그런 캘리의 머리를 천천히 쓰다듬었다. 까만색 털이 머리에 착 붙어 매끄럽게 난 게 참 예뻐 보였다. 내 손길에 눈이 점점 감기더니 결국 그 자세로 캘리는 잠이 들었다.

정말 캘리도 나와 같은 마음이었을까? 집안 곳곳 캘리가 잠을 청할 수 있는 곳은 수두룩했지만 그날 밤은 무릎 위에서 잠들었다. 무언가 얻어먹기 위해서도 아니었고, 내 몸이 유난히 따뜻해서도 아니었다. 오히려 따뜻하긴 라이라가 더 따뜻했다. 그저 사람의 손길과 스킨십이 필요했던 것이다. 그것도 내 손길 말이다. 나 역시 마찬가지였다. 다른 누구도 아닌, 바로 캘리의 손길이 필요했다.

그렇게 캘리는 곤히 잠이 들었다. 정말 깊은 잠이 들어 꿈을 꾸기 시작했는지 캘리의 다리가 움찔거리는 게 느껴졌다. fMRI를 통해 꿈을 꾸는 동안 뇌에서는 어떤 일이 벌어지는지 볼 수 있다면 어떨까. 혼자 상상의 나래를 펼쳤다. 그러다가 캘리의 꼬리가 소파에 탁탁탁 부딪히는 소리에 정신을 차렸다. 여전히 캘리는 잠들어 있었다.

코요테와 맹렬히 싸우는 꿈을 꾸는 걸까? 아니면 맛있는 설치류 한 마리를 잡아먹는 꿈을 꾸는 걸까? 아니면 그저 지금처럼 내 무릎 위에 누워서 곤히 잠든 이 순간을 즐기고 있는 걸까?

이게 사랑이 아니라면 도대체 뭐란 말인가? 대체 무엇을 사랑이라고 부를 수 있을까?

21.

사회적 인지

핫도그 실험 결과를 보니 개는 사람을 보고 어떤 생각을 할지 더욱 궁금해졌다. 분명한 건 핫도그를 좋아하는 마음, 그것만 있는 건 아니었다. MRI 촬영을 할수록 캘리는 점점 더 신나 보였다. 마지막 촬영 날에는 턱받침대를 아직 세팅하지도 않았는데 곧장 검사대 위로 올라가 보어 안으로 들어갔다. '나 준비됐으니까 시작하세요!'라는 표정으로 말이다. 촬영에 함께하는 모두와 잘 어울렸고, 캘리는 뽐내는 걸 좋아하는 개라고 모두가 입을 모아 말했다. 캘리는 그렇게 연구실에 스타견이 되었다.

캘리는 매켄지와도 친해졌다. 둘의 관계를 한마디로 정의하자면 서로에게 위협 요소라고는 찾아볼 수 없는 상호 공생 관계라고 할 수 있었다. 촬영 날이 되면 촬영 인원은 모두 실험실에 모여 같이 캠퍼스를 가로질러 MRI실로 이동했다. 연구실에서 만나면 캘리와 매켄지는 서로의 엉덩이 냄새를 맡고 꼬리를 흔들면서 인사를 나눴다. 인사는 보통 그 정도로 끝났다. 두 마리 모두 사람과 어울리는 것을 더 좋아했다.

그러다가 MRI실에 도착하면 캘리는 더욱 흥분했다. 매켄지 차례인데도 자기가 검사대 위로 올라가 먼저 촬영을 진행하려고 했다. 그러면 누군가 캘리를 안아서 데리고 내려와 멜리사와 매켄지가 촬영을 진행하는 동안 제어실에 둬야 했다.

둘의 이런 행동은 매우 흥미로웠다. 두 마리 모두 사람을 대하는 방식과 서로를 대하는 방식이 확연히 달랐다. 개는 사람을 '무리'의 일원, 개 자신의 확장된 가족 일원으로 여긴다는 일반적인 관념과는 오히려 상반되는 행동이었다. 그러다 또 다른 fMRI 실험에 대한 아이디어가 떠올랐다.

개는 사람을 어떻게 분류할까? 개와 사람을 각각 다른 범주로 인식할 수 있으며 무리의 일원 또는 무리 밖의 대상으로 분류할 수도 있다.

내가 보기에는 캘리와 라이라는 서로를 같은 무리의 동료처럼 대했다. 식사도 같이했고, 잠도 함께 잤고, 놀기도 같이 놀았다. 사람이 자기 식구를 대하는 태도와 다를 바가 없었다. 캘리와 라이라를 가족 구성원으로 여기는 것처럼 개들도 우리를 가족으로 생각한다면 얼마나 좋을까? 캘리와 라이라는 전혀 피가 섞이지 않았고 당연히 사람과도 혈연관계가 없으므로 우리를 무리라고 생각한다면 그것은 인류학자가 말하는 가상의 친족 fictive kin과 비슷하다.

사람은 유전적으로 관련이 없는 친구도 가족처럼 대하는 데 특히 능숙하다. 특히 인상적인 경험을 같이 공유한 사람과는 더욱 그렇다. 군인이 서로를 '형제'라고 칭하는 것도 그런 맥락이다. 어쩌면 개도 그렇지 않을까? 개가 사람을 자기 무리의 일원, 일종의 확장된 가족으로 간주한다면 개와 사람의 뇌에서는 동일한 형태의 활성화가 발생하지 않을까?

그렇다면 적어도 개의 입장에서 사람과 개를 구분하는 요소는 무엇일까? 외형적인 차이 외에도 가장 확실한 요소는 '냄새'일 것이다. 개는 다른 개를 보면 먼저 꼬리의 높이 등 보디랭귀지를 통해 시각적으로 상대를 평가하고 다가갈지 말지를 결정한다. 다가간다고 결정한 후에는 서로의 냄새를 맡는다. 그들이 사람을 대할 때도 똑같다. 시각적으로 판단한 후에 다가가 냄새를 맡는다.

개의 후각은 사람보다 약 10만 배 더 예민하다. 그리고 개에게는 액체로 가득 찬 튜브 형태의 서골비기관$^{Vomeronasal\ Organ,\ VNO}$이 있다. 이 기관은 보조적인 후각 기관으로 다른 개의 냄새를 감지하는 데 특화되어 사회적 신호를 인식하는 데 도움을 준다. 이토록 강력한 후각 능력을 가진 만큼, 뇌의 많은 부위가 냄새를 처리하는 데 할애되어 있다고 합리적으로 유추해 볼 수 있다. 그런데도 실제로 캘리와 매켄지의 뇌 이미지를 처음 보고 나서는 적잖이 충격을 받았다. 사람의 경우 큰 전두엽이 있어야 할 자리에 개들은 아무것도 없었다. 대신 주둥이 쪽으로 큰 로켓 모양의 거대한 돌출부가 쭉 뻗어 있었는데, 그 부위가 바로 후신경구$^{olfactory\ bulb}$였다. 사람의 뇌에서는 전혀 찾아볼 수 없는 부위다. 게다가 이 부위는 전체 뇌의 무려 10%나 차지했다.

보통 후각을 단순히 다섯 가지 감각 중 하나로 생각하고 이를 수동적으로 받아들이는 감각으로 간주한다. 냄새 분자가 코로 들어오면 수용체가 이를 감지하고 뇌로 신호를 보낸다. 오히려 시각과 청각보다 후각은 다양한 근육이 관여하는 능동적인 과정으로 작동하는 감각이다.

동물은 냄새를 들이마시는 방식을 통해 코로 들어오는 냄새의 양과 속도를 조절할 수 있다. 냄새를 들이마실 때는 코와 얼굴의 근육을 사용해야 하고, 공기의 흐름을 조절하기 위해 횡격막의 움직임도 필요하다. 그리고 코안의 미세한 털을 제어하는 능력도 필요하다. 즉, 후각을 사용할 때는 움직임을 조절하는 뇌의 부위가 관여한다고 추측해 볼 수 있다.

개의 뇌가 다른 개의 냄새와 사람의 냄새를 동일한 패턴으로 처리한다면, 개가 사람을 자기와 같은 범주로 분류한다고 생각할 수 있다. 반면에 처리하는 방식이 다르다면 개와 사람을 다른 범주로 분류한다고 생각할 수 있다.

이를 증명할 실험을 머릿속으로 상상해 봤다. 핫도그 실험 때처럼 개는 그저 움직이지 않고 머리만 들고 있으면 된다. 이미 캘리와 매켄지는 훈련이 잘되어 있으니 이 부분에서는 크게 걱정할 필요가 없다. 그러면 캘리와 매켄지의 코 가까이 면봉을 갖다 대어 면봉에 묻은 냄새가 콧속으로 들어가게 한다. 그리고 fMRI 데이터를 분석해 각기 다른 냄새에 뇌의 어떤 부위가 반응했는지 살펴보면 된다.

하지만 몇 가지 문제도 있었다. 냄새는 어디서 어떻게 구해올 수 있을지가 가장 큰 문제였다. 다시 이 문제를 두고 연구실에서 열띤 토론이 일어났다. 도그 프로젝트에 대한 기대가 컸기 때문에 모두가 한마음으로 조금이나마 도움이 되고 싶어 했다.

"잠시만 정리해 볼게요. 캘리와 매켄지에게 사람 냄새, 개 냄새 이 두 가지 냄새를 맡게 한다는 말씀인 거죠?" 앤드류가 물었다.

"맞아요."

"그런데 정확히 어떤 냄새인 거죠?"

"글쎄요. 개 두 마리가 서로를 어떻게 반기는지 생각해 보면 답이 나오지 않을까요?"

앤드류의 표정이 일그러지기 시작했다. "엉덩이 냄새 말씀인 거죠?"

"그게 가장 정확할 것 같아요."

리사가 끼어들어 대안을 제시했다. "개 발바닥에서도 땀이 나니까 발바닥 냄새는 어떨까요?"

"개가 걸으면서 발바닥에 다른 냄새도 묻혀서 냄새가 다 섞일 거예요. 그리고 개는 다른 개를 만나면 곧장 엉덩이로 향하잖아요. 그러니 엉덩이 냄새가 최선일 것 같은데요."

"단순히 엉덩이를 닦아낸 냄새면 될까요? 아니면 조금 더 확실한 게 필요할까요?" 앤드류가 물었다.

좋은 질문이었다. 항문 주위를 문질러 냄새를 얻는 것만으로도 충분할 수 있었지만 오줌이 더 강력한 신호로 작용한다는 걸 알고 있었다. 개는 자기의 오줌과 다른 개의 오줌 냄새를 구별할 수 있다. 개의 오줌에는 지문과도 같은 고유의 페로몬이 존재한다.

"오줌이 나을 것 같아요." 내가 말했다.

"그럼 사람 냄새는요?" 앤드류가 다시 물었다.

"개 냄새에 오줌을 쓴다면 사람도 똑같이 오줌을 사용해야 하지 않을까요?" 리사가 아무렇지 않게 말했다.

앤드류와 나는 리사의 말에 경악했다.

"왜요? 쉐리프는 누구 만나기만 하면 가장 먼저 그 사람 사타구니에 코를 갖다 대던 데요."

리사의 말도 일리가 있었지만 넘지 말아야 할 선도 있다. 대학교 변호사들이 그 말을 들으면 어떤 반응을 할지 생각만 해도 끔찍했다.

"사람 냄새로 땀 냄새는 어때요? 데오드란트를 쓰지만 않으면 운동을 실컷 하고 나서 거즈 천으로 겨드랑이를 닦아내면 땀 냄새는 충분히 얻을 수 있을 것 같은데요?"

어쩔 수 없이 땀 냄새를 사용하는 것에는 모두 동의했지만 이내 누가 냄새를 제공할 것인가에 대한 문제에 부딪혔다.

무리에 끼워줄지 말지는 익숙함의 문제였다. 캘리의 코에는 집에 있는 냄새, 즉 나, 캣, 헬렌, 매디, 라이라 그리고 자기의 냄새는 익숙한 냄새였다. 익숙한 냄새를 풍기는 사람 또는 개는 자기 무리로 간주했다. 새로운 냄새 실험을 수행할 때는 멜리사와 내가 MRI 기기 근처에 있을 것이기 때문에 캘리에게 이미 익숙한 나와 멜리사의 냄새가 냄새에 대한 기준으로 작용하게 된다. '익숙한 사람'에 조건에 맞는 다른 가족 구성원의 냄새가 필요했다. 캘리의 경우에는 캣의 땀 냄새 그리고 매켄지의 경우에는 그녀 남편의 땀 냄새가 적절했다.

그리고 무리가 아닌 대상, 즉 익숙하지 않은 냄새도 구해야 했다. 캘리와 매켄지에게 낯선 사람과 개를 찾기 위해 연구실 벽에 큰 표를 그린 후 모든 팀원의 이름과 이들이 키우는 개의 이름을 썼다. 그리고 이 개들이 이전에 캘리와 매켄지를 만난 적이 있는지도 참고할 수 있도록 기록했다. 앤드류가 키우는 아메리칸 에스키모 모찌는 연구실에 온 적이 한 번도 없었기에 '낯선 개'의 유력한 후보로 떠올랐다. 게다가 모찌는 흥분하면 오줌을 싸는 버릇이 있었기 때문에 오줌 표본을 얻기에도 가장 적합한 개였다. 다만 캘리와 매켄지가 실험 전에 자주 연구실에 들렀기 때문에 만나보지 않은 팀원을 찾기란 쉽지 않았다.

그래도 '낯선 사람'이 없으면 안 되는 실험이었다. 개들이 직접적으로 만나본 적은 없지만 팀원이 연구실에 올 때 묻혀온 그들의 배우자, 남자친구, 여자친구 냄새에도 이미 노출되었을지도 모른다는 가능성과 촬영 당일에 갓 채취한 땀을 어떻게 어디서 구해올 것인가에 대한 문제를 두고 논의가 계속되었다.

결국 캣의 땀 대조군으로 사용할 수 있도록 이웃을 설득해 '낯선 여성'의 땀을 구할 수 있었다. 캣의 킥복싱 코치도 멜리사 남편의 대조군으로 땀 표본을 내어주는 데 동의했다.

중요한 건 타이밍이었다. 모든 것은 얼마나 신선한 땀 표본을 구해올 수 있는지에 달려 있었다. 개의 경우, 아침에 눈 오줌의 농도가 가장 짙기 때문에 실험 당일 아침 오줌을 가져오기로 했다. 사람의 경우, 최대한 다른 물질이 섞이지 않은 막 흘린 땀 냄새가 필요했다. 그래서 표본 채취 전 24시간 동안 샤워도, 데오드란트도 금지한 채 겨드랑이 땀 냄새를 장갑을 낀 채로 거즈에 닦아서 표본 봉지에 넣어 달라고 부탁했다.

평소처럼 오후 1시에 촬영을 시작할 수 있도록 MRI실을 예약했다. 정오까지는 실험실에 모든 표본이 준비되어야 했다. 앤드류는 자진해서 실험에 쓸 개의 오줌을 정리하는 업무를 맡았다. 앤드류는 멸균 가위로 조심스럽게 개가 오줌을 눈 패드를 잘라 15cm 길이의 면봉에 패드를 붙였다. 그리고 면봉을 구별할 수 있도록 각 면봉에 숫자 코드를 부여했다. 이 숫자 코드를 아는 사람은 앤드류뿐이었다. 멜리사와 나는 각 면봉이 누구의 냄새인지 알 수 없기 때문에 개에게 의도치 않게 신호를 보내는 일을 방지할 수 있었다.

그날 아침, 캣과 나는 캘리와 라이라를 데리고 산책에 나섰다. 보라색 수술용 장갑을 끼고 봉지를 든 채로 개들의 뒤를 따라다녔다. 누가 보면 범죄 현장 조사에 나선 사람 같아 보였을 것이다. 캘리는 주로 산책하면서 오줌을 눴다. 다른 개가 영역 표시해 둔 곳의 냄새를 맡기만 하면 곧바로 쪼그리고 앉아 그 자리에 오줌 몇 방울을 흘렸다. 캘리가 오줌 누는 자세는 다소 특이했다. 엉덩이가 절대 땅에 닿는 법이 없었다. 대신 쪼그려 앉은 채로 몇 걸음 걸으면서 오줌을 눴는데 마치 오리가 뒤뚱거리는 모습 같았다. 그래서 다른 개처럼 오줌 자국이 한 군데 나는 것이 아니라 오줌을 줄줄 흘리고 가 오줌 길을 남겼다.

이런 독특한 습관 때문에 오히려 오줌 표본을 쉽게 채취할 수 있었다. 냄새를 따라가다가 이웃집 잔디밭의 한 지점에서 집중적으로 킁킁거리기 시작했다. 곧 오줌을 눌 것을 눈치채고 소변 패드를 준비했다. 엉덩이를 내리며 주춤거리자마자 밑으로 소변 패드를 깔았다. 역시 따뜻한 노란색 얼룩이 생겼다. 캘리는 어깨 너머로 나를 보며 말했다.

'지금 뭐 하는 거예요?'

라이라의 경우에는 쉽지 않았다. 엉덩이 주변에도 털이 많이 나 있어 오줌으로 털이 얼룩지고 엉켜 있었다. 라이라는 딱 암컷처럼 오줌을 눴다. 등은 곧게 펴고 엉덩이만 땅에 붙인 채로 오줌을 눠서 오줌을 눈 직후 패드로 엉덩이를 닦아내는 수밖에 없었다. 그게 내가 할 수 있는 최선이었다.

그렇게 오줌 표본을 모은 후 앤드류에게 전달했다. 앤드류는 옷장에 갇혀 작업을 해야 했다. 실험 전에 혹시라도 냄새가 새어나갈까 봐 어쩔 수 없이 옷장에서 패드를 잘라 면봉에 붙였다. 그렇게 한 시간 동안 오줌과 땀 패드를 열심히 잘라 붙인 뒤 앤드류는 옷장 문을 열고 나왔다.

"괜찮아요?" 정말 걱정되어 물었다.

앤드류는 손사래를 치며 말했다. "괜찮아요. 그냥 바람 좀 쐬려고요."

촬영을 여러 번 진행한 만큼 캘리와 매켄지를 데리고 캠퍼스를 가로질러 병원의 MRI실로 향하는 발걸음이 예전만큼 큰 행사처럼 느껴지지는 않았다. 그리고 인원도 많이 줄어 정말 프로젝트에서 맡은 일이 있는 팀원만 함께했다. 그렇지만 나는 여전히 그 길이 설레고 기대되었다.

이번에도 손발이 척척 맞아 금세 다들 자기 자리를 찾았다. 멜리사와 매켄지는 차례가 될 때까지 제어실에서 쉬고 있었고, 앤드류는 기기 뒤쪽에 플라스틱 테이블을 준비해 시험관을 여러 개 올려뒀다. 그리고 각 시험관 안에 그 면봉들을 하나씩 집어넣었다.

캘리와 매켄지는 각각 일곱 개의 면봉에 묻은 냄새를 맡아야 했다. 낯선 사람과 개, 익숙한 사람과 개 그리고 그 중간 어디쯤 있는 '지인'의 냄새로 총 7개의 면봉을 구성했다. 예를 들어, 캘리와 매켄지의 관계가 지인 정도쯤 되었다. 서로 알기는 했지만 상대를 자기 무리의 일원으로 간주하지는 않았다. 그래서 캘리에게는 매켄지의 냄새를, 매켄지에게는 캘리의 냄새를 맡게 하기로 했다. 이렇게 낯선 대상에서 지인 그리고 식구까지 익숙한 정도를 나타내는 스펙트럼이 만들어졌다. 연구실 팀원의 땀도 동원해 지인에 해당하는 냄새의 면봉도 만들었다. 마지막으로, 기준이 되는 냄새로는 캘리와 매켄지 각각 자기의 오줌을 사용했다.

캘리가 먼저 촬영을 시작했고 쉬밍과 로컬라이저 시퀀스는 1분이 채 걸리지 않았다. 이제 캘리도 루틴에 빠삭했다. 기능적 영상 촬영의 경우, 핫도그 실험을 살짝 변형했다. 수신호를 10~15초 동안 보여주는 대신 앤드류가 내게 면봉을 주면 몇 초간 면봉을 캘리의 코앞에 대주는 식으로 진행했다. 냄새를 맡는 동안 뇌의 혈역학적 반응이 정점을 찍을 때까지 기다린 후 핫도그를 보상으로 건네줬다. 각 반복 중간에 냄새를 맡게 하는 것을 제외하고는 이전 핫도그 실험과 크게 다를 바 없었다.

내가 코앞에 갖다 대도 놀라지 않도록 캘리와 나는 집에서 똑같이 연습했다. 처음 몇 번 놀라서 뒷걸음질 치더니 이내 별다른 일이 없다는 걸 깨닫고는 면봉 냄새를 맡았다.

기능적 영상 촬영은 흠잡을 데 없이 완벽하게 해냈다. 캘리는 각 면봉의 냄새를 8번씩 무작위 순서로 맡았다. 각 6분 동안 기능적 영상 촬영을 두 번 진행했고 총 400장의 이미지를 얻었다.

반면에 매켄지는 컨디션이 영 별로였다. 면봉을 들이대는 것도 싫어했고 냄새도 맡고 싶어 하지 않았다. 머리도 자꾸만 흔들려서 약 500장의 이미지를 얻긴 했지만 대부분 쓸 수 없었다. 면봉에 익숙해지는 훈련을 한 후 다시 촬영을 진행하기로 했다.

핫도그 실험 때처럼 앤드류와 나는 캘리와 매켄지의 데이터를 따로 분석하고 합쳐서 분석하기도 했다. 두 종류의 분석 결과 모두 놀라웠다. 뇌 데이터를 합쳐보니 각기 다른 냄새에 반응한 뇌의 부위, 즉 공통으로 활성화된 부위를 쉽게 파악할 수 있었다. 반면에 따로 분석한 결과를 통해서는 캘리와 매켄지가 각 냄새에 대해 어떻게 다른 반응을 했는지 알 수 있었다. 이 결과를 바탕으로 두 가지 비교에 집중하기로 했다.

우선 개 냄새와 사람 냄새에 대해 뇌가 어떻게 반응하는지 비교했다. 이를 비교할 때는 냄새의 익숙함 정도는 고려하지 않았다. 그저 모든 개 냄새 그리고 모든 사람 냄새를 합쳐 평균화해서 두 가지 냄새에 대한 뇌의 활성화 패턴을 비교했다. 가장 두드러지게 나타난 특성은 개의 냄새를 맡았을 때 후신경구와 그 위의 전두엽이 강하게 활성화되었다. 개 오줌이 사람의 땀보다 더 강력한 자극으로 작용했기 때문에 이런 결과가 나온 것이라고 생각했다.

다음으로 익숙한 냄새와 낯선 냄새를 비교할 때는 사람의 냄새인지 개의 냄새인지를 고려하지 않았다. 이번에도 낯선 냄새에 대해 후각을 담당하는 부위가 더 활성화되었다는 사실을 발견했다. 비교를 통해 후각 영역의 활성화는 자극의 강도뿐만 아니라 냄새의 익숙함 정도에도 영향을 받는다는 사실을 알게 되었다. 익숙한 냄새를 맡을 때는 그 냄새를 처리하기 위해 뇌가 많이 일하지 않아도 된다. 반면에 낯선 냄새를 맡으면 뇌에서 많은 일이 일어난다. 이런 해석과 일치한 또 다른 결과가 있었다. 개가 자신의 오줌 냄새를 맡았을 때는 뇌에서 특별한 활동이 일어나지 않았다. 사람이 자기 입 냄새를 잘 인지하지 못하는 것처럼 개 역시 자기 오줌 냄새에는 아무런 영향을 받지 않았다.

하지만 예상하지 못한 점도 있었다. 낯선 냄새를 맡으면 소뇌가 강하게 활성화되었다. 소뇌는 움직임 기능을 담당하는 부위다. 캘리의 코앞에 특정 면봉을 갖다 대면 유난히 열심히 냄새를 맡았다. 소뇌의 활성화는 개가 냄새를 맡는 행위를 시작하는 신경 회로의 시작점일 가능성이 높다. 특히 개가 처음 접하는 냄새를 맡을 때, 이 소뇌의 활성화가 더욱 강하게 발생한 것으로 추측된다.

가장 흥미로운 발견은 개와 사람의 냄새를 익숙한 냄새와 낯선 냄새로 세분화했을 때 꼬리핵은 단 한 가지 냄새에만 활성화되었다. 바로 '익숙한 사람의 냄새'였다. 이는 캘리에게서 더욱 두드러지게 나타났는데 캘리의 꼬리핵은 캣의 냄새를 맡을 때 특별히 활성화되는 경향을 보였다.

캣의 땀 냄새를 맡으면 마치 핫도그 수신호를 볼 때처럼 꼬리핵이 활성화되었다. 촬영 당시 캣이 물리적으로 같은 곳에 있었던 것도 아닌데 말이다. 냄새만 맡고도 마치 그곳에 있는 것처럼 인식했던 것이다. 즉, 캘리에게는 누군가를 자기 식구로 간주한다면 같은 공간에 물리적으로 존재하지 않아도 그 대상을 정신적으로 인식할 수 있는 능력이 있다는 의미다. 누가 자기 식구인지 인지하고 기억하는 것이다. 기억과 밀접한 관련이 있는 하위 측두엽 부위에서 이와 관련된 증거를 더 찾아볼 수 있었는데 꼬리핵과 마찬가지로 익숙한 사람의 냄새에 강하게 활성화되었다.

하위 측두엽의 활성화를 통해 개는 자기가 가족으로 생각하는 사람을 기억한다는 사실을 알 수 있었다. 특히 캘리에게서 두드러지게 나타난 꼬리핵의 활성화를 통해서는 캣을 긍정적으로 기억한다는 사실을 나타냈다. 캘리는 캣의 냄새를 맡고서는 그녀가 보고 싶었던 걸까? 아니면 캣을 사랑하기 때문에 이런 반응이 나타난 걸까? 캘리의 뇌 활성화 패턴은 사람이 사랑하는 사람의 사진을 봤을 때 나타나는 뇌 활성화 패턴과 상당히 비슷했다.

냄새 실험의 결과를 통해 개의 정신세계를 한층 깊이 이해할 수 있었다. 도그 프로젝트 내내 '개와 사람 간 관계'의 본질은 무엇인가에 집중해 왔다. 사람은 개를 사랑하는데, 개는 사람을 어떻게 생각할까? 이 질문에 대한 답을 찾고자 했다. 단 두 마리의 개를 통해서 그 답이 서서히 보이기 시작했다. 대뇌 피질의 활성화를 통해 사람의 행동을 정신적 모델링한다는 사실을 발견했다. 그리고 그 가운데 거울 뉴런의 가능성도 확인했다. 그러나 어떤 메커니즘이 작용했든, 이번 냄새 실험의 데이터를 통해 분명해진 것은 개의 마음속에는 자기에게 중요한 사람들의 존재감이 자리 잡고 있다는 점이다. 그 누군가가 물리적으로 존재하지 않아도 내면으로 기억한다는 사실을 알게 되었다.

이 정도면 캘리가 나를 사랑한다고 말하기에 충분하다고 생각했다. 누군가는 과도한 해석이라고 말할지 모르겠으나 적어도 캘리가 자기와 가까운 사람들이 누구인지 알고, 그 사람들을 분류할 수 있다면 우리가 캘리에게 중요한 존재라고 이해해도 무방하다고 생각했다. 사랑을 보답받은 것 같은 느낌이 들었다.

22.

관계의 본질

도그 프로젝트를 처음 시작할 때만 해도 나조차도 어떤 결과가 나올지 전혀 예상하지 못했다. 그러나 그저 개의 뇌를 MRI로 촬영해 보자던 막연한 아이디어는 기대했던 것보다 빨리 본격적인 연구 프로그램으로 거듭났다. 핫도그 실험에 이어 냄새 실험까지, 두 가지 실험을 통해 개에게도 정신화 능력이 있으며 그 능력을 사람 상대로 발휘한다는 사실을 발견했다. 어쩌면 그다지 놀라운 결과는 아닐 수도 있다. 개를 키우는 사람이라면 반려견이 견주를 알고 견주가 주는 사랑을 보답한다고 말한다. 하지만 사람과 개 관계에서 사랑에 대해 상호작용이 이뤄지며 개 역시 사회적 인지 능력을 갖추고 있다는 명백한 증거를 찾은 것은 최초였다.

정말 가슴 설레는 발견이었지만 실험 결과를 섣불리 일반화하지 않고 과학적 객관성을 유지해야 했다. 세계보건기구 World Health Organization, WHO는 개의 개체수를 인구의 10%, 약 7억 마리로 추산한다. 도그 프로젝트를 통해 MRI로 뇌를 촬영한 개는 겨우 두 마리였다. 7억 마리 중 단 두 마리로 어떠한 결론을 도출하기란 무리였다. 물론 이후에는 실험견의 수를 늘렸지만 말이다. 그리고 실험에 참여한 개는 주인에게 매우 사랑과 관심을 받는 개였다.

이 점도 고려해야 했다. 대부분의 개는 MRI 기기 안에 들어가는 것을 꺼리며 대부분의 견주는 개가 MRI 기기 안에 들어가도록 훈련하길 꺼린다. 그러니 훨씬 더 많은 개를 살펴보지 않고서는 도그 프로젝트의 결과를 일반화할 수는 없는 노릇이었다. 그렇다면 실험을 통해 개와 사람 간의 관계에 대해 어떤 결론을 내릴 수 있을까?

진화론적 관점에서 보면 개는 상당히 성공한 종이다. 개체 수만 봐도 알 수 있다. 개가 사람과 같은 환경에서 삶을 공유한다는 것을 보면 사람의 마음을 어느 정도 읽을 수 있다고 판단할 수 있다. 단순히 사람의 행동을 보고 그 의미를 파악하는 것을 넘어서 사람의 의도를 읽어 내는 학습 능력이 있다. 즉, '개가 인간에 대한 마음 이론을 가지고 있다'는 말이다. 이것이 바로 도그 프로젝트의 결론이다. 캘리와 매켄지가 전체 개의 개체군을 대표한다고 말할 수는 없지만 이들의 뇌 영상 분석을 통해 '사회적 학습'이라는 중요한 특성을 발견했다.

개에게 사회적 인지 능력이 있다는 증거는 단순히 파블로프식으로 기계처럼 학습하지 않으며 '지각 있는 존재'라는 것을 뜻한다. 그리고 이 사실은 사람과 개 사이의 관계에 놀라운 영향을 미친다. 전 세계 대부분의 개는 떠돌이 개다. 사람 근처에 오는 걸 보고는 애완견이라고 생각할 수도 있지만 사실 그렇지 않다. 대부분 이름조차 없는 떠돌이 개다. 이런 떠돌이 개는 자연스럽게 인간 사회의 일부로 스며들 수 있도록 행동한다. 사람이 버린 쓰레기에 가까운 음식물을 먹고 살아간다. 물론 어떤 사람은 이런 떠돌이 개를 위해 음식을 따로 챙겨주기도 한다.

캘리도 집에 오지 않았다면 어디선가 떠돌이 개로 살았을지도 모른다. 떠돌이 개 특유의 크지도 작지도 않은 딱 적당한 몸집에 호시탐탐 기회를 노리는 눈빛을 장착했기에 캘리를 집에 데려오고 나서도 무려 일 년 정도는 언제든지 집에서 달아나도 놀랄 일이 아니라고 생각했다. 하지만 도그 프로젝트 이후, 그 생각이 완전히 바뀌었다. 도그 프로젝트로 인해 내 뇌도 변화된 것 같았다.

개를 연구하는 행동학자들이 유일하게 동의하는 사실이 하나 있다. 바로 시시때때로 필요에 따라 바뀔 수 있다는 점이다. 개의 가장 큰 특성은 바로 이런 적응력이다. 해충을 제외한 사람이 있는 곳이라면 어떠한 곳에든 존재하는 유일한 포유류다. 그리고 사람은 이 지구상 생존할 수 있는 곳이라면 어디든지 터전을 잡고 삶을 영위한다.

즉, 개도 그렇다는 것이다. 동물행동학자인 레이먼드^{Raymond}와 로나 코핑거$^{Lorna\ Coppinger}$는 "개가 상당히 빠른 기간 내에 자신의 형태를 바꾸고 그 형태는 이루 말할 수 없이 다양하다는 점을 보면 생물의 적응 속도는 매우 느리다는 다윈의 주장이 과연 사실일지 의문이 든다"라고 말했다. 여기서 코핑거는 개의 신체적 형태의 변화를 말했지만 사실 행동 역시 다양한 변화를 거쳐왔다.

과학자들이 말하는 행동적 변화는 사실 학습에 관한 이야기다. 동물은 단 두 가지 방법으로 학습한다. 연합 학습$^{associative\ learning}$과 사회적 학습$^{social\ learning}$이다. 지난 한 세기 동안 파블로프식 행동주의 학파는 연합 학습을 강조해 왔다. 개를 비롯한 동물은 '중립적 사건'과 음식과 같이 '자기가 좋아하는 것'과 고통과 같이 '싫어하는 것' 사이의 연관성을 형성하는 데 탁월한 능력을 보인다.

하지만 단순히 연합 학습만으로는 동물 행동을 전부 이해할 수 없다. 우선, 비효율적이다. 두 가지 사건 사이의 연관성을 학습하려면 일단 그 두 사건을 경험해야 한다. 이를 시행착오 과정이라고 한다. 예를 들어, 뜨거운 난로에 실제로 발을 데어봐야 다음부터 그 난로를 피하게 되는 것이다.

반면에 사회적 학습은 훨씬 효율적이다. 많은 동물 종들이 서로에게서 듣고 학습한다. 예를 들어 명금^{songbird}은 종 특유의 울음소리를 서로에게서 배운다. 인간을 제외하면 사회적 학습에 가장 능숙한 동물은 개라고 할 수 있다. 다른 개를 보고서 상당히 많은 것을 학습한다. 다른 개 또는 사람이 난로에 데어 아파하는 모습을 보면 직접 발을 데어보지 않고도 난로가 위험하다는 것을 배운다. 하물며 강아지들도 서로의 행동 그리고 어미의 행동을 보고 장난감을 가지고 노는 법을 가르쳐주지 않아도 스스로 터득한다.

도대체 개는 왜 이렇게 사회적 학습에 뛰어난지 궁금했던 적이 한두 번이 아니다. 대부분의 동물이 같은 종의 동물을 보고 배우는 반면 개는 다른 종의 행동을 보고서 학습이 가능한 몇 안 되는 동물이다. 목축 감시용 개는 양과 소의 행동을 보고도 배운다. 그리고 애완견의 경우, 같이 사는 사람의 행동을 보고 배운다. 캘리가 문을 여는 방법을 스스로 터득했던 것처럼 말이다. 떠돌이 개는 사람과 살지 않기 때문에 오히려 사회적 학습이 가능하다는 점을 여실히 보여준다. 사회적 학습이 가능하지 않다면 이들이 변화무쌍한 인간 사회에 적응했을 리 없다.

핫도그 실험을 통해 긍정적 기대와 관련이 있는 꼬리핵에서 수신호의 의미를 처리했다는 사실을 발견했다. 하지만 파블로프식 학습에 대해 이미 알고 있었기 때문에 아예 예상하지 못한 결과는 아니었다. 그보다 더 놀라운 발견은 오히려 학술 논문에도 언급하지 않았던 운동피질과 하위 측두엽의 활성화였다. 이 부위의 활성화를 통해 개에게도 마음 이론 능력이 있음을 알 수 있었다. 그리고 친숙한 사람의 냄새를 맡았을 때도 이 동일한 부위가 활성화되었다.

이러한 피질 영역을 통해 개는 사람의 행동을 보고 정신적 모델을 구성하고 있을 가능성을 보여줬다. 하위 측두엽의 활성화를 통해 기억을 회상하고 있음을 알 수 있었다. 수신호를 보면서 한 손을 드는 수신호는 '무슨 의미인지' 또는 땀 냄새를 맡으면서 '이 땀 냄새는 누구의 냄새인지'처럼 특정 자극에 연결된 사람의 정체성 같은 것들이다. 이렇게 기억을 떠올리는 인지적 과정은 지각이 있는 모든 존재가 일상적으로 행하는 것이다.

사람이 늘 기억을 떠올리며 특정한 사람과 행동에 의미를 부여하는 것처럼 개도 동일한 과정을 거친다고 볼 수 있다. 실험 대상이었던 캘리와 매켄지 모두 마음 이론 능력의 가능성을 보여줬지만 수신호와 냄새에 대한 뇌 반응에서 약간 차이를 보였다. 단 두 마리의 실험 대상으로는 광범위한 결론을 내리기 어렵지만, 과학적 추측의 여지를 남기며 이렇게 해석해볼 수 있다. 핫도그 실험에서 매켄지는 '핫도그' 수신호에 꼬리핵 활성화가 더욱 강해졌다.

캘리가 식욕이 강하고 매켄지는 음식보다는 장난감에 관심이 많았다는 점을 고려하면 이해하기 어려운 결과였다. 핫도그를 워낙 좋아하던 캘리였기에 당연히 더 강한 꼬리핵 활성화가 나타날 것이라고 예상했다. 결과는 그렇지 않았다. 결과가 이렇게 나타난 것에 대한 한 가지 가능성은 매켄지는 어질리티 대회에 출전한 경험이 많았기에 수신호에 더 익숙해서였을지도 모른다. 반면에 캘리는 도그 프로젝트를 시작하고 나서야 수신호를 배우기 시작했고 어쩌면 이것이 불리하게 작용했을지도 모른다. 이보다 가능성이 더 크다고 생각하는 이유는 유전적인 요소다.

파이스트 종이긴 했지만 캘리는 사실 그냥 떠돌이 개에 더 가까웠다. 반면에 보더 콜리인 매켄지는 철저히 목축 감시견으로 사육된 종이다. 보더 콜리는 특정 대상을 열렬히 주시하는 특유의 행동으로 유명한데 코핑거는 이를 '아이 스토킹 eye stalk'이라고 한다. 보더 콜리는 눈을 단순히 시각적인 기능으로 사용하는 것이 아니라 통제하는 데도 사용한다. 심지어 이 강렬한 눈빛은 다른 종에게도 통한다.

멜리사의 수신호를 보면서 매켄지는 머릿속으로 열심히 그 수신호를 해석하기도 했지만 동시에 눈빛으로도 그녀와 소통했을 것이다. 물론 캘리의 눈도 핫도그에 대한 기대감으로 잠시 반짝이긴 했지만 보더 콜리의 눈빛에 비할 바는 아니었다.

냄새 실험에서는 반대의 결과가 나타났다. 친숙한 사람의 냄새에 더 강한 반응을 보인 것은 캘리였다. 캘리는 캣과 나와 같은 침대에서 자는 반면, 매켄지는 혼자 자기 집에서 잠을 자기 때문에 캘리가 친숙한 사람의 냄새에 더 익숙했을 것이다. 아니면 매켄지와 멜리사의 남편보다는 캘리와 캣 사이의 유대감이 더 강해서였을지도 모른다. 어쩌면 사람이 인간관계에 대해 알고 있는 것보다 개가 더 많은 것을 알고 있을 가능성이 있는 걸까? 그렇다면 치료견$^{therapy\ dog}$이라는 단어의 의미도 훨씬 더 새로운 의미를 내포하게 된다.

개의 사회적 인지 능력은 사람과 개 사이의 관계에 중요한 의미를 지닌다. 개는 사람이 인지하지 못할 때도 사람을 끊임없이 관찰한다. 계속 살피고 엿보면서 주변 환경을 이해하고 사람의 의도에 대한 정신적 모델을 구축한다. 오히려 이 모든 것을 인지하지 못하는 것은 사람이고 바로 이 지점에서 오해가 싹트게 된다.

사람은 생각보다 엉성한 면이 많다. 몸집만 컸지 둔감하고 잘 부딪힌다. 잘 보지 못해 가만히 있는 개의 꼬리를 자주 밟기도 한다. 보고 있으면 비싼 도자기가 가득한 가게를 날뛰는 황소 같다. 게다가 말은 하지만 전혀 일관성이라고는 찾아볼 수 없는 의미 없는 말을 끊임없이 내뱉는다. 어떻게 보면 이런 요상한 신호로부터 개가 무언가를 배우고 이해하는 게 신기할 정도다. 그런데도 해낸다.

도그 프로젝트의 핵심 목적은 개와 인간 관계를 개의 관점에서 이해하는 것이었다. 그리고 그렇게 개의 뇌를 촬영한 결과 정말 중요한 사실을 발견했다. 바로 개 역시 마음 이론 능력이 있다는 점이다. 사람의 행동뿐만 아니라 생각에 관심을 기울이며 사람이 어떤 생각을 하는지에 따라 자기의 행동을 바꿀 능력이 있음을 의미한다. 동물 왕국의 《젤리그^{Zelig}》인 셈이다.

《젤리그》는 우디 앨런$^{Woody\ Allen}$의 1983년에 개봉한 영화로 우디 앨런이 직접 창조하고 연기한 가상의 캐릭터인 제너드 젤리그의 이야기를 다룬다. 젤리그는 자기만의 정체성이 없어 주변 사람들의 성격과 외모를 그대로 모방했다. 정신 이상자로 간주되어 정신 병원에 수용되는데 그곳에서도 정신과 의사의 모습을 띠게 된다(미아 패로우$^{Mia\ Farrow}$가 연기한 젤리그의 진짜 정신과 의사는 젤리그와 사랑에 빠지고 그와 도망가는 것으로 영화는 막을 내린다). 배우들의 연기나 줄거리만으로도 탁월한 영화지만 젤리그는 마음 이론의 사례이기도 하다는 점에서 이 영화는 더욱 의미가 있다. 젤리그의 문제는 자아가 없고 오직 다른 사람만 인지할 수 있었다는 것이다. 다른 사람의 마음을 너무 잘 인지했기에 결국 다른 사람이 되고 말았다.

만약 개가 젤리그라면 아마 같이 사는 사람의 모습을 띠게 될 것이다. 차분하고 일관성 있는 사람과 산다면 개도 그런 성격을 닮을 것이고, 반대로 쉴 새 없이 의미 없는 말만 조잘대는 사람과 산다면 수다를 떨어도 사실 그 속에는 큰 의미가 없다는 것을 금세 깨달을 것이다.

사회적 인지 능력이 있어서 많은 말을 하지 않아도 주변에 어떤 일이 일어나고 있는지 금세 눈치챌 수 있다. 저명한 동물행동학자인 패트리샤 맥코넬$^{Patricia\ McConnell}$은 오히려 말을 적게 하는 것이 개와 소통하는 데 있어서는 훨씬 효과적이라고 말한다. 즉, 입보다는 보디랭귀지에 주의를 기울이는 것이 효과적이라는 의미다.

원래 개와 사람 간의 관계에서 '무리의 리더'로 간주되었던 것은 사람이다. 하지만 개가 사회적 신호에 민감하다는 사실은 새로운 관점을 제시한다. 종종 무리의 리더라고 하면 무리를 지배하는 대상이라고 생각하기 쉽지만 이는 사실이 아니다.

무리의 리더에 대한 적절한 비유는 경영학 연구에서 찾아볼 수 있다. 물론 리더십에도 종류가 다양하지만 훌륭한 리더의 가장 큰 자질은 확실함과 일관성이다. 이 두 가지 자질을 갖추지 못한 리더로부터는 사람도, 개도 그 리더의 의도를 파악하기 어렵다. 훌륭한 리더는 리더라는 위치가 아닌 강한 내면과 진실성 때문에 다른 이들의 존경을 받는다. 좋은 리더는 내뱉은 말을 지켜야 하고 다른 이들의 말을 경청한다. 다른 이들의 말에 동의하지 않을지라도 그 의견을 존중하며 다른 이들에게 도움이 된다.

도그 프로젝트를 통해 캘리와 훈련하면서 그제야 비로소 캘리가 얼마나 내가 보내는 신호에 집중하는지 알게 되었다. 투수와 포수처럼 한 팀이었다. 도그 프로젝트 이전에도 캘리에게는 사람의 신호를 이해하고 의도를 파악할 능력이 있었지만 그전에는 내가 명확한 방향을 제시하지 못했던 것이다.

내가 내린 결론은 이렇다. 개와 사람 간의 관계 개선의 핵심은 행동주의가 아니라 '사회적 인지'에 있다. 긍정적 강화는 훈련하는 데 좋은 효과가 있을지는 몰라도 진정으로 좋은 관계를 형성하는 데는 가장 좋은 방법은 아니다. 정말 개와 함께 살아가려면 사람은 '좋은 리더'의 역할을 감당해야 한다. 협박이나 처벌로 군림하는 독재자가 아니라 개 역시 지각력을 가진 존재로 존중하고 그 가치를 인정해 주는 진정한 리더가 되어야 한다.

도그 프로젝트를 시작할 당시에는 개가 얼마나 뛰어난 사회적 인지 능력을 지녔는지 알지 못했지만 존중하는 마음만큼은 시작부터 늘 녹여 내려고 노력했다. 프로젝트 참여 여부에서부터 자기 결정권을 부여했고 이를 존중했다. MRI 기기 안에 들어가고 싶어 하지 않는 기색을 보이면 언제든지 나올 수 있게 했다.

우리는 모든 절차를 사람과 동일하게 진행했다. 프로젝트 참여에 대한 동의서도 만들었으니 말이다. 물론 개가 그 동의서의 내용을 이해할 리는 만무했지만 적어도 견주는 실험에 대한 위험도와 이득을 충분히 비교한 뒤 참여 여부를 판단하도록 했다. 프로젝트에 적용한 법적 절차도 사람을 대상으로 한 실험의 매뉴얼에서 차용했다. 실험에 참여하는 개를 아동처럼 생각하고 모든 과정을 진행했다. 개를 데리고 실험하면서 이렇게 한 사람은 아무도 없었지만 철저히 법적인 관점에서 보면 개는 여전히 한낱 재산으로 분류된다.

뇌 영상 결과를 통해 개는 사람과 매우 비슷한 정신화 과정을 거친다는 사실을 발견했다. 그렇다면 정말 사람처럼 대하는 게 합리적이지 않을까? 하지만 아직 사회가 이런 생각을 받아들이기까지는 시간이 걸릴 것으로 보인다. 그럼에도 최근 대법원 판결을 보면 희망을 놓을 수는 없다.

2010년 법원은 청소년 범죄자에게 가석방 가능성이 없는 종신형 구형을 내릴 수 없도록 판결을 내렸다. 판결에 대한 근거로 법원은 뇌 영상을 제시하며 사람의 뇌는 13세까지 완전히 성숙하지 않기 때문에 십 대까지는 행동에 대한 온전한 책임을 물을 수 없다고 했다. 이 판결은 개와 직접적인 연관은 없지만 대법원 판결에 뇌 신경과학의 역할이 확대되었다는 점에서 눈여겨볼 만하다. 언젠가는 이처럼 개의 뇌 영상을 증거로 제시하며 개의 권리를 옹호할 수 있지 않을까?

개의 권리를 옹호한다니, 많은 이들이 불편하게 여길지도 모른다. 그런데 전 세계 대부분의 개는 아무런 보살핌도 받지 못한다. 그래도 약 5분의 1 정도는 운 좋게 사람과 살아가며 그중 일부는 아주 편안한 삶을 산다. 그래도 대다수의 사람이 개에게는 큰 관심이 없다.

하지만 생각했던 것보다 개가 사회적 인지 능력이 기존 예상을 넘어선다면, 동물의 의식 측면에서 개의 위치와 더불어 권리를 다시금 생각해 볼 법하다. 돌고래, 고래, 침팬지, 코끼리는 인지 능력이 뛰어난 동물로 심지어 자의식까지 갖추고 있다. 따라서 사냥으로부터 보호받을 권리를 인정받고 있다(여전히 많은 사람이 이에 대해서 잘 모르고 있는 것이 함정이긴 하지만).

인류 역사를 통틀어 한때 자기 결정권과 자유와 같은 기초적인 권리를 누리지 못했던 사람에게도 이 권리를 부여하는 것이 당연시되고 있다. 유색인종, 여성, 게이와 레즈비언 모두 평등해야 한다는 인식이 늘어가고 있다. 혹시 그다음은 동물의 차례가 아닐까? 하지만 동물은 말을 할 수 없으므로 사람과 같은 정신화 능력이 있다는 사실을 입증하려면 뇌 영상과 같은 기술이 필수적이다. 하지만 안타깝게도 과학자들은 앞으로도 이런 사실을 인정하지 않으려 들 테다. 여전히 많은 실험에 동물을 이용한다.

그리고 당연히 동물은 실험 동원에 아무런 선택권이 없다. 심지어 목숨을 담보로 하는 실험임에도 아무런 결정권이 없다. MRI 촬영을 통해 개의 뇌를 연구하는 일부 과학자조차 개의 복지는 안중에도 없다. 전 세계 많은 연구자가 여전히 순전히 실험에 사용하기 위해 번식시키고 사육하는 안타까운 관행에서 벗어나지 못하고 있다. 내가 알기로는 개의 청각을 보호하기 위해 훈련 중 귀마개를 씌우는 등 개의 웰빙과 안전을 위해 노력하는 연구실은 나의 연구실밖에 없다.

우리는 여전히 연구를 위해 동물이 필요하다. 하지만 그 실험이 누구를 위한 것인지 생각해 보면 대부분 사람의 이득을 위한 실험이다. 이제는 인간 중심의 연구를 줄이고, 동물 자신의 웰빙과 행복에 직접적으로 득이 되는 연구가 더 필요하다.

4장

새로운 미래 ─────────

23.

안녕, 라이라

수신호 실험에 대한 초기 결과를 담은 논문이 5월의 어느 금요일 오후에 출간되면서 도그 프로젝트의 첫 번째 단계가 막을 내렸다. 몇 달 만에 처음으로 주말에도 할 일이 없었기에 그 여유를 완전히 즐기기로 했다.

애틀랜타의 5월은 10월과 더불어 일 년 중 정말 완벽한 날씨를 자랑하는 달이다. 사실 5월과 10월, 이 두 달에만 북쪽에서 내려오는 바닷가 공기와 멕시코만에서 불어오는 공기가 완벽한 균형을 이루어 대기가 매우 안정적인 상태로 유지된다. 공기는 따뜻하지만 습하지 않았다. 그리고 꽃가루 한 톨도 찾아볼 수 없이 도시 전체가 쾌청하게 푸릇푸릇했다.

앞마당으로 이어지는 현관 앞에 자리 잡고 이 완벽한 봄날을 흠뻑 즐겼다. 캘리는 애착 인형인 파란색 인형을 입에 물고 집안을 들락날락하며 놀았다. 콩이라고 불리는 이 애착 인형은 눈사람 모양이었는데 캘리가 입에 물고 다니기에 딱 적당한 크기였고 누르면 삑삑 소리까지 났다. 그렇게 많이 가지고 놀았는데도 신기하게도 삑삑 소리는 멀쩡했다. 캘리는 콩을 가지고 돌아다니면서 뺏기 놀이를 하자고 졸라댔다. 약 올리는 듯 콩을 줄 듯 말 듯 하다가 가까이 가면 얼른 도망쳐 버렸다. 콩의 삑삑 소리가 멀리서 들리는 가운데 깜빡 잠이 들었다. 시간이 얼마나 흘렀는지 헬렌이 날 깨웠다.

"아빠, 캘리가 낑낑대요."

캘리는 거실에서 아직 콩을 잘근잘근 씹어대며 놀고 있었다. 멀쩡해 보였다. 다만 씹으면서 평소와 달리 헬렌 말대로 낑낑거리긴 했다. 나는 캘리에게서 콩을 뺏어 다른 방으로 던졌는데 콩을 물고 와 내 손이 닿지 않는 거리에 앉았다. 그러고는 계속해서 콩을 씹으며 낑낑거렸다. 캘리가 이처럼 낑낑거리는 일은 별로 없었다. 너무 많이 먹어서 응급실에 갔을 때를 제외하고는 이렇게 낑낑거리는 걸 들어본 적이 없었다. 겉으로 보기에는 멀쩡해 보여서 괜찮을 거라고 생각하고 헬렌에게 걱정하지 말라고 말했다.

"새로운 놀이인가 봐." 그러고는 나도 현관으로 다시 나가 못다 잔 낮잠을 다시 청했고 헬렌도 비디오 게임을 하러 갔다.

이내 키가 큰 소나무 너머로 해가 지는 걸 보며 캘리와 라이라에게 밥을 줘야겠다는 생각이 들었다. 집으로 들어가 보니 캘리는 소파 위에서 곤히 잠들어 있었다. 보통 이 시간이 되면 라이라가 먼저 밥을 달라고 부엌에 먼저 들어가 귀청이 떨어지도록 짖고 있을 텐데 그날만큼은 보이지 않았다. 라이라를 불러도 오지 않았다.

거실에 가니 라이라가 있었다. 숨을 거칠게 몰아쉬던 라이라 옆에는 고약한 냄새의 토사물이 한 무더기 놓여 있었다. 또 실수를 한 건가 싶었다. 지난 몇 달간 라이라는 가벼운 소화 장애 증상을 보이곤 했다. 계속 증상이 나타난 건 아니고 일주일에 한 번 정도 노란색 위액을 조금씩 토했다. 하지만 크게 아파 보이진 않았고 토하고 나서도 평소대로 먹기도 잘 먹었다. 개랑 살다 보면 어쩔 수 없이 예상치 못하게 집안 곳곳에서 토사물을 마주하게 된다. 뉴턴은 워낙 옷에 달린 태그를 씹어 먹는 것을 즐겼기 때문에 방바닥에 놓여 있는 토사물에 익숙했다.

캣이 라이라의 바닥을 치우는 동안 캘리에게 밥을 줬다. 부엌에서 사료 소리가 들리면 라이라가 금세 나타날 거라고 생각했지만 오지 않아 내가 찾아 나서야 했다.

옆으로 누워 있는 라이라를 보고서는 얼른 달려가 머리를 만져봤다. 괜스레 아이들이 놀랄까 소란을 피우지는 않았다. 눈을 뜨고는 있었지만 눈동자에는 초점이 없었고, 약한 호흡을 가쁘게 몰아쉬고 있었다. 이 모습에 너무 놀란 나는 얼굴을 라이라 귀에 가까이 대고 라이라의 이름을 불렀다. 갑자기 이게 무슨 일인지 너무 무서웠지만 침착하려고 애썼다. 하지만 이내 라이라의 입술과 코가 차가워지는 걸 느꼈다. 잇몸에도 핏기가 사라지고 있었다. 얼른 캣에게 달려가 말했다.

"상태가 심상치 않아. 지금 바로 응급실로 가야 할 것 같아."

캣은 서둘러 수건 한 장을 가져와 라이라를 감싸 안았다. 눈물이 터지려는 것을 겨우 참으며 헬렌에게는 상황을 대충 설명했다.

"헬렌, 라이라가 많이 아파. 지금 바로 병원에 데리고 가려고 해." 헬렌은 사태가 심각하다는 것을 바로 눈치챘다.

"나도 같이 가도 돼요?"

"물론이지."

"라이라 괜찮겠죠?"

그 말에 참았던 눈물이 뺨으로 흘러내리기 시작했다.

"아빠도 모르겠어." 헬렌을 안으며 말했다.

라이라를 수건으로 감싼 채로 미니밴의 뒷좌석에 조심스레 눕혔다. 헬렌이 바로 옆에 앉아 가는 내내 라이라의 머리를 쓰다듬어줬다. 매디는 이 모든 상황이 당황스러웠는지 집에 있겠다고 했다. 그래서 캣은 매디와 집에 있고 헬렌과 나는 5분 거리의 응급실로 향했다.

토요일 이른 저녁이었는데도 응급실에는 사람, 고양이, 개로 붐볐다. 접

수 데스크에서 나이가 지긋한 한 남성이 슈나우저 한 마리를 데리고 와 서류를 작성 중이었다. 하지만 라이라가 더 급했기에 먼저 도움을 요청했다.

"몸무게가 어떻게 되죠?" 직원이 물었다.

"35kg 정도요."

"두 분 정도 바로 와 주세요!" 직원의 목소리가 병원 스피커로 울려 퍼졌다. 일 분도 채 되지 않아 두 명의 여성 수의사가 바퀴가 달린 들 것을 가지고 왔고 같이 주차장으로 달렸다. 미니밴 뒷좌석에 누워 있는 라이라의 상태를 보고 의사들은 상태가 심상치 않다는 것을 알았다.

"이렇게 숨 쉰 지는 얼마나 됐나요?"

"한 시간은 안 되었어요."

이들은 라이라를 들것에 실어서 곧장 뒷문을 통해 병원으로 들어갔다. 헬렌을 꼭 안고 대기실에서 멍하니 기다리는 것 외에는 할 수 있는 일이 없었다. 다행히 금방 수의사가 찾아와 자신을 소개했다.

"안녕하세요. 저는 오늘 당직 의사인 마틴 박사입니다."

오늘 밤, 내가 생각하는 최악의 사태를 맞이할까 두려운 눈빛으로 의사와 인사를 나눴다.

"라이라의 혈압이 너무 낮아서 네 발바닥에 모두 시도해 봤는데도 도저히 수액을 연결할 수가 없었어요. 목 부분의 피부를 조금 절개해서 주사를 연결해야 할 것 같은데, 괜찮으실까요?" 괜찮다고 답하자 의사는 서둘러 다시 라이라에게 갔다.

얼마 후, 접수 데스크 직원이 서명해야 할 서류가 있다며 와달라고 했다. 캘리의 과식 사건 때문에 응급실에 한 번 와본 적이 있었기에 응급실 치료를 받으려면 선불로 일정 금액을 내야 한다는 사실을 알고 있었다. 그렇게 몇 장의 서류에 서명하다 예상치 못한 동의서를 마주했다. 라이라의 심장이 멈출 경우, 심폐소생술 시행 여부에 관한 서류였다. 심폐소생술을 원하지 않으면 소생술 금지^{DNR}에 체크해야 했다.

사람의 심장이 멈춰도 CPR을 통해 심장이 다시 뛸 확률은 50%이다. 라이라의 심장이 정말 멈춘다면 흉부 압박, 제세동기 전기 충격, 기도 내 삽관 그리고 개흉술까지 해야 할 수도 있다. 캣에게 전화를 걸었다.

"심장이 멈출 경우, 심폐소생술을 할지 하지 말지 결정해 달래."

"지금 라이라 상태가 어떤데?"

"쇼크 상태인데 이유는 아직 몰라. 정맥주사도 연결이 잘 안 돼서 목 부분을 절개해서 겨우 연결했어. 그런데 심장이 멈추면 심폐소생술을 할지 말지 결정해야 한대."

캣은 중환자실 간호사였기에 심폐소생술이 어떻게 진행되는지 정확하게 알고 있었다.

"기도 삽관까지 시키고 싶지는 않아. 가더라도 고통 속에 가길 원하지 않아." 나도 같은 마음이었다. 심폐소생술을 원치 않는다는 DNR 칸에 체크하고 헬렌과 다시 기다렸다.

15분이 지났을까? 수의사가 나와 어떤 상황인지 설명했다. 목을 통해서 정맥주사를 겨우 연결했고 다행히 수액은 잘 들어가고 있다고 했다. 혈액 검사를 해보니 혈중 칼륨 수치가 높은 것 빼고는 정상이지만 다만 여전히 혈압이 불안정한 상태라고 했다.

"혹시 라이라에게 애디슨 병이 있나요?" 수의사가 물었다.

애디슨 병은 의학적으로 부신 기능 부전증이라고도 불린다. 말 그대로 부신이 제대로 하지 못하는 병으로 사람과 개 모두에게서 드물게 나타난다. 신장 위에 위치한 부신은 신체의 중요한 기능을 유지하는 데 필요한 여러 호르몬을 생성한다. 혈압과 심박수를 유지하는 데 도움을 주는 아드레날린이 부신에서 생성되고, 음식에서 나트륨을 흡수하는 데 도움을 주는 호르몬도 부신에서 생성된다. 애디슨 병의 원인은 아직 밝혀지지 않았다. 뚜렷한 증상 없이 아주 천천히 진행되기 때문에 진단 자체가 매우 어렵다. 하지만 바이러스성 질환이나 약간의 스트레스가 트리거로 작동하면 갑자기 상태가 아주 심각해진다. 그리고 스트레스를 이겨낼 호르몬이 부족한 상태가 되면 완전히 쇼크 상태에 빠지게 된다.

라이라에게 애디슨 병이 있었다니, 그 누구도 미처 생각하지 못했던 일이다. 나도, 캣도, 수의사도. 그러다 갑자기 그런 의문이 들었다. 라이라는 늘 텐션이 낮은 편이어서 '나무늘보'라고 놀리기도 했다. 그런데 단순히 텐션이 낮았던 게 아니라 피곤하고 몸이 약했던 건 아닐까? 애디슨 병의 대표적인 증상일 수도 있었다. 그리고 자주 토하는 것도 증상에 해당했다. 그런데도 라이라가 아플 줄은 상상도 못 했다.

캣까지 병원에 도착해 모두 중환자실에 있는 라이라를 보러 갔다. 라이라는 그냥 잠이 든 것 같았다. 몸에 수액이 여러 개 주렁주렁 연결되어 있었지만 아파 보이지는 않아 다행이라고 생각했다. 헬렌은 라이라 옆에 누워 머리를 아주 천천히 부드럽게 쓰다듬었다. 애디슨 병 진단을 받고 스테로이드도 맞았다. 하지만 진짜 애디슨 병인지는 수의사조차 확실히 진단을 내릴 수 없다고 했다. 이제 병원에 있어봤자 달리할 수 있는 일이 없었다. 다행히 라이라는 안정되어 보였고 오히려 깨어나서 우리 모습을 보면 흥분해 다시 쇼크 상태에 빠질 수도 있다고 했다.

라이라를 아주 살살 안으며 귀에 속삭였다. "사랑해, 라이라." 그 말을 하면서 흘러내린 눈물이 라이라의 털에 닿았다. 상태가 조금이라도 달라지면 바로 전화를 준다는 수의사의 말을 듣고 병원을 나섰다.

병원에서 집까지 그 5분 거리가 마치 한 시간도 넘는 것처럼 느껴졌다.

돌아오는 길 내내 아무도 말이 없었다. 집에 들어서는 데 전화벨이 이미 울리고 있었다. 수의사의 전화였다. 우리가 떠나자마자 라이라가 피를 토하고 항문 출혈도 시작되었다고 했다. 당장 조처를 하지 않으면 과다 출혈로 사망할 수 있다는 말이었다.

"DIC가 왔어요." 수의사가 말했고 그 말을 그대로 캣에게 전했다. DIC는 파종성 혈관 내 응고$^{disseminated\ intravascular\ coagulation}$, DIC를 의미하는데 외상이나 쇼크 후에 원인 모를 이유로 발생한다. 신체 시스템이 엉망이 되어 혈액이 응고되지 않아야 할 곳에 혈액이 응고되면서 응고 인자가 모두 소모된다. 그 결과, 출혈 조절이 어려워진다. 사람에게 DIC가 발생하는 경우, 목숨을 살리려면 상당히 공격적인 치료를 처방해야 하고 그마저 예후가 좋지 않다. 동물의 경우, DIC는 그저 죽음을 의미한다.

캣은 울기 시작했다. 수의사는 출혈을 멈추려면 혈액 응고 인자가 포함된 혈장을 수혈해 보는 방법이 있다고 말했다. "효과가 있을까요?"

"저도 장담할 수는 없어요. 그런데 라이라 상태가 워낙 심각해서 출혈이라도 멈춘다면 가망이 있을 것 같아요."

그렇게 하자고 말했다. "혹시 또 무슨 일 있으면 바로 전화 주세요."

그날 밤, 아무도 잠들지 못했다. 혹여나 잠이 들까 봐 다 같이 모여 자정까지 TV를 시청했다. 매디는 혼자 있고 싶다고 했고 헬렌은 나와 캣과 자고 싶어 했다. 캘리는 이게 다 무슨 영문인가 싶어 침대 끄트머리에서 꽈리를 틀고 잠이 들었다.

해가 뜨자마자 전화를 하고 싶었지만 최대한 참다가 전화를 걸었다. 당직 의사의 말로는 혈액 검사 결과는 안정적이라고 했다. 혈압이 많이 떨어지지 않은 걸로 보아 다행히 출혈의 양이 그리 많지는 않았던 것 같다. 하지만 혈액 응고 인자가 여전히 제 기능을 하지 못해 위장관 출혈은 계속되고 있었다. 최대한 혈압을 안정적으로 유지하는 것이 목표라고 했다.

정오쯤 모두가 다시 병원으로 향했다. 감정적인 상황에 대처하는 능력이 아직 미숙해서 주로 이런 어려운 자리를 피해 있던 매디도 이번에 보지 못하면 영영 라이라를 보지 못할 수도 있다고 생각했는지 따라가겠다고 했다. 슬픈 마음을 애써 억누르느라 매디의 표정은 일그러져 있었다.

라이라는 전날 밤에 있던 침대에 그대로 있었다. 여전히 잠들어 있었지만 편안해 보였다. 헬렌이 라이라 옆에 눕자 라이라는 인기척을 느꼈는지 고개를 들어 냄새를 맡았다. 왔다는 걸 아는 듯 입꼬리가 살짝 올라 미소를 짓는 것 같았다. 그러더니 이내 다시 잠에 들었다. 헬렌은 집에서 라이라와 함께 덮고 자던 담요로 덮어줬다. 한 명씩 돌아가며 곁을 지켰다. 헬렌과 매디가 라이라를 안는 모습을 보며 가슴이 찢어졌다. 마음 한구석에는 라이라와의 마지막을 직감했다. 아이들도, 라이라도 안타까웠다.

그렇게 30분이 흐르고 라이라는 좀 기운을 차리는 듯했다. 몸을 일으켜서 주위를 두리번거리기도 했다. 이 모습에 헬렌의 얼굴이 밝아졌다. 하지만 라이라가 자세를 바꾸려 엉덩이를 들자 선명한 핏자국이 드러났다. 헬렌은 내 품에 안겨 울기 시작했다. 나도 눈물이 멈추지 않았다. 우리가 곁에 있는 게 도움이 되지 않는 것 같아 라이라를 두고 돌아가기로 했다.

집으로 돌아와서는 평소처럼 생활하려고 애썼지만 잘되지 않았다. 캘리조차 라이라를 찾아다니는 건지 평소와 달리 정신없이 온 집안을 헤집고 다녔다. 산책을 하면 좀 진정될까 싶어 함께 산책을 나섰다. 원래 아침, 저녁으로 한 번씩 나갔지만 라이라가 입원하는 바람에 지난 며칠간은 산책을 하지 못했었다. 오랜만에 캘리를 데리고 동네를 네 바퀴나 돌았다.

저녁이 되자마자 다시 병원에 전화를 걸었다. 처음에 라이라를 봐줬던 마틴 박사가 당직인 날이라 라이라의 상태에 대해 얼른 그녀의 의견을 듣고 싶었다. "심실빈맥이 몇 차례 발생했어요." 심실빈맥ventricular tachycardia, v-tach은 부정맥의 일종으로 심장이 병적으로 빠르게 뛰는 상태를 의미한다. "방금 리도카인을 주사해서 지금은 멈춘 상태예요."

마틴 박사가 이어 말했다.

라이라는 이제 정말 떠날 준비를 하고 있다는 현실을 받아들여야 했다. 심장이 비정상적으로 빠르게 뛰는 이유는 혈압이 떨어져서였다. 하지만 심장이 빨리 뛰면 그만큼 혈액을 다시 보충할 시간이 없기 때문에 혈압이 계속해서 떨어지는 것이다. 이제 라이라에게 남은 시간을 길어봤지 하루 이틀이었다. 수도 없이 많은 약물과 수혈에, 인공호흡기에 의존하게 하면 목숨을 유지하게 만들 수는 있겠지만 그러고 싶지 않았다. 캣도, 나도 중환자실 환자의 가족이 부질없는 희망을 놓지 못하고 오히려 환자를 더 괴롭게 하는 경우를 많이 봐왔다. 결단을 내려야 했다. 수의사의 말을 캣에게 전하고 나서 부엌으로 아이들을 불러 모아 라이라의 상태를 설명했다. 눈물이 나오려는 걸 애써 참으며 말했다.

"애들아, 라이라 상태가 안 좋아. 심장도 지금 제대로 뛰기 어려운 상태야. 억지로 치료를 계속하면서 라이라를 지금처럼 고통받게 하는 건 이기적인 것 같아." 더 이상 해줄 말이 없었다.

사랑하는 반려견을 아픈 상태로 집에 데리고 올지 더 이상 아프지 않도록 고통에서 벗어나게 해줄지를 고작 열한 살, 열두 살 아이들에게 고르게 하는 것은 너무 가혹한 일이었다. 아이들에게 죄책감을 안겨주고 싶지 않아 결정을 하고 나서 그 결정이 옳은 일이라고만 아이들에게 말했다. 하지만 내심 정말 그 선택이 옳은 것인지는 나도 확신하지 못했다. 마틴 박사에게 전화를 걸어 현재 상황에서 치료를 지속하는 것은 의미가 없을 것 같다고 말했다. 마틴 박사는 이해하고 옳은 결정을 내렸다고 안심시켰다.

다시 찾은 병원에서 만난 라이라는 여전히 잠에 들어 있었다. 사실 곤히 잠이 들었다기보다는 이제 정말 삶의 끝자락에서 거의 의식을 잃은 혼수 상태에 가까웠다. 심장 모니터를 보니 심실빈맥은 계속되고 있었다. 심장이 1분에 무려 200번이나 뛰었다. 혈압이 제대로 유지되기는 도무지 어려운 상태였다.

캣이 서류에 서명하는 동안 마틴 박사는 다음 단계가 어떻게 진행될지 설명했다. 헬렌은 무표정으로 그녀의 말을 들었다. 라이라는 바닥에 누워 있었고 모두 라이라에게 각자 한 손을 얹고 라이라 옆에 앉았다. 라이라의 몸속으로 마취제가 들어가기 시작했다. 마취제를 맞고 나서도 눈에 띄는 변화는 없었다. 마취제를 맞기 전에도, 후에도 그냥 잠에 들어 있었다. 그 모습에 마음의 죄책감이 조금 덜어졌다. 다음으로는 여러 약물이 혼합된 주사제를 맞았는데 역시나 변화는 없었다. 그저 얕게 이어가던 라이라의 호흡이 멈췄을 뿐이다. 그렇게 라이라는 살짝 올라간 입꼬리로 미소를 지은 채 곁을 떠났다.

마지막으로 나는 라이라만 들을 수 있도록 귀에 속삭였다. "라이라, 이렇게 널 떠나보내게 돼서 미안해. 네 말을 듣지 않았어. 캘리가 너에 대해 말하려는 것도 이해하지 못했어. 캘리처럼 MRI 기기 안에 들어가도록 훈련했다면 네가 많이 아프다는 사실을 조금 더 일찍 알았을지도 모르는데 미안해. 많이, 항상 보고 싶을 거야."

집에 도착하니 하늘이 어두워지고 비가 내리기 시작했다. 라이라를 위해 장례식을 치러주고 싶었지만 아침까지 기다리는 게 낫겠다고 생각했다. 그러던 차에 헬렌이 말을 꺼냈다.

"아빠, 라이라를 이대로 두고 잠들 수는 없을 것 같아요." 그래서 전등이 달린 모자를 쓰고 어둠 속에서 라이라를 묻을 땅을 파기 시작했다. 비가

와서 땅이 축축해졌는데도 삽은 쉽사리 들어가지 않았다. 그래도 괜찮았다. 두 시간 내내 돌을 파내고 땅을 파냈더니 캣과 내가 들어가도 충분할 만큼 깊은 구멍이 생겼다. 손에는 물집이 한가득 잡혔지만 아무렴 괜찮았다. 라이라의 생각에 마음이 찢어지도록 아픈 것보다 살갗이 찢어져 아픈 게 훨씬 나았다.

캣과 나는 라이라를 땅속에 묻고 아이들을 불렀다. 아이들은 각자 좋아하는 인형 하나씩 가지고 와서 라이라 옆에 뒀고 가장 좋아하던 담요로 몸을 덮어줬다. 그리고 한 명씩 돌아가며 다시 흙으로 라이라의 몸을 다시 덮었다. 아무런 말도 하지 못할 만큼 모두가 슬퍼했다. 내가 모두를 대표해서 라이라에게 마지막 인사를 남겼다.

"라이라, 넌 정말 착하고 사랑스러운 개였어. 언제나 우리 마음속에 함께 할 거야."

흐르는 눈물을 삼키며 2년 전 뉴턴을 떠나보냈을 때처럼 《무지개다리 The Rainbow Bridge》라는 시를 읊었다.

'천국 이편 어딘가에 무지개다리가 있다네'

24.

2012년 망자의 날

도그 프로젝트를 시작한 지 어느덧 2년이 되었다. 그리고 망자의 날에 기리는 대상은 그새 하나 더 늘었다. 라이라가 세상을 떠나고 나서 몇 주간은 좀처럼 예전의 일상생활로 돌아가기 어려웠다. 매디는 품에 꼭 안겨 있던 라이라를, 캣은 저녁 식사를 할 때면 테이블 아래 발치에 앉아 마냥 행복한 표정으로 올려다보던 라이라를 그리워했다. 캘리 역시 기운 없이 나만 졸졸 따라다녔다. 가장 힘들어한 건 헬렌이다. 깊은 우울감에 빠져 매일 밤 라이라의 목줄을 꼭 쥐고 울며 잠들었다.

도그 프로젝트의 첫 번째 단계를 마무리하고 라이라의 죽음을 겪은 뒤, 혹시 라이라 역시 내게 자신의 상태에 대해 말하고 있었을지 곰곰이 생각했다. 그랬을 수도 있다. 하지만 라이라의 성격이라면 아파도 내색하지 않았을 것이다. 골든리트리버 특유의 성격이다. 늘 침착하고 친근하다. 그래서 많은 사람이 골든리트리버와 사랑에 빠진다. 하지만 그런 성격 때문에 골든리트리버의 생각을 알기란 좀처럼 쉽지 않다.

캘리의 마음은 노력해서 들여다보려고 했지만 라이라는 그냥 당연하게 여긴 면이 없지 않다. 그랬던 나를 한동안 자책하곤 했다. 한편으로 라이라의 사진을 들여다보면 또 다른 생각이 들었는데 캘리와 같은 개지만 둘은 정말 달랐다. 캘리는 사냥개였지만 라이라는 사냥과는 거리가 멀었다. 골든리트리버 역시 사냥에 사용되었던 견종이긴 하지만 라이라는 사냥과 관련된 행동은 전혀 하지 않았다. 심지어 수영도 좋아하지 않았다.

프로젝트를 시작한 지 2년이 지나고 나서야 사람은 왜 그토록 개를 사랑하는지 그리고 개는 왜 현재의 모습으로 살아가게 되었는지에 대한 답을 하나둘씩 발견했다. 궁극적으로는 수천 년 전부터 사람과 개가 어떻게 생활을 공유하게 되었는지 그 답을 찾게 될지도 모른다. 뇌의 데이터를 보면, 개에게서만 나타나는 종간의 사회적 지능이라는 독특한 특성을 볼 수 있다.

'개는 무슨 생각을 할까?'라는 질문에 내린 답은 이렇다. 개가 하는 생각은 사람이 하는 생각과 다르지 않다. 사람과 개의 관계는 일방적이지 않다. 사회적 그리고 감정적 지능이 높은 개는 사람이 주는 마음에 화답한다. 정말 인류 최초의 친구인 셈이다.

개와 고양이는 전 세계인이 사랑하는 반려동물이다. 그리고 개와 고양이 모두 포식성 동물에 해당한다. 인류가 최초로 길들인 동물이 사냥하는 동물이라는 점은 다소 의아하고 개나 고양이보다는 조금 더 온순한 종을 기르는 것이 합리적이지 않을지라는 생각이 든다. 하지만 개는 사람이 사냥하는 데, 고양이는 해충을 잡는 데 도움을 줬기에 사람과 함께 생활하게 되었다는 이론을 살펴보면 꽤 그럴듯하다. 이 이론에 따르면 사람이 그들과 생활하게 된 이유는 생존에 유용하기 때문이다.

도그 프로젝트의 결과는 이 이론의 근거와는 다르다. 꼬리핵의 활성화 패턴을 보면 수신호의 의미를 핫도그 같은 보상 요소와 연결한다는 사실을 알 수 있지만 꼬리핵 외의 다른 부위를 보면 개에게도 마음 이론이 있다는 사실을 보여준다. 개는 뛰어난 사회적 인지 능력을 지녔고 사람과의 관계에서 사람의 마음을 읽고 그에 보답할 수 있는 상호작용 능력을 갖추고 있다. 자가 순화self-domestication가 가능했던 것이라고 추론할 수 있다.

그리고 종을 뛰어넘어 사회적 기술을 발휘할 수 있었던 것은 오히려 개의 포식자 시절 특성에서 비롯된 것이다.

원숭이와 유인원에게서도 마음 이론이 있다는 증거가 발견되었는데 영장류에 한해서만 마음 이론이 가능하다. 개는 종간 사회적 인지 측면에서 유인원보다 훨씬 뛰어난 능력을 갖추고 있다. 개는 사람, 고양이, 가축을 비롯한 거의 모든 동물과 쉽게 어울린다. 반면에 원숭이, 침팬지 그리고 유인원은 어릴 때부터 훈련을 거치지 않는 이상 다른 종과 어울리는 것은 거의 불가능하다. 혹여나 이들에게 마음 이론 능력이 있다고 한들 개만큼 믿음직스러울까.

종마다 사회적 인지 능력이 다른 이유는 식습관이 달라서일 수도 있다. 유인원은 주로 과일, 풀, 씨앗을 섭취하고 종종 육류를 먹기도 한다. 사람과 마찬가지로 잡식성인 반면 개와 고양이는 육식성에 가깝다. 즉, 개의 조상인 늑대는 먹잇감을 스스로 사냥해야 했다. 인간을 제외하고 영장류의 식단에서 육류는 큰 부분을 차지하지 않는다. 사냥은 쉬운 일이 아니다. 단순히 먹잇감을 기다려서 되는 일이 아니고 먹이를 잡으려면 먹잇감보다 똑똑해야 한다.

즉, 먹잇감의 의도를 읽는 능력을 갖춰야 한다. 사자의 경우, 가젤이 어떻게 움직일지 예측하면서 그 뒤를 따라간다. 그런 사자의 전략에 가젤은 그저 당할 수밖에 없다. 무리를 지어 사냥하든 혼자 사냥하든 포식자는 마음 이론을 갖추지 않으면 사냥에 성공하기 어렵다. 뇌 영상 데이터를 보면 시대의 진화를 거듭하며 개의 포식자 시절 특성 역시 진화해 단순히 마음 이론 능력을 사냥에 적용하는 것이 아니라 사람과 공존하는 데 적용하게 되었다.

약 2만 7천 년 전, 늑대의 아류 종은 자가 순화를 통해 지금의 개가 되었다. 이 시기에 빙하가 유럽의 독일과 북아메리카의 뉴욕시까지 내려오게 되며 대륙 대부분이 빙하로 뒤덮이게 되었다. 그러면서 북쪽으로 이주했던 인구는 혹독한 기후 때문에 남쪽으로 다시 밀려 내려왔고, 이에 추운 기후에 잘 적응했던 늑대도 같이 남쪽으로 내려오면서 사람과의 공존을 시작하게 되었다.

그렇게 사람과 늑대는 공존하면서 왜 서로를 잡아먹지 않았을까? 서로 잡아먹는 일도 물론 있었을 것이다. 하지만 몇몇 늑대가 사람 주변에 머물러도 괜찮다는 것을 깨달았을 것이다. 일부 연구자는 늑대가 사람이 남긴 음식을 먹으면서 생존했다고 주장한다. 하지만 개의 행동을 연구한 존 브래드쇼John Bradshaw는 늑대는 꽤 많은 양의 음식을 섭취하기 때문에 사람이 남긴 음식만으로는 생존이 불가했을 것이라고 말한다.

사람이 사냥하는 데 늑대가 도움을 줬다고 주장하는 이들도 있다. 가능한 일일지도 모르겠으나 오늘날의 개도 사냥에 나가려면 상당한 훈련이 필요하다. 그런데 늑대는 개만큼 훈련이 가능한 동물이 아니기 때문에 신빙성이 다소 떨어진다. 게다가 선사 시대의 동물이 그려진 벽화만 봐도 늑대가 사람의 사냥을 도왔다는 증거는 찾아볼 수 없다.

도그 프로젝트가 주장하는 바는 이보다 훨씬 단순하다. 늑대는 포식자 동물이기 때문에 다른 동물의 행동을 예측할 수 있는 능력이 상당히 발달되어 있다. 즉, 늑대 역시 종 간 사회적 인지 능력이 뛰어났다는 것을 의미한다. 어쩌면 늑대에게도 마음 이론 능력이 있었을지도 모른다. 사냥이 익숙한 늑대에게 인간의 습성을 학습하는 건 어려운 일이 아니었을 것이다.

그리고 만약 사람이 음식을 줬다면 늑대가 생존에 어떠한 도움을 줘서라기보다는 단지 늑대의 존재가 좋았기 때문에 그랬을 것이다. 인류는 오래

전부터 동물을 길러왔는데 인류학자가 말하길 이는 인간의 보편적인 특성이다. 파충류에서부터 새 그리고 포유류에 이르기까지 다양한 동물을 키워왔다. 그리고 이러한 애완동물이 사람에게 어떠한 유용한 기능을 제공하는 경우는 거의 없다. 단지 함께하면 기분이 좋아진다는 것 외에는 없다.

빙하 시대의 한 유목민 부족이 늑대 무리를 마주쳤다고 상상해 보자. 우호적이고 호기심 많은 늑대라면 조심스럽게 사람에게 먼저 다가갔을 수 있다. 그리고 마찬가지로 우호적이고 호기심 많은 사람은 늑대 주변에 음식을 남겼을 수도 있다. 이내 늑대와 사람은 신체적 접촉이 가능할 정도로 가까워졌을 것이다. 처음에는 늑대가 자신의 무리와 사람 사이를 오가며 시간을 보내다가 무리나 부족이 거주지를 이동해야 할 시기가 오면 늑대는 사람이냐, 늑대냐 선택을 내려야 했을 것이다. 유난히 사회적인 어린 수컷 늑대라면 사람을 따라갔을 가능성이 높고, 사람 역시 어린아이라면 그런 늑대가 따라오는 걸 보고 계속 음식을 줬을 것이다.

하지만 이 시나리오가 사실이라고 하더라도 단기간에 늑대의 외형적인 모습에 변화를 초래했을 가능성은 상당히 낮다. 그리고 한 집단이 한 마리 이상의 늑대를 키웠을 가능성 또한 낮으므로 키우고 있는 늑대가 다른 늑대와 번식할 기회가 거의 없었을 것이다. 나는 이렇게 늑대가 사람에 의해 길러지는 일은 2만 7천 년 전부터 약 1만 5천 년 전까지 단발성 그리고 간헐적으로 발생했을 것이라고 추측한다.

사람이 유목민 생활을 멈추고 충분히 한곳에 오래 거주하며 늑대의 생식 주기를 거칠 만큼 시간이 흐르자, 비로소 늑대의 신체적 진화가 시작되었고 지금의 개의 모습을 갖추게 되었을 것이다. 반면에 사람과 지내길 원치 않았던 나머지 늑대는 오늘날에도 여전히 늑대의 모습을 갖추고 있다. 오늘날 사람들이 아는 늑대는 동물 스펙트럼상에서 개와는 완전히 반대편에 위치한다.

개에게서 가장 두드러지는 특징은 종을 뛰어넘을 수 있는 사회적 지능이다. 즉, 개는 사람과 다른 동물이 무슨 생각을 하는지 직관적으로 파악할 수 있다는 말이다. 늑대 역시 이 능력을 이용해 먹잇감을 사냥한다. 하지만 개는 이 사회적 지능을 발휘해 다른 종을 먹는 대신 어울려 살아가기를 선택했다. 사회적 지능이 높다면 공감 능력도 그만큼 발달했을 것이다. 단순히 사람이 어떤 생각을 하는지 파악하는 것을 넘어서서 그의 감정을 느끼기도 한다. 이를 감성 지능이라고 한다. 사람과 마찬가지로 개도 행복을 느낄 수 있다면 슬픔도, 외로움도 느낄 것이다.

도그 프로젝트 내내 개와 인간이 얼마나 완벽하게 서로를 보완하는 존재인지 여러 번 감탄했다. 사람은 뛰어난 두뇌로 추상적 사고 능력을 갖추고 있음에도 감정의 노예라고 불릴 만큼 감정에 휘둘리는 존재이다. 그리고 개는 이런 사람의 감정을 민감하게 포착하고 함께 공명한다.

그리고 감정 중 가장 강력한 감정은 바로 '사랑'이다. 인간관계는 이루 말할 수 없을 만큼 복잡하지만 결국 모든 것은 사랑으로 귀결되고, 그 사랑의 본질에는 공감이 있다. 사랑하고 사랑받는다는 것은 상대의 감정을 함께 느끼고 그 감정을 돌려주는 것이다. 사실 간단하다. 사람들이 서로를 이렇게 사랑한다면, 동물에게도 당연히 느낄 수 있는 감정일 것이다.

대부분의 사람은 반려동물과 상당히 깊은 애착 관계를 형성한다. 매일 출근길에 반려동물을 하늘로 떠나보낸 사람을 상대로 상담 서비스를 제공하는 간판과 마주한다. 많은 이들이 가장 중요하게 생각하는 관계가 바로 반려동물과의 관계이며, 사람보다 반려견이나 반려묘를 더욱 아끼기도 한다. 그렇기에 반려동물을 먼저 떠나보내는 것은 정말 큰 아픔이자 상처가 된다.

가족은 개 한 마리로는 성에 차지 않았다. 라이라를 떠나보낸 슬픔은 상상을 초월했고 공허함은 더 컸다. 결국 캘리를 데리고 다시 동물 보호소를 찾았다. 이번에는 캘리가 새로운 식구를 직접 선택하기로 했다. 개 짖는 소리가 가득 울리는 우리 안에는 캘리와 비슷하게 생긴 개들이 여러 마리 있었다.

모든 동네 떠돌이 개가 이 동물 보호소에 모여 있는 것 같았다. 하나같이 몸통 전체가 검은색 털로 덮여 있었지만 가슴만 하얀 털이 있었고 꼬리가 C자 모양이었다. 그리고 모두 핏불테리어 믹스 종이라는 표시가 붙어 있었다. 한 마디로 잡종견이었다. 캘리와 똑같이 생긴 개를 또 데려 오고 싶었지만 헬렌은 라이라처럼 털이 부드럽고 포근한 강아지를 원했다.

폭삭폭삭한 솜털 같은 털이 얼룩무늬로 나 있는 강아지가 눈에 들어왔다. 주둥이가 길었고 입술은 축 처져 있었다. 그리고 작은 머리에 비해 축 늘어진 귀는 어딘가 어색하게 컸다. 다른 개들과는 달리 혼자 짖지 않길래 종이 한 장을 구겨 우리 안으로 던져봤다. 신이 난 듯 얼른 종이를 물고 다시 나에게 왔다. 강아지의 성격을 단번에 파악할 수 있는 최고의 놀이라고 할 수 있다. 던진 물건을 그대로 가지고 온다는 것은 사람과 잘 어울리는 성격이라는 걸 의미한다. 그런 모습에 나는 단번에 반했다. 캘리 역시 이 강아지의 냄새를 맡더니 꼬리를 흔들었다. 캘리도 생각이 같았다.

모든 개의 이름을 문학 작품에서 따오는 우리 집만의 전통을 어김없이 이어가 헬렌과 매디는 새 강아지에게 카토라는 이름을 지어줬다. 수잔 콜린Suzanne Collin의 《헝거 게임The Hunger Games》의 캐릭터인 카토는 주인공인 캣니스 에버딘의 주요 적수 중 하나이긴 하지만 대담한 성격으로 목적을 위해 끝까지 싸우는 인물이니 크게 나쁜 이름은 아니라고 생각했다. 그런데 카토는 작품 속 카토와는 달리 어딘가 나사가 하나 빠진 것 같았다. 체형만 멀쑥했지 달리는 폼도 영 어딘가 어색했다. 집안을 뛰어다니긴 하는데 자기 발에 걸려 넘어지지 않나, 가끔은 넘어져서 아예 한 바퀴를 구르기도 했다. 게다가 눈에 보이는 거라면 뭐든지 입에 넣고 봐서 '이빨 달린 털뭉치'라고 불렀다.

생후 6개월쯤 되자 카토의 진짜 성격이 드러나기 시작했다. 다행히 집에 큰 타격 없이 이갈이 시기를 넘겼다. 다만 옷에 달린 태그를 집착적으로 물어뜯고, 화장실에 있는 두루마리 화장지를 꺼내 와서 온 집안을 휩쓸고 다녔다. 하는 행동이 소름 끼칠 정도로 뉴턴과 비슷했다.

"뉴턴이 카토로 환생한 것 같아. 뉴턴이 하던 짓을 그대로 하고 있잖아."

캣의 말이 맞았다. 라이라가 세상을 떠나면서 데리고 왔지만 그냥 조금 더 어린 뉴턴 같았다. 그 무렵 13살이 된 헬렌은 자기가 카토를 직접 키우고 싶어 했다.

"얼마나 할 일이 많은지는 알고 있지?" 내가 물었다.

"배변 훈련이 완벽하게 될 때까지 밤마다 데리고 나가야겠죠."

"맞아."

"그리고 '앉아', '기다려' 훈련을 시키고 산책하는 법도 카토는 배워야 해요." 자기 이름을 듣고 카토는 얼른 헬렌의 무릎 위로 풀쩍 뛰어올라 헬렌의 얼굴을 핥아댔다.

"밥도 네가 줄 거지?"

"네."

"그리고 산책 나가서 똥도 네가 치우고?"

"음... 그것까진 잘 모르겠어요."

헬렌과 카토는 CPT에서 훈련 수업을 들었다. 마크가 직접 진행하는 수업으로 강아지와 견주를 위한 기본적인 훈련을 배우고 안전한 공간에서 다른 강아지들과 친해질 수 있는 수업이었다. 헬렌은 훈련을 통해 카토가 신호에 앉고 누울 수 있게 되자 정말 기뻐했다. 캘리처럼 핫도그를 무척 좋아했기에 훈련이 그다지 어렵지 않았다.

물론 '앉아' 같은 기본적인 훈련만 알아서는 개를 키울 수 없다. 도그 프로젝트에서 배운 가장 큰 교훈은 소통의 중요성이다. 개는 한 가족의 일원이 되면 언제든 그 가족만의 사회적 규칙을 스펀지처럼 흡수할 준비가 되어 있다. 일관되지 못하게 행동하고 말하는 사람이 문제일 뿐이다.

사람은 끊임없이 신호를 보낸다. 말을 멈추지 않고 계속해서 몸을 움직인다. 감정을 전하기 위해 때로는 손도 마구 흔들어 댄다. 그 많은 언어적 그리고 신체적 신호 중 횟수가 정말 의미 있고 필요한 것일까? 도그 프로젝트를 진행하며 캘리가 몸짓 대부분은 무시하지만 정말 유의미한 정보를 전달하는 신호에만큼은 집중한다는 사실을 깨달았다. 그런 캘리의 태도가 참 마음에 들었다. 2년 전만 해도 캘리는 무관심하다고 생각했는데 그건 나의 착각이었고 그저 경제적으로 주의를 분산하고 있었을 뿐이다. 도그 프로젝트를 통해 예상했던 것보다 내 생각을 훨씬 잘 읽어내는 캘리의 능력에 감탄했다. 관심이 없어 보였다면 그건 그저 내가 원하는 바를 제대로 전달하지 못했기 때문이었다.

수많은 시간을 캘리와 단둘이 서로의 눈만 바라보면서 훈련한 결과, 이전에 어떤 개와도 하지 못했던 수준으로 캘리와 소통할 수 있게 되었다. 뉴턴과도 이 정도로는 소통하지 못했다. 캘리의 보디랭귀지 중에서도 특히 눈빛의 의미를 파악할 수 있게 되었다. 미세하게 움직이는 눈을 통해 주변에 어떤 것이 캘리의 시선을 끄는지 알 수 있었다.

도그 프로젝트를 기록한 사진과 영상을 보면 캘리가 가장 관심을 두는 것은 다름 아닌 사람이었다. 그 당시에는 전혀 알아차리지 못했지만 늘 나를 바라보고 있었다. 뿐만 아니라 다른 사람도 항상 주시하고 있었다. 어떤 생각을 하는지 그리고 함께하기 위해서 자기가 어떤 행동을 해야 하는지 늘 노력하고 있었다. 일관성과 명확성, 이 두 가지 요소가 답이었다. 그래서 사람에게도, 개에게도 더욱 일관되고 명확하게 행동하기로 했다.

여느 날처럼 훈련 수업을 듣고 나서 헬렌이 내게 물었다. "카토도 도그 프로젝트에 참여할 수 있어요?"

"아직 너무 어려."

"그럼 몇 살이 되면 할 수 있어요?"

"적어도 한 살은 돼야 할 거야."

"그런데 카토는 진짜 똑똑해요. 캘리처럼 머리를 똑바로 들고 있을 수 있을 거예요."

"그래, 그럴 거야. 그런데 아직 강아지잖아. 뇌가 다 자라지 않아서 캘리처럼 성견의 뇌와 비교할 방법이 없어."

"그럼 한 살이 되면 참여할 수 있도록 지금부터 훈련해도 돼요?"

"물론이지. 그런데 왜 카토랑 도그 프로젝트를 하고 싶은 거야?"

"애가 무슨 생각을 하고 사는지 좀 알고 싶어서요." 헬렌이 카토의 머리를 쓰다듬으며 말했다. 그 마음을 내가 모를 리 없었다.

에필로그

뉴턴에 대한 그리움으로 시작된 도그 프로젝트는 예상했던 것보다 훨씬 큰 과학 실험이 되었고, 예상한 것보다 개의 마음에 관해 훨씬 많은 것을 알게 되었다. 프로젝트를 진행하면서도 나만 이토록 간절하게 개의 마음을 알고 싶어 하는 줄 알았다. 하지만 캘리와 매켄지의 실험 결과를 바탕으로 첫 논문을 출간하고 나서 전 세계 수많은 사람의 응원 메시지를 받았다. 나 말고도 개가 어떤 생각을 하는지 알고 싶어 하는 사람은 너무나도 많았다. 그 마음은 정말 감동적이었다.

처음으로 연락해 온 사람은 아일랜드에서 새먼 시가$^{Salmon\ Poetry}$ 출판사 소속 편집장이자 시인인 제시 렌덴니$^{Jessie\ Lendennie}$였다. 제시는 전 세계 다양한 시를 엮어 만든 《노래하는 개들$^{Dogs\ Singing}$》이라는 시집을 내게 보내줬다. 시를 읽다 보면 개가 사람에게 얼마나 큰 영향을 미치는지 새삼 다시 느낄 수 있었다. 개 두 마리로 시작한 작은 이 프로젝트가 수많은 사람의 가슴을 울렸다는 사실에 또 마음이 따뜻해졌다.

하지만 프로젝트를 계속 진행하는 데에는 어려움이 따랐다. 일단, 자금이 없었다. 프로젝트를 이 정도라도 끌고 올 수 있었던 것은 마크와 멜리사를 더불어 앤드류를 포함한 연구실의 많은 팀원이 봉사 차원에서 기꺼이 시간과 노력을 내주었기 때문이다. 아무리 많은 사람이 이렇게 도움을 줘도 MRI 기기만큼은 무료로 사용할 수 없었다. 기기를 한 시간 빌리는 데 500달러가 들었고 그동안은 몇 년간 모아둔 재량 연구 자금으로 연구비를 충당해 왔다. 그리고 핫도그와 냄새 실험 이후에는 이제 프로젝트를 어떤 방향으로 진행해야 할지도 고민이 되었다.

MRI 기기 안에 들어가도록 훈련받은 개는 캘리와 매켄지, 단 두 마리였다. 욕심을 부려 개의 뇌가 어떻게 작동하는지 수많은 질문에 대한 답을 구해 보려고 할 수도 있었지만 두 마리의 개를 통해 얻을 수 있는 정보에는 한계가 분명히 있었다. 정말 도그 프로젝트를 통해 개의 마음에 대해 더 알아보려면 훨씬 더 많은 개가 실험에 필요했다. 실험 대상견이 많아지면 이전 실험에서 보인 캘리와 매켄지의 차이가 유전적 요소이나 환경적 요소 때문인지 아니면 단순히 그냥 그날 감정의 기복 때문인지 더 자세하게 알 수 있으리라고 생각했다. 종별로 보이는 차이점에 대해서도 궁금한 점이 많았다.

연구 자금을 어떻게 충당할지 전혀 계획은 없었지만 이 프로젝트를 중단하고 싶은 마음은 한치도 없었다. 연구 자금을 지원하는 기관이 원하는 주제에 맞춰 연구 계획을 세우기보다는 내 직감을 믿고 진정으로 원하는 연구를 해왔다. 그렇기에 가용할 수 있는 모든 자원을 투입해서라도 프로젝트를 한 단계 더 발전시키기로 했다. 도그 프로젝트는 단순히 개의 마음에 관한 것이 아니라 마음을 이해함으로써 사람은 어떤 존재인지 그리고 개라는 이 아름다운 동물과 더 조화롭게 삶을 공유할 방법을 찾아준다. 그리고 언젠가는 다른 이들도 이를 이해하리라는 확신이 있었다.

가장 먼저 더 많은 실험견으로 다시 팀을 꾸려야 했다. 이번에도 마크의 도움을 받아 지난 10년간 CPT에 온 적이 있는 사람들에게 메일을 보내고 지역 내 동물병원에도 전화를 돌렸다. 캘리와 매켄지를 통해 실험에 어떤 개가 가장 적합할지 파악했으니 이번에는 실험견에 대한 기준을 조금 더 높여 보기로 했다. 차분하지만 새로운 환경에도 잘 적응하고, 낯선 사람과 다른 개와도 잘 어울리는 성격에 호기심이 많고, 큰 소리에 놀라지 않고, 귀마개를 착용할 수 있을 만큼 훈련이 가능한 개가 필요했다. 그리고 무엇보다 새로운 것을 배우는 데 거리낌이 없는 개를 찾아 나섰다.

그리고 오디션을 진행했다. 개와 견주가 한 팀이 되어 헤드 코일 안에 들어가고 귀마개를 쓰는 등의 훈련을 진행할 수 있는지 중점적으로 봤다. 그리고 MRI 기기의 소음 녹음 파일을 재생해 이 소음을 견딜 수 있는지도 확인했다. 그렇게 몇 시간 후, 프로젝트에 정말 참여할 의지가 강한 다섯 마리의 개와 견주를 선택했다.

다행히 다섯 마리의 종도 다 달랐다. 치료견 훈련을 받다가 너무 예민하

사진 25. 귀마개를 착용한 케이디(위), 헤드 코일에 들어간 티거(아래) (출처: 헬렌 번스)

다는 이유로 최종에서 탈락한 래브라도와 골든리트리버의 믹스견인 케이디, 미니어처 푸들 로키 또 다른 보더 콜리인 케일린, 브리타니 믹스인 헉스리 그리고 마지막으로 뉴턴을 떠올리게 했던 보스턴 테리어인 장난꾸러기 티거가 도그 프로젝트 2기 팀이 되었다.

이번에도 마크가 훈련 계획을 짰고 그 계획에 따라 매주 CPT에서 개들이 MRI 기기 환경에 적응할 수 있도록 수업을 진행했다. 단 몇 달 안에 총 8마리의 개가 도그 프로젝트를 위한 훈련을 받게 되었다. 그렇게 8마리의 개와 함께 이전까지는 한 번도 가보지 못한 과학의 영역으로 힘차게 발을 내디뎠다.

캘리는 여전히 팀의 에이스로 활약했다. 훈련하면서 새로운 실험이나 장비를 시도해 볼 때면 가장 먼저 나섰다. 이번에는 새롭게 경부 코일^{neck coil}을 사용해 촬영을 진행해 봤다. 그리고 캘리 덕분에 경부 코일을 사용하

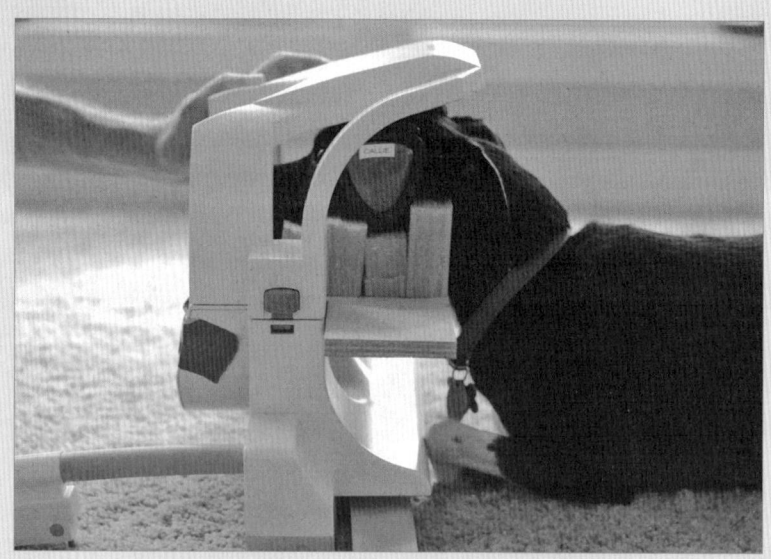

사진 26. 넥 코일에 들어간 캘리 (출처: 헬렌 번스)

면 기존 헤드 코일보다 신호를 잡는 부분이 머리와 더욱 가까워져 개의 뇌에서 더 강한 신호를 얻을 수 있다는 사실을 발견했다.

도그 프로젝트에 관해 이야기하면 사람의 반응은 두 가지로 나뉘었다. 일단 개를 좋아하거나 키우는 사람이라면 길게 말할 필요도 없이 개가 어떤 생각을 하는지 특히 주인인 자기를 사랑하는지 알고 싶어 하는 마음을 단번에 이해했다. 오히려 이런 연구를 왜 이제서야 하는지 궁금해했다. 반면 개를 키우면서도 딱히 개에 대한 마음이 크지 않은 사람은 이 프로젝트 자체가 엄청난 돈 낭비라고 생각했다. 그 비싼 MRI 기기를 사람의 건강을 위한 연구에 쓰지 않고 왜 개에게 쓰고 있냐고 반문했다.

물론 당연히 그렇게 생각할 수 있다. 그리고 그 질문에 대한 답은 도그 프로젝트를 통해 보여주는 수밖에 없다. 이 프로젝트 역시 사람을 위한 것이라고 말이다. 신경과학에 몸담았는지도 어느덧 20년이 넘었다. 그동안 중독 상태에 있는 사람의 보상 시스템이 어떻게 잘못되는지를 중점적으로 연구해 왔으며 대부분의 연구가 국립보건원National Institutes of Health의 자금으로 진행되었다.

하지만 단 두 마리의 개를 연구한 실험 하나가 사람을 대상으로 한 수천 번의 MRI 촬영보다 더 많은 사람에게 긍정적인 영향을 미쳤다. 모두 개를 좋아하는 건 아니지만 미국 인구 중 무려 절반이 개를 좋아한다. 즉, 개의 행복은 사람의 행복과 떼려야 뗄 수 없다. 사랑스러운 강아지 눈빛이 정말 무엇을 의미하는지 조금이라도 이해할 수 있다면 개와 사람은 더욱 돈독해질 수밖에 없다.

애완동물을 기르는 것이 얼마나 유익한지에 대해서는 이미 많은 연구가 효과를 보여준다. CDC에 따르면 반려동물은 혈압, 콜레스테롤, 중성지방 수치를 낮추고 외로움 절감에 효과가 있다. 그중에서도 특히 반려견을 키우게 되면 산책을 나가야 하므로 운동의 효과 그리고 다른 견주와 어울릴 수 있는 사회적 교류의 기회도 누릴 수 있다.

도그 프로젝트의 다음 막을 열면서 사람과 개 간의 강력한 유대감이 어떻게 만들어지는지 알아보는 것이 꿈이 되었다. 콘라트 로렌츠가 '공명하는 개'라고 불렀던 개와 사람이 완전한 조화를 이루게 되는 그 상태가 어떻게 만들어지는지 정말 알고 싶었다. 개가 사람과 교류할 때 뇌의 특정 부위 반응을 살펴봄으로써 개와 사람 간의 유대감이 얼마나 강한지, 유대감을 더욱 강하게 만들 활동으로는 어떤 것이 있는지, 어떤 개가 어떤 사람과 더욱 잘 맞는지 등 다양한 정보를 파악할 수 있을 것이다. 이 연구를 통해 어떤 개가 치료견으로서 가장 적합한지 그리고 치료견을 어떻게 훈련해야 하는지에 대해서도 상당한 도움을 받을 수 있을 것이다.

개에 관한 많은 연구가 결국 사람의 건강과 복지 개선에 초점을 뒀지만 연구 결과를 개를 위해서도 활용해야 한다. 많은 사람이 개를 진심으로 사랑하고 키우지만 개에 대해 모르고 오해하는 점이 많다. 어쩌면 개는 그저 길들여진 늑대라고 생각하는 경향이 있기 때문일지도 모른다.

도그 프로젝트 확장에 대해 논의하러 국립보건원 직원을 만난 적이 있다. 프로젝트를 통해 사람의 스트레스 감소에 개가 어떤 영향을 미치는지 알아보고 싶다고 말했다. 하지만 그는 이 연구를 개의 보상 시스템과 사람의 웰빙 간의 관계를 살펴보는 실험으로 이해하지 못했다. "개의 보상 시스템은 사람을 물어뜯을 때 가장 활성화되지 않을까요?"라는 게 그의 대답이었다. 상당히 실망스러웠다. 어릴 적 정말 개에게 물린 적이 있거나 늑대인간 이야기를 너무 많이 읽은 것이라고 생각할 수밖에 없었다.

요점은 이렇다. 사람의 이득을 위해 뇌 영상 기술을 활용할 수 있다. 하지만 개를 위해서도 이 기술을 활용할 수 있다. 개의 머리와 마음속에서 어떤 일이 일어나고 있는지 현재로서는 수박 겉핥기식으로밖에 보지 못한다. 하지만 개의 문제 행동에서 가장 큰 원인은 분리불안 장애라는 사실만큼은 확실하게 알고 있다. 개는 사람과 애착 관계를 형성하고 애착 관계의 대상인 사람이 사라지면 외로움을 느낀다. 그래서 물건을 망가뜨리는 등 말썽을 피우면 물론 사람도 힘들겠지만 결국 집에서 쫓겨나 보호소에 가게 되는 건 개다.

개의 뇌를 촬영해서 이런 문제를 해결할 수 있을지 의심의 눈초리로 바라보는 사람도 있을 것이다. 하지만 개는 어떤 점이 괴로운지 말로 설명할 수 없으므로 개의 마음을 들여다봄으로써 이 문제의 실마리를 해결할 수 있을지 모른다. 주인과 떨어져 있는 시간이 문제인지, 물리적 거리가 문제인지 또는 집에 웹캠을 설치하는 것이 분리불안 장애 해결에 얼마나 효과가 있는지 등 알 수 있지 않을까? 현재 이런 문제에 대한 답을 얻기 위해 기술을 어떻게 활용할지에 대해서는 알려진 바가 없다. 그렇다면 뇌 영상이 답일지도 모른다.

도그 프로젝트를 통해 개의 마음에 관한 새로운 사실을 발견한 점도 자랑스럽지만 그보다 더 자랑스러운 건 개를 사람과 동일한 존재로 대했다는 사실이다. 내게 캘리와 매켄지는 식구와도 같은 존재이기에 정말 사람과 다를 바 없이 식구처럼 대했다. 이후 개를 동원한 실험을 진행하는 다른 사람의 선례가 되길 바라는 마음에서였다. 다른 개도 동일하게 존중받고 자기 결정권을 행사할 수 있길 진심으로 바랐다. 개를 비롯한 다른 많은 종의 동물도 생각했던 것보다 훨씬 더 사람과 비슷한 수준의 자기 인식과 감정을 지녔다고 굳건하게 믿으며, 그 믿음에 부합하게 동물을 대해야 한다고 생각했고 여전히 그 마음에는 변함이 없다.

부록

참고자료

2. 개로 산다는 것

16 What is it like to be a dog: Thomas Nagel. "What is it like to be a bat?" Philosophical Review 83, no. 4 (October 1974): 435-450.

17 Many authors have written about the dog mind: For a particularly good review see: John Bradshaw. Dog Sense: How the New Science of Dog Behavior Can Make You a Better Friend to Your Pet (New York: Basic Books, 2011).

17 Lupomorphism: Adam Miklosi. Dog Behaviour, Evolution, and Cognition (Oxford and New York: Oxford University Press, 2007), p. 15.

18 Visual part of the brain and imagination: Xu Cui et al. "Vividness of mental imagery: individual variability can be measured objectively." Vision Research 47, no. 4 (February 2007): 474-478.

4. 행동주의 이론

34 Classical conditioning: Steven R. Lindsay. Handbook of Applied Dog Behavior and Training. Vol. 1, Adaptation and Learning (Ames: Iowa State University Press, 2000).

6. 동물 매개 치료

52 Florence Nightingale: Florence Nightingale. Notes on Nursing: What It Is, and What It Is Not (New York: D. Appleton, 1860), p. 103.

53 Demonstrating that dogs and animals in general can improve human health: Lori S. Palley, P. Pearl O'Rourke, and Steven M. Niemi. "Mainstreaming animal assisted therapy." ILAR Journal 51, no. 3 (2010): 199-207.

53 Children and pet therapy: Kathie M. Cole et al. "Animal-assisted therapy in patients hospitalized with heart failure." American Journal of Critical Care 16, no. 6 (November 2007): 575-585. Elaine E. Lust et al. "Measuring clinical outcomes of animal-assisted therapy: impact on resident medication usage." Consultant Pharmacist 22, no. 7 (July 2007): 580-585. Carie Braun et al. "Animal-assisted therapy as a pain relief intervention for children." Complementary Therapies in Clinical Practice 15, no. 2 (May 2009): 105-109.

53 Animal-assisted therapy patterns: This is called a meta-analysis and was

reported in: Janelle Nimer and Brad Lundahl. "Animal-assisted therapy: a metaanalysis." Anthrozoos 20, no. 3 (September 2007): 225–238.

54 Konrad Lorenz: Konrad Lorenz. Man Meets Dog. Translated by Marjorie Kerr Wilson (New York, Tokyo, and London: Kodansha International, 1994).

54 Animals demonstrate an understanding of fairness: Frans de Waal. Our Inner Ape: A Leading Primatologist Explains Why We Are Who We Are (New York: Riverhead, 2005).

54 Resonance dog: Lorenz, Man Meets Dog, p. 76.

7. 개의 동의서

66 Rabies in the United States: "Human Rabies." Centers for Disease Control and Prevention, last modified May 3, 2012. http://www.cdc.gov/rabies/location/usa/surveillance/human_rabies.html.

8. 시뮬레이터 설계

69 First investigation of dogs' hearing: E. A. Lipman and J. R. Grassi. "Comparative auditory sensitivity of man and dog." American Journal of Psychology 55, no. 1 (January 1941): 84–89.

9. 긍정적 강화 훈련

80 Puppies and social learning: Leonore L. Adler and Helmut E. Adler. "Ontogeny of observational learning in the dog (Canis familiaris)." Developmental Psychobiology 10, no. 3 (May 1977): 267–271. Cf. A. Miklosi, Dog Behaviour.

80 Puppies that watched their mother: J. M. Slabbert and O. Anne E. Rasa. "Observational learning of an acquired maternal behaviour pattern by working dog pups: an alternative training method?" Applied Animal Behaviour Science 53, no. 4 (July 1997): 309–316.

85 Mutt Muffs: Mutt Muffs, accessed December 20, 2012. http://www.safeandsoundpets.com/index.html.

11. 당근 대신 채찍

100 Cesar Millan and pack leader: Cesar Millan and Melissa Jo Peltier. Be the Pack Leader: Use Cesar's Way to Transform Your Dog . . . and Your Life (New York: Harmony Books, 2007).

12. 감정 차원 모델

107 Dogs in the workplace: Randolph T. Barker et al. "Preliminary investigation of employee's dog presence on stress and organizational perceptions." International Journal of Workplace Health Management 5, no. 1 (2012): 15–30.

108 Chronically high levels of cortisol: Robert M. Sapolsky. Why Zebras Don't Get Ulcers, 3rd ed. (New York: Henry Holt, 1994). ### Google's dog policy: "Code of Conduct." Google Investor Relations, last modified April 24, 2012. http://investor.google.com/corporate/code-of-conduct .html#toc-dogs.

109 Dog-friendly businesses: The website dogfriendly.com has a user-contributed list of companies that allow dogs. ### Charles Darwin: Charles Darwin. The Expression of the Emotions in Man and Animals. Introduction, afterword, and commentaries by Paul Ekman. 4th ed. (Oxford: Oxford University Press, 2009), pp. 55–56.

111 Darwin's work was forgotten for more than a century: The situation has begun to change, in large part because of the efforts of Paul Ekman, a psychologist who has extensively studied the facial expressions in humans, and Frans de Waal, an ethologist who studies primate behavior.

There have been a few exceptions: Marc Bekoff, an ethologist at the University of Colorado at Boulder, has spent much of his career extending Darwin's work. Bekoff has argued strenuously for the recognition of animal emotions: Marc Bekoff. The Emotional Lives of Animals: A Leading Scientist Explores Animal Joy, Sorrow, and Empathy — and Why They Matter (Novato, CA: New World Library, 2007).

Jaak Panksepp: Jaak Panksepp. Affective Neuroscience: The Foundations of Human and Animal Emotions (New York: Oxford University Press, 1998).

112 Breaking emotion down to fundamental components: Stanley Schachter and Jerome E. Singer. "Cognitive, social, and physiological determinants of emotional state." Psychological Review 69, no. 5 (September 1962): 379–399.

113 Circumplex model: James A. Russell. "A circumplex model of affect." Journal of Personality and Social Psychology 39, no. 6 (1980): 1161–1178.

113 The "seeking" system: Jaak Panksepp. "The basic emotional circuits of mammalian brains: do animals have affective lives?" Neuroscience and Biobehavioral Reviews 35, no. 9 (October 2011): 1791–1804.

14. 수신호 기법

126 Electrical stimulation of dog brains: Gustav Fritsch and Eduard Hitzig. "Ueber die elektrische Erregbarkeit des Grosshirns" [Electric excitability of the cerebrum]. Archiv fuer Anatomie, Physiologie und Wissenschaftliche Medicin 37

(1870): 300–322. T. Gorska. "Functional organization of cortical motor areas in adult dogs and puppies." Acta Neurobiologiae Experimentalis 34, no. 1 (1974): 171–203.

127 Caudate nucleus and reward: Reward processing is most closely associated with the nucleus accumbens, which is a subregion of the caudate. This region is also called the ventral striatum. For brevity, I refer to both as the caudate.

127 Wolfram Schultz and measurement of caudate activity: Wolfram Schultz et al. "Neuronal activity in the monkey ventral striatum related to the expectation of reward." Journal of Neuroscience 12, no. 12 (December 1992): 4595–4610.

16. 꼬리핵 활동

155 Dog brain images from University of Minnesota Canine Brain MRI Atlas (http://vanat.cvm.umn.edu/mriBrainAtlas/) by T. F. Fletcher and T. C. Saveraid, 2009.

156 Reverse inference: Russell A. Poldrack. "The role of fMRI in cognitive neuroscience: where do we stand?" Current Opinion in Neurobiology 18, no. 2 (April 2008): 223–227.

157 Reverse inference in the caudate: Dan Ariely and Gregory S. Berns. "Neuromarketing: the hope and hype of neuroimaging in business." Nature Reviews Neuroscience 11, no. 4 (April 2010): 284–292.

157 Love and the caudate: Arthur Aron et al. "Reward, motivation, and emotion systems associated with early-stage intense romantic love." Journal of Neurophysiology 94, no. 1 (July 2005): 327–337.

17. 보상 시스템

164 Side preference in dogs: Camille Ward and Barbara B. Smuts. "Quantitybased judgments in the domestic dog (Canis lupus familiaris)." Animal Cognition 10, no. 1 (January 2007): 71–80.

18. 마음 이론

169 Signal-to-noise ratio: The SNR increases roughly by a factor of $\sqrt{N}$, where N is the number of repetitions. For example, 100 repetitions would increase the SNR by a factor of 10.

173 Dogs used attentional cues from humans: Marta Gacsi et al. "Are readers of our face readers of our minds? Dogs (Canis familiaris) show situation-dependent recognition of human's attention." Animal Cognition 7, no. 3 (July 2004): 144–153.

173 Dogs are sensitive to the social context: Juliane Kaminski et al. "Domestic dogs are sensitive to a human's perspective." Behaviour 146, no. 7 (2009): 979–998. Alexandra Horowitz. "Theory of mind in dogs? Examining method and concept." Learning and Behavior 39, no. 4 (December 2011): 314–317.

174 Knowing how to read people and how to behave in different social settings is the difference between success and failure: Gregory Berns. Iconoclast: A Neuroscientist Reveals How to Think Differently (Boston: Harvard Business School Press, 2008).

19. 보정 작업

182 Nothing in the brain implies an understanding of meaning: When I first presented the findings to a group of psychologists, this is exactly what they said. 182 Dogs' ability to intuit the meaning of human social signals: Brian Hare and Michael Tomasello. "Human-like social skills in dogs?" Trends in Cognitive Sciences 9, no. 9 (September 2005): 439–444. Brian Hare, Josep Call, and Michael Tomasello. "Communication of food location between human and dog (Canis familiaris)." Evolution of Communication 2, no. 1 (1998): 137–159. See also A. Miklosi et al. "Use of experimenter-given cues in dogs." Animal Cognition 1, no. 2 (1998): 113–121.

182 Social cognition of wolves and chimpanzees: Brian Hare et al. "The domestication of social cognition in dogs." Science 298, no. 5598 (November 2002): 1634–1636. See also Brian Hare and Vanessa Woods. The Genius of Dogs: How Dogs Are Smarter than You Think (New York: Dutton, 2013).

183 Kool-Aid experiment: Giuseppe Pagnoni et al. "Activity in human ventral striatum locked to errors of reward prediction." Nature Neuroscience 5, no. 2 (2002): 97–98.

183 Dysfunctional caudate in addiction: Nora D. Volkow et al. "Addiction: beyond dopamine reward circuitry." Proceedings of the National Academy of Sciences of the United States of America 108, no. 37 (September 2011): 15037–15042.

183 Bonus effect in the caudate to social cues: James K. Rilling et al. "A neural basis for social cooperation." Neuron 35, no. 2 (July 18, 2002): 395–405. I. Aharon et al. "Beautiful faces have variable reward value: fMRI and behavioral evidence." Neuron 32, no. 3 (November 8, 2001): 537–551.

20. 너도 날 사랑하니?

186 We had finished the first scientific paper: Gregory S. Berns, Andrew M. Brooks, and Mark Spivak. "Functional MRI in Awake Unrestrained Dogs." Public Library

of Science ONE 7, no. 5 (2012): e38027.

190 Mirror neurons: Giacomo Rizzolatti and Luigi Craighero. "The mirror-neuron system." Annual Review of Neuroscience 27 (2004): 169–192.

191 Mirror neurons are the basis of empathy: Marco Iacoboni and Mirella Dapretto. "The mirror neuron system and the consequences of its dysfunction." Nature Reviews Neuroscience 7 (December 2006): 942–951.

191 Imitation and empathy: Marco Iacoboni. "Imitation, empathy, and mirror neurons." Annual Review of Psychology 60 (January 2009): 653–670.

192 Brain activation to silent movie of dogs barking: Kaspar Meyer et al. "Predicting visual stimuli on the basis of activity in auditory cortices." Nature Neuroscience 13, no. 6 (June 2010): 667–668.

21. 사회적 인지

196 Dog's sense of smell is 100,000 times as sensitive: John Bradshaw. Dog Sense.
197 Smell and control of movement: Joel D. Mainland et al. "Olfactory impairments in patients with unilateral cerebellar lesions are selective to inputs from the contralesional nostril." Journal of Neuroscience 25, no. 27 (July 6, 2005): 6362–6371.

198 Dogs can differentiate their own urine: Marc Bekoff. "Observations of scentmarking and discriminating self from others by a domestic dog (Canis familiaris): tales of displaced yellow snow." Behavioural Processes 55, no. 2 (August 15, 2001): 75–79.

202 McKenzie was not having a good day: McKenzie came back three weeks later, after Mark and Melissa had practiced with her. She then performed like a champ and sat for more than seven hundred scans.

204 Dog brain activation looked like human activation to people they love: Aron et al. "Reward, motivation, and emotion systems."

22. 관계의 본질

207 Most of the dogs in the world are village dogs: See the classic book on this topic: Raymond Coppinger and Lorna Coppinger. Dogs: A New Understanding of Canine Origin, Behavior, and Evolution (Chicago: University of Chicago Press, 2001).

208 Rapidity with which the dog has changed form: Coppinger and Coppinger, Dogs, p. 297.

211 Dogs take the form of the people they live with: Lance Workman, a psychologist at Bath Spa University in Britain, has studied both the physical resemblance of

dogs to their owners as well as their personalities and finds evidence of such a relationship.

212 "Less-is-more" approach to dog communication: Patricia B. McConnell. The Other End of the Leash: Why We Do What We Do Around Dogs (New York: Ballantine Books, 2002).

213 Supreme Court and neuroscience: Graham v. Florida, 560 US (2010).24. 2012년 망자의 날

226 Self-domestication: Hare and Woods. Genius of Dogs.

228 Wolves require a prodigious amount of food: John Bradshaw. Dog Sense.

228 Prehistoric cave art: Pat Shipman. The Animal Connection: A New Perspectiveon What Makes Us Human (New York: W. W. Norton, 2011), p. 227.

감사의 말

가장 먼저 감사의 인사를 전하고 싶은 사람은 앤드류 브룩스와 마크 스피박이다. 앤드류는 박사 과정 중이었음에도 기꺼이 시간을 내서 도그 프로젝트에 참여했고 개의 마음을 읽고자 하는 내 꿈에 동참해 줬다. 앤드류는 정말 많은 면에서 프로젝트에 기여했고 모든 일에 성실히 임했다. 그가 아니었다면 이만큼 성공하지 못했을 것이다. 마크 역시 도그 프로젝트에 매우 중요한 역할을 담당했다. 마크의 도움이 없었다면 캘리와 매켄지를 MRI 기기 안에 들어가게 하는 훈련을 할 엄두도 내지 못했을 것이다.

개의 생각을 읽어보자는 아이디어가 재미있고 흥미로울 것 같다며 프로젝트에 참여하게 되었지만 훈련 프로토콜을 만들고 수정하느라 너무 많은 시간을 기꺼이 할애해 줬다. 단순히 개 훈련사의 역할을 넘어서서 더 많은 역할을 감당해 주느라 고생이 많았다. 정말 앤드류와 마크와 같은 동료를 만나고 함께 일할 수 있어 내게는 큰 행운이었다.

연구실 팀원들도 정말 다양한 방식으로 도그 프로젝트에 많은 도움을 줬다. 프로젝트를 진행했던 2년의 기간을 돌아보면 어떻게 그렇게 적절한 시기에 꼭 필요한 사람이 나타났는지 놀랍고 감사할 뿐이다. 감히 연구의 황금기라고 말해도 과언이 아닐 정도였다. 이 지면을 빌어 특히 얀 바튼 Jan Barton, 크리스티나 블레인 Kristina Blaine, 모니카 카프라 Monica Capra, 개빈 에킨스 Gavin Ekins, 데이비드 프레이드킨 David Freydkin, 리사 라비어스 Lisa LaViers, 멜라니 핀커스 Melanie Pincus, 마이클 프리에툴라 Michael Prietula, 그리고 브랜든 파이 Brandon Pye 에게 감사를 전한다.

연구실이 아닌 외부 기관에서도 많은 도움을 받았다. 에모리 대학교 IACUC의 래리 이텐 Larry Iten 에게 처음 전화로 도그 프로젝트에 대해 말했는데 지금 생각해 보면 도그 프로젝트라는 황당무계했을 아이디어를 듣고도 전화를 끊지 않은 것에 감사하다.

래리는 동물 연구 규정이라는 복잡한 미로 속에서 내가 길을 잃지 않고 프로젝트를 진행하는 데 도움을 줬다. IRB의 책임자인 사라 퍼트니 Sarah Putney 는 견주용 동의서를 작성하는 데 도움을 줬고 개를 대상으로 한 연구에서 개를 아동으로 생각하면 어떻겠냐는 아이디어를 줬다.

에모리 대학교의 수의학 팀, 그중에서도 특히 데보라 묵 Deborah Mook 그리고 마이클 후어캠프 Michael Huerkamp 에게 감사를 전한다. 레베카 헌터 Rebeccah Hunter 덕분에 캘리와 매켄지는 청력 손상 걱정 없이 MRI 기기 안에 들어가 촬영을 진행할 수 있었다. 마치 마법사처럼 MRI 기기로 개를 촬영할 수 있도록 프로그래밍 설정을 찾아준 로버트 스미스 Robert Smith , 레이 저우 Lei Zhou 그리고 안신엽 Sinyeob Ahn 에게도 감사를 전한다.

그리고 도그 프로젝트에 참여해 준 모든 사람, 시간과 자기의 사랑하는 반려견을 기꺼이 맡겨준 모든 분께 감사하다. 멜리사 케이트 Melissa Cate 와 매켄지는 캘리와 함께 도그 프로젝트 참여견 1호로 이들이 없었다면 이 프로젝트가 진정한 과학 실험으로 한 발 나아가기 어려웠을 것이다. 이후 도그 프로젝트의 자랑스러운 실험견이 되어준 도그 프로젝트 2기 팀의 멤버들과 그들의 개, 패트리샤 킹 Patricia King 과 케이디, 로리 배커 Lorrie Backer 와 케일린, 알리자 레벤슨 Aliza Levenson 과 티거, 멜라니 핀커스 Melanie Pincus 와 헉슬리, 그리고 리처드 피쇼프 Richard Fischhof 와 로키에게도 감사를 전한다.

짐 레빈 Jim Levine 은 도그 프로젝트를 글로, 사진으로 기록을 남기도록 격려해 줬고, 그 기록을 책으로 만드는 데 도움을 줬다. 그리고 짐의 소개로 만난 아마존의 데이비드 몰도워 David Moldawer 는 포기하지 않고 내가 이 책을 마무리할 수 있도록 도움을 줬다. 그가 아니었다면 이 책은 세상의 빛을 보지 못했을 것이다. 캘리, 매켄지 그리고 도그 프로젝트에 참여한 많은 이들의 사진으로 도그 프로젝트를 기억할 수 있게 해준 브라이언 멜츠 Bryan Meltz 에게도 감사를 전한다.

마지막으로 사랑하는 가족 캣, 헬렌, 매디에게, 나 때문에 어쩔 수 없이 도그 프로젝트 그 자체가 되어줘야 했던 점에 대해 진심으로 고맙다는 말을 하고 싶다. 그리고 아직도 거실에 있는 MRI 시뮬레이터는 조만간 꼭 치우리라 약속한다.

개의 뇌과학
반려견은 어떻게 사랑을 느끼는가

발행일 2025년 7월 11일
발행처 동글디자인
발행인 현호영
지은이 그레고리 번스
옮긴이 이주현
편 집 이은성
디자인 권수정, d.purple

주 소 서울특별시 마포구 월드컵북로58길 10, 더팬빌딩 9층
팩 스 070.8224.4322

ISBN 979-11-91925-28-9

HOW DOGS LOVE US by Gregory Berns
Copyright © 2013 by Talking Dogs LLC
This Korean edition was published by Dongle Design in 2025 by arrangement with Talking Dogs LLC c/o Levine Greenberg Rostan Literary Agency through KCC(Korea Copyright Center Inc.), Seoul.

이 책은 (주)한국저작권센터(KCC)를 통한 저작권자와의 독점계약으로
동글디자인에서 출간되었습니다. 저작권법에 의해 한국 내에서 보호를 받는
저작물이므로 무단전재와 복제를 금합니다.

좋은 아이디어와 제안이 있으시면 출판을 통해 가치를 나누시길 바랍니다.
투고 및 제안: dongledesign@gmail.com